基于RFID和深度学习的人体行为识别研究

杨律青 林 凡 隆思炜 / 著

图书在版编目（CIP）数据

基于RFID和深度学习的人体行为识别研究 / 杨律青，林凡，隆思炜著. -- 厦门 : 厦门大学出版社，2025.3.
ISBN 978-7-5615-9723-1

Ⅰ. TP302.7

中国国家版本馆CIP数据核字第20257UE662号

责任编辑　郑　丹
美术编辑　蒋卓群
技术编辑　许克华

出版发行　厦门大学出版社
社　　址　厦门市软件园二期望海路39号
邮政编码　361008
总　　机　0592-2181111　0592-2181406(传真)
营销中心　0592-2184458　0592-2181365
网　　址　http://www.xmupress.com
邮　　箱　xmup@xmupress.com
印　　刷　厦门金凯龙包装科技有限公司

开本　720 mm×1 020 mm　1/16
印张　15
字数　270千字
版次　2025年3月第1版
印次　2025年3月第1次印刷
定价　58.00元

本书如有印装质量问题请直接寄承印厂调换

厦门大学出版社
微信二维码

厦门大学出版社
微博二维码

前言

随着物联网技术的蓬勃发展,射频识别(RFID)技术在人体行为识别领域的应用日益广泛。RFID技术以其非接触式识别、快速响应和高准确性等特点,在智能监控、健康监护、智能家居等多个领域展现出巨大的潜力。然而,面对日益复杂的应用场景和不断提升的识别精度需求,RFID技术在人体行为识别方面的研究和应用仍面临着诸多挑战。

本书旨在深入探讨基于深度学习和RFID技术的人体行为识别方法,以解决当前技术在实际应用中遇到的难题。我们将重点关注以下几个关键科学问题:如何提高RFID系统在复杂环境下的识别精度、如何优化算法以适应多变的行为模式,以及如何在标签无附着和小样本场景下实现有效的行为识别。

本书的主要研究内容包括:①基于RFID的室内定位技术及其在多模态数据中的应用;②利用卷积网络和对比学习框架进行室内人体行为识别的研究;③结合长短期记忆和时序卷积网络,以及注意力机制和知识蒸馏技术,提升RFID室内人体行为识别的性能;④探索标签无附着和小样本场景下的RFID人体行为识别方法;⑤基于生成对抗网络和大语言模型的RFID手指轨迹识别技术;⑥利用对抗网络和孪生网络进行RFID人体行为识别算法的研究。本书研究不仅关注算法的理论创新,也注重其在实际应用中的可行性和有效性。通过结合先进的深度学习和 RFID 技术，力求在人体行为识别领域实现新的突破，为智能监控、健康监护等应用提供更为精准和可靠的技术支持。

作为物联网技术的重要组成部分，RFID 技术在人体行为识别方面的研究和应用前景广阔。本书的研究成果将为相关领域的科研人员和工程技术人员提供宝贵的参考和启示，推动 RFID 技术在人体行为识别领域的进一步发展。

编　者

2024 年 12 月

目录

第1章 绪 论 ……………………………………………………（ 1 ）
  1.1 研究现状 ………………………………………………（ 1 ）
  1.2 研究的意义和目的 ……………………………………（ 5 ）
  1.3 研究内容 ………………………………………………（ 6 ）
  1.4 本书的结构 ……………………………………………（ 8 ）

第2章 相关技术介绍 ……………………………………………（ 11 ）
  2.1 RFID 技术简介 ………………………………………（ 11 ）
  2.2 人工智能技术概述 ……………………………………（ 20 ）
  2.3 本章小结 ………………………………………………（ 29 ）

第3章 基于 RFID 的室内定位技术 ……………………………（ 30 ）
  3.1 多模态数据的室内定位方法 …………………………（ 30 ）
  3.2 注意力机制的多模态室内定位方法 …………………（ 49 ）
  3.3 RFID 室内定位多目标优化算法改进 ………………（ 62 ）
  3.4 RFID 室内定位模型 CTT 及其优化 …………………（ 73 ）
  3.5 本章小结 ………………………………………………（ 93 ）

第4章 基于卷积网络和对比学习的 RFID 室内人体行为识别研究 ……………………………………………………………（ 95 ）
  4.1 基于时域注意力卷积网络的室内人体行为识别研究 …（ 95 ）
  4.2 基于对比学习框架的室内人体行为识别研究 ………（107）
  4.3 本章小结 ………………………………………………（120）

第 5 章 基于卷积神经网络和知识蒸馏的 RFID 室内人体行为识别研究 ………………………………………………… (121)
5.1 基于长短期记忆和时序卷积的室内人体行为识别研究 ……… (121)
5.2 基于注意力机制和知识蒸馏的室内人体行为识别研究 ……… (137)
5.3 本章小结 …………………………………………………………… (148)

第 6 章 标签无附着和小样本场景下的 RFID 人体行为识别研究 …… (149)
6.1 标签无附着场景下的 RFID 人体行为识别研究 ……………… (149)
6.2 小样本场景下的 RFID 人体行为识别研究 …………………… (162)
6.3 本章小结 …………………………………………………………… (172)

第 7 章 基于生成对抗网络和大语言模型的 RFID 手指轨迹识别研究 ………………………………………………………………… (174)
7.1 基于生成对抗网络的 RFID 手指轨迹识别研究 ……………… (174)
7.2 基于大语言模型的 RFID 手指轨迹识别研究 ………………… (190)
7.3 本章小结 …………………………………………………………… (201)

第 8 章 基于对抗网络和孪生网络的 RFID 人体行为识别算法研究 …… (203)
8.1 基于对抗网络的人体行为识别研究 …………………………… (203)
8.2 基于孪生网络的 RFID 小样本行为识别研究 ………………… (213)
8.3 本章小结 …………………………………………………………… (225)

第 9 章 总结与展望 ……………………………………………………… (226)
9.1 总　结 ……………………………………………………………… (226)
9.2 展　望 ……………………………………………………………… (227)

参考文献 …………………………………………………………………… (228)

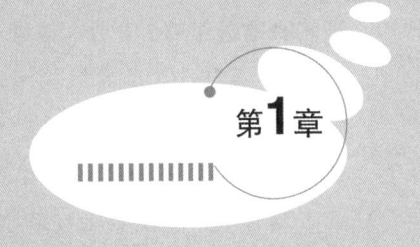

第1章 绪 论

1.1 研究现状

1.1.1 基于 RFID 的室内定位技术研究现状

射频识别（radio frequency identification，RFID）技术，自其商业化以来，已成为物联网（internet of things，IoT）中的关键技术之一，尤其在室内定位系统中显示出巨大潜力。RFID 利用无线电波与电子标签通信，实现对物品的自动识别和追踪。与全球定位系统（global positioning system，GPS）等室外定位技术相比，RFID 在室内环境中具有显著优势，如非视距传输能力、快速响应和较低的部署成本。此外，Wi-Fi 作为另一种广泛存在的无线信号，因其广泛的覆盖范围和较长的传输距离，同样成为室内定位的重要工具。

RFID 室内定位的基本原理涉及在室内环境中部署 RFID 标签，并通过阅读器收集如接收信号强度指示（received signal strength indicator，RSSI）、到达时间（time of arrival，TOA）、到达时间差（time difference of arrival，TDOA）和到达角度（angle of arrival，AOA）等参数。这些参数随后被用于定位算法[1-3]，以推算目标设备的位置。

LANDMARC 算法[4]是 RFID 室内定位技术发展的一个里程碑，它通过 RSSI 测量和质心权重算法，提高了定位精度。然而，LANDMARC 算法的性能受限于标签的分布密度和阅读器的性能。为了克服这些限制，研究者提出了多种改进策略。例如,增量式更新方法利用多射线追踪技术优化信号传播模型,并通过迭代更新提高定位精度。SpotON 系统[5]则采用多个阅读器和三角测距方法来确定标签位置,而 LOCTREC 算法[6]通过控制读写器功率和候选区域交集来跟踪定位目标,显著降低了预测误差。

随着室内环境复杂性的增加,传统定位技术的局限性逐渐显现,机器学习成为提高定位精度的有效工具。支持向量回归(support vector regression,SVR)和神经网络等机器学习模型通过处理 RFID 标签的信号强度和相位差,提高了数据维度和定位精度。序列最小优化(sequential minimal optimization,SMO)算法[7]等优化技术也被用于提高模型的学习效率。

深度学习技术,尤其是卷积神经网络(convolutional neural network,CNN)和循环神经网络(recurrent neural network,RNN),通过处理时序 RFID 数据,进一步提高了定位的准确性。这些模型能够学习复杂的数据模式,从而在多路径效应和动态环境中实现更稳定的定位。

Wi-Fi 室内定位技术与 RFID 类似,通过测量 Wi-Fi 信号强度并结合定位算法来确定位置。随着人工智能技术的发展,Wi-Fi 室内定位系统开始采用神经网络和深度学习技术,如 SWiBluX 系统[8],它结合了 XBee、蓝牙和 Wi-Fi RSSI 数据,通过高斯滤波和异常值检测提高了定位精度。

堆叠自动编码器和集成学习方法也被用于 Wi-Fi 室内定位[9],通过降维和噪声滤波处理 RSSI 数据,提高了定位的准确性。这些系统在处理大量 Wi-Fi 热点数据时表现出色,但对计算资源的需求较高,且预测准确率依赖于 Wi-Fi 接入点的数量。

多模态数据融合技术通过结合 RFID、Wi-Fi、蓝牙和陀螺仪等多种传感器数据[10-13],利用深度学习模型进行处理,实现了厘米级别的室内定位精度。这些方法通过深度神经网络融合不同类型的数据,提高了定位的准确性和鲁棒性。然而,如何有效地融合不同类型的数据,并在定位过程中充分发挥各种数据的优势,仍是当前研究中的一个挑战。

RFID 和 Wi-Fi 技术在室内定位领域的应用正逐渐成熟,而机器学习和深度学习技术的应用为提高定位精度和效率提供了新的可能性。未来的研究将继续探索更先进的算法和模型,以实现更准确、更可靠的室内定位。同时,多模态数据融合和深度学习技术的进一步发展,有望为室内定位带来更多的创新和突破。此外,随着物联网设备的进一步普及和 5G 技术的推广,室内定位技术有望在智能零售、智能制造、智慧城市等领域发挥更大的作用。

1.1.2 基于 RFID 的人体行为识别技术研究现状

在当今数字化时代,人体行为识别(human activity recognition,HAR)技术正逐渐成为研究的热点,它在智能家居、健康监护、安全监控等多个领域展现出广泛的应用潜力。RFID 技术作为物联网的关键技术之一,因其独特的优势在人体行为识别领域中备受关注。本书将综述基于 RFID 的人体行为识别技术的研究现状,探讨其在实际应用中的优势、面临的挑战以及未来的发展方向。

RFID 技术通过无线电波与标签之间的交互实现自动识别和跟踪目标对象。与传统的基于视觉的人体行为识别技术相比,RFID 技术具有非接触性、低成本、易于部署等优点,尤其适合于室内环境的人体行为监测。在室内人体行为识别领域,RFID 技术主要通过分析附着在人体或衣物上的 RFID 标签反射的信号变化来识别人体行为。随着深度学习技术的发展,基于 RFID 的 HAR 技术开始利用复杂的神经网络模型来提高识别的准确性和效率。

在人体行为识别的研究中,RFID 技术的应用主要分为两大类:基于标签附着的识别和基于标签无附着的识别。一方面,基于标签附着的识别方法通过将 RFID 标签直接附着在人体或衣物上,利用由人体活动引起的信号变化来识别行为。这种方法的优势在于可以获得较为准确的信号数据,但由于需要直接附着标签,可能会对用户的舒适度和隐私造成影响。另一方面,基于标签无附着的识别方法则通过在环境中部署 RFID 标签,分析环境中的信号变化来推断人体行为。这种方法的优势在于无须直接接触用户,更有利于保护用户隐私,但同时也面临着信号干扰和降低识别准确性的挑战。

近年来,随着深度学习技术的快速发展,基于 RFID 的人体行为识别技术取得了显著的进展。研究者们开始利用卷积神经网络(CNN)、循环神经网络(RNN)和长短期记忆网络(long short-term memory,LSTM)等深度学习模型来处理 RFID 信号数据,实现了对复杂行为模式的识别。例如,Wang 等人在基于 RGB 摄像头的室内人体行为识别领域,提出了一种新颖的时空特征学习框架,称为 ESTF(event space-time transformer),用于基于事件流的人体行为识别。该模型首先使用 StemNet 将事件流投影到空间和时间嵌入中,然后使用 Transformer 网络对双视图表示进行编码和融合,最后将双特征连接起来并输入分类头中以进行活动预测[14]。此外,Kaya 和 Topuz 在基于原始加速度计和陀螺仪传感器数据的室内人体行为识别领域,提出了一种基于 1D-CNN 的深度学习方法[15],以检测人体行为活动。

尽管基于RFID的人体行为识别技术在理论和实践上都取得了一定的进展，但仍面临着一些挑战。首先，RFID信号容易受到环境中其他无线信号的干扰，影响识别的准确性。为了解决这一问题，研究人员正在探索新的信号处理方法和算法，以提高RFID系统在复杂环境下的鲁棒性和准确性。其次，如何有效地将RFID技术与现有的传感器系统整合，以及如何处理和保护由RFID系统收集到的大量个人数据，也是当前研究中需要解决的问题。为了克服这些挑战，研究人员正在开发新的隐私保护技术，确保个人数据的安全并尊重用户隐私。最后，研究者也在努力优化RFID系统的部署和配置，以减少信号干扰并提高系统的整体性能。

在实际应用中，RFID技术的优势在于其能够提供实时且连续的数据流，这对理解复杂的人体行为至关重要。例如，在医疗监护领域，RFID系统可以用于监测病人的移动，从而预防跌倒等意外事件的发生。在智能家居环境中，RFID技术可以帮助系统识别居住者的日常活动，自动调整家中的环境设置，如灯光、温度和安全系统，以提升居住的舒适度和便利性。

随着物联网技术的不断突破，基于RFID的室内人体行为识别研究逐渐成为研究的热点。RFID技术凭借其隐私侵入性低、体积小、成本低和安全性强等特点，为室内人体行为识别提供了一种有效的技术方案。作为一种短距离非接触式的自动识别技术，RFID通过射频信号的自动识别来判断特定目标对象，并进行相应的读写操作，通过分析获取的RSSI变化趋势以实现人体行为识别。

在基于传感器的室内行为识别方案中，RFID技术为数据收集提供了有效途径。结合机器学习、深度学习等相关领域的行为识别算法，能够实现室内人体行为的高精度识别。例如，通过分析由人体活动引起的RFID信号变化，可以推断出人体的行为模式，进而达成人体行为的自动识别和分类。

总之，RFID技术在人体行为识别领域的应用前景广阔，它不仅能够提供实时且连续的数据流，而且具有保护个人隐私、成本低和易于部署等优点。随着技术的不断进步和研究的深入，预计RFID技术将在人体行为识别领域发挥更大的作用，为各种应用场景提供更加智能化的解决方案。未来的研究可能会集中在提高识别算法的精度、增强系统的鲁棒性、保护用户隐私以及优化系统部署等方面，以推动RFID技术在人体行为识别领域的进一步发展和应用。

1.2 研究的意义和目的

随着社会的快速发展和科技的不断进步,人们对于智能化生活的需求日益增长。在众多智能化技术中,人体行为识别技术因其在提升生活便利性、保障个人安全和推动健康监护等方面展现出的巨大潜力而备受关注。该技术通过收集和分析人体运动、姿态、生理信号等数据,利用机器学习模型自动识别和分类个体的不同行为或动作。HAR 技术在人机交互、智能家居、智慧医疗等多个领域展现出其广泛的应用潜力和重要的实用价值,为智能系统提供了理解人类活动的能力,是实现智能环境的关键技术之一。

当前,人体行为识别智能监护领域主要依赖基于视频或传感器的监测技术。然而,这些技术存在固有的缺陷,如视频监测可能面临光线依赖和隐私侵犯问题。为了克服这些限制,基于无线射频识别技术的 HAR 技术应运而生,展现出独特的优势。

RFID 技术作为一种非接触式自动识别技术,通过无线电波自动识别目标对象并读写数据,具有成本低、数据存储与处理能力强、识别精确高等特点。RFID 系统由 RFID 阅读器和标签组成,工作在同一频率下,通过射频信号进行非接触式数据通信,实现目标识别和信息交换。

本书旨在探索和开发基于 RFID 的人体行为识别技术,以应对现有技术在实际应用中面临的挑战,并推动该技术在各个领域的广泛应用。具体研究目的如下:

提高识别准确性:开发先进的算法和模型,降低环境噪声和多径效应对 RFID 信号的影响,提高行为识别的准确性。

增强模型泛化能力:通过深度学习和机器学习技术,训练模型以适应不同的环境和行为模式,提高模型的泛化能力。

优化实时性能:研究和设计高效的数据处理流程和算法,确保 HAR 系统能够实时响应并处理传感器数据。

降低系统成本:探索成本效益高的 RFID 标签和阅读器配置方案,降低系统部署和维护的成本。

保障用户隐私:设计隐私保护机制,确保在收集和分析行为数据的过程中,用户的个人信息得到妥善保护。

推动多模态融合技术:研究 RFID 与其他传感器数据的融合方法,通过多模态数据提高行为识别的全面性和准确性。

探索跨领域应用：将 HAR 技术应用于医疗健康、智能家居、工业自动化等多个领域，拓展技术的应用范围。

促进技术标准化：推动 HAR 技术的标准化进程，为实现不同设备和平台间的互操作性提供可能。

基于 RFID 的人体行为识别技术作为一种前沿技术，其研究和开发对推动智能社会的发展具有重要的意义。我们期望通过本书，能够为 HAR 技术的进步贡献力量，并为未来的智能化生活提供更加坚实的技术支撑。

1.3 研究内容

本书旨在通过创新的技术和算法，解决 RFID 室内定位中的挑战，实现高精度和低成本的定位解决方案。研究工作主要分为两个核心方向：

1.3.1 基于多模态和注意力机制的 RFID 室内定位算法

本方向聚焦于开发一种融合多模态数据和注意力机制的室内定位算法。通过结合 RFID 与 Wi-Fi 传感器数据，利用深度学习模型处理多源信息，增强模型对复杂室内环境的泛化能力。研究内容包括：

①采用移动单阅读器策略，采集高质量的 RFID 数据，避免多阅读器间的信号碰撞问题。

②引入 Wi-Fi 数据，扩大定位系统的覆盖范围，增强模型的泛化性和鲁棒性。

③设计基于神经网络的算法模型，自适应调整学习路线，快速收敛，提升模型性能。

④利用注意力机制，对 RFID 和 Wi-Fi 数据进行加权计算，强化模型对全局和局部场景特征的掌握。

1.3.2 基于知识蒸馏与多目标优化的 RFID 室内定位算法研究

本方向探索知识蒸馏和多目标优化算法在 RFID 室内定位中的应用，以实现模型的精度提升和成本降低。研究内容包括：

①设计时序深度模型 CTT(convolutional temporal transformer)，结合卷

积神经网络和语言模型,处理室内定位的时序问题。

②应用知识蒸馏技术,通过教师—学生模型框架,实现知识迁移,降低模型的存储和计算需求。

③提出基于邻域自适应调整策略的多目标优化算法 MOEA/D-VANA,用于超参数自动寻优,平衡算法的收敛性和多样性。

④结合多目标优化算法,对知识蒸馏过程中的超参数进行寻优,提高室内定位模型的性能和效率。

本书还深入探讨了基于无线射频识别(RFID)技术的人体行为识别(HAR)领域,涵盖了一系列创新性研究项目。这些项目平行展开,共同应对 RFID-HAR 技术在特定应用场景下遇到的挑战,特别是在无标签附着、小样本学习、深度学习模型的优化,以及跨域和对比学习等关键技术领域。

(1)标签无附着场景下的 RFID 人体行为识别

该项目突破传统 RFID 应用中对物理标签附着的依赖,致力于探索利用环境中的 RFID 信号变化来识别人体行为的方法。该研究在提升识别技术适应性和灵活性的同时,还通过深度学习模型的应用显著提高了在复杂环境中的识别准确性,减少了对硬件设备的依赖。

(2)基于卷积网络的 RFID 室内人体行为识别

该项目充分发挥了卷积神经网络在特征提取方面的优势,专注于分析室内环境中的 RFID 数据。研究的核心在于挖掘 RFID 信号的时域特征,并将其应用于行为识别任务,以增强模型对室内人体行为的识别能力,尤其是在室内环境中对行为细节的捕捉。

(3)基于卷积神经网络和知识蒸馏的 RFID 室内人体行为识别

在模型效率和部署方面,该项目采用了知识蒸馏技术,实现了从复杂模型到轻量级模型的知识迁移。这种方法不仅有效降低了模型的计算资源需求,还确保了模型在保持高识别准确率的同时,能够适应资源受限的部署环境。

(4)基于对抗网络和孪生网络的 RFID 人体行为识别

针对跨域识别和小样本学习的难题,该项目采用了对抗网络和孪生网络的结合。通过这种创新的网络结构,模型能够快速适应新的环境变化,并有效处理小样本数据,提升了模型在不同领域和样本受限情况下的自适应学习能力和识别准确率。

(5)基于生成对抗网络和大语言模型的 RFID 手指轨迹识别

该项目专注于基于 RFID 技术的手指轨迹识别,探索在不同环境条件下的识别方法。通过结合生成对抗网络(generative adversarial network,GAN)

和大语言模型(large language model,LLM),提高在少量样本情况下的识别准确率,并针对恶劣天气条件下的手指运动进行有效识别。研究内容包括RFID信号的采集与建模、信号干扰的分析与消除、数据预处理、特征提取,以及构建DS-GAN(deep soft-thresholding generative adversarial network)模型和对大语言模型进行有监督微调,以实现对手指轨迹的高精度识别。

通过这几个研究项目,本书不仅展示了RFID-HAR技术在不同应用场景下的可能性,而且提出了切实可行的解决方案,以推动该技术向更高层次的发展。这些研究成果有望为智能监护、健康监测、智能家居等多个领域带来创新的应用价值。

本书的研究内容体现了对RFID-HAR技术多维度的深入挖掘和全面优化,旨在通过技术创新,解决实际应用中的关键问题,为未来智能系统的发展提供坚实的理论和实践基础。

1.4 本书的结构

本书按以下章节展开论述。

第1章"绪论",综述人体行为识别和室内定位领域的最新研究进展,以及预期的科学贡献和实际应用价值;详细介绍本书的研究主题、创新点和研究问题。

第2章"相关技术介绍",深入讲解RFID技术的基础原理、系统架构和在现代各个领域的广泛应用;综述人工智能领域的核心技术,特别是机器学习和深度学习;探索人工智能技术如何增强RFID系统的性能和智能。

第3章"基于RFID的室内定位技术",详细介绍两种室内定位算法的研究背景、设计思路和实现方法。首先,基于知识蒸馏与多目标优化的RFID室内定位算法将展示如何通过算法优化提高定位精度和效率。其次,基于多模态和注意力机制的RFID室内定位算法将阐述如何利用多源数据和注意力机制提高定位的准确性和鲁棒性。

第4章"基于卷积网络和对比学习的RFID室内人体行为识别研究",探讨如何利用卷积神经网络的强大特征提取能力,结合对比学习策略,来提升对人体行为的识别精度。

第5章"基于卷积神经网络和知识蒸馏的RFID室内人体行为识别研究",作为对第4章的深入研究,将重点讨论知识蒸馏技术如何应用于卷积神经网络,以提高模型的泛化能力和减少对计算资源的需求。

第 6 章"标签无附着和小样本场景下的 RFID 人体行为识别研究",讨论在标签无附着和小样本条件下,如何有效进行人体行为识别,展示其在资源受限情况下的应用潜力,体现研究的粗粒度应用。

第 7 章"基于生成对抗网络和大语言模型的 RFID 手指轨迹识别研究",探索使用生成对抗网络和大语言模型来识别 RFID 信号中的手指轨迹,体现对人体行为识别的细粒度分析能力。

第 8 章"基于对抗网络和孪生网络的 RFID 人体行为识别算法研究",探讨如何通过对抗网络和孪生网络解决跨域问题,提升人体行为识别算法的普适性和适应性。

第 9 章"总结与展望",综合评估本书的研究成果,总结其对现有技术的贡献和对解决实际问题的影响。基于当前研究的局限性和未来技术的发展趋势,提出未来研究的方向和潜在的应用领域。

本书部分章节结构如图 1-1 所示。从绪论展开,逐步深入至具体技术与算法研究。第 3 章介绍的"基于 RFID 的室内定位技术"为人体行为识别提供空间上下文信息,对提升识别的准确性、鲁棒性和实时性至关重要,是构建高效人体行为识别系统的关键。"基于卷积神经网络和知识蒸馏的 RFID 室内人体行为识别研究"在第 4 章"基于卷积网络和对比学习的 RFID 室内人体行为识别研究"的基础上,引入新元素并深入实验验证,显著提升了 RFID 室内

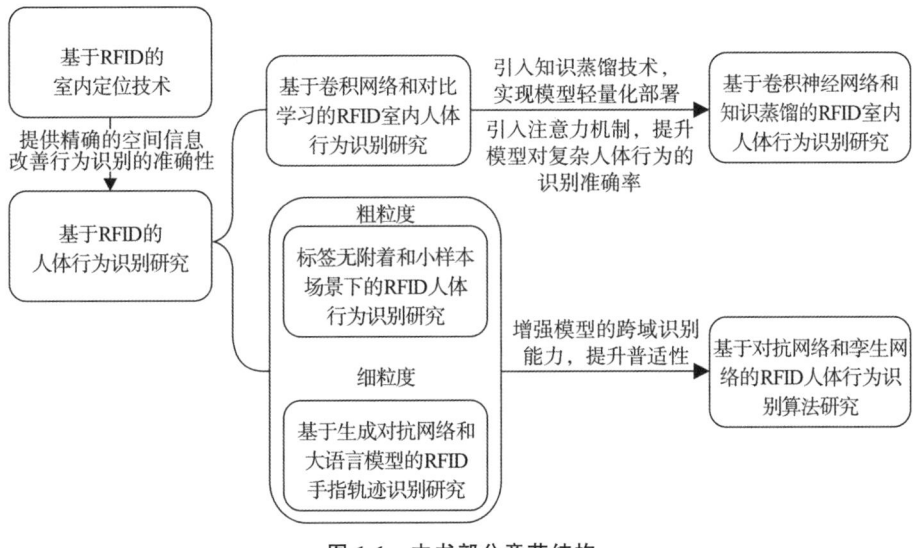

图 1-1 本书部分章节结构

人体行为识别的性能和实用性，为后续研究指引方向。第 6、7 章分别聚焦基于 RFID 技术的人体行为识别研究的粗、细粒度的研究方向：前者解决无标签附着和小样本场景下如何进行有效的人体行为识别，后者侧重于利用生成对抗网络和大语言模型识别 RFID 手指轨迹。第 8 章"基于对抗网络和孪生网络的 RFID 人体行为识别研究"，通过对抗学习与自注意力机制等手段增强跨域识别能力，提升模型鲁棒性和泛化能力，提高算法普适性。

第2章

相关技术介绍

2.1 RFID技术简介

2.1.1 RFID的基本概念

RFID是一种利用无线电信号来实现对物体进行识别和跟踪的技术。RFID系统由标签(tag)、阅读器(reader/writer)和天线(antenna)、后端系统、数据传输通道、中间件等组成,其基本原理是通过无线电信号进行数据的传输和交换。

RFID系统的工作原理:阅读器向附近的RFID标签发送激励信号,标签接收到信号后,根据信号的编码来激活并发送存储在芯片中的信息。阅读器收到标签发送的信号后,将其解码并传输给数据处理系统进行处理,从而实现对物体的识别和跟踪。

RFID技术具有识别速度快、无须视距、可同时识别多个标签等优点,广泛应用于供应链管理、物流追踪、资产管理、智能交通等领域。在集团企业信息系统中,RFID技术的应用可以实现对企业资源和流程的实时监测和管理,为企业提供精准的数据支持和决策依据。

2.1.2 RFID系统的组成

RFID系统通常有以下几个主要组成部分,每个部分都发挥着不同的作用,共同实现对物体的识别和跟踪。

2.1.2.1 RFID 标签

RFID 电子标签是一种无线通信技术,由电路、天线和内存元件组成。电路负责信号的调制解调,处理阅读器发送的命令并返回相关信号。天线用于接收和发送信号,其大小直接影响着阅读器的工作距离。内存中存储着标签和物品的信息,每个标签都有独一无二的身份识别信息(identity document, ID),系统通过识别 ID 来确定标签。除了 ID 外,内存还可以存储其他类型的数据,例如制造日期、批次信息、物品属性等。RFID 标签可在不同的频段工作,包括低频(low frequency, LF)、高频(high frequency, HF)、超高频(ultra high frequency, UHF)和微波等频段。根据电源供应的方式,标签可分为被动和主动两种类型,被动标签通过接收阅读器发送的信号来工作,而主动标签具有自己的电源,能够主动发送信号。RFID 被广泛应用于物流管理、库存跟踪、资产管理、智能交通、电子支付、医疗保健等领域。图 2-1 所示是 RFID 电子标签。

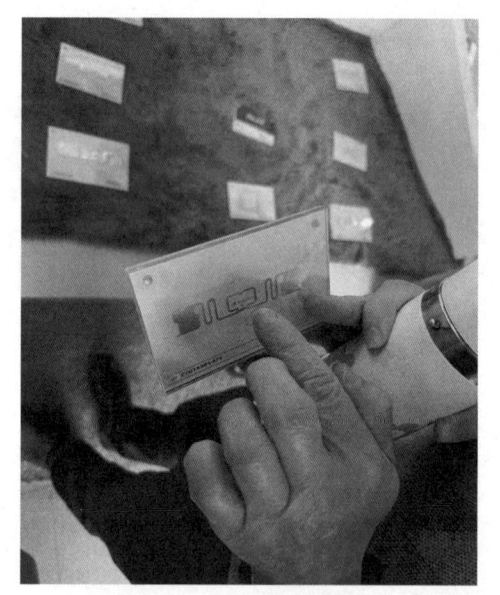

图 2-1　RFID 电子标签

2.1.2.2 RFID 阅读器

RFID 阅读器是另一个关键组成部分,用于与 RFID 标签进行通信。阅读器通常包括天线、射频单元、控制单元和接口等组件,是一种用于数据采集的设备。它通过广播方式向周围环境发送命令以进行查询,而收到能量的标签则会将携带的信息返回给阅读器,实现标签的双向通信。射频单元主要负责信号的调制解调,为标签提供能量并将标签中的信息传递给控制单元。控制单元则是阅读器的核心部件,接收并解码标签信息,然后将数据发送给后台应用系统。阅读器通常支持多种输出协议,如 GSM(global system for mobile communications,全球移动通信系统)、Wi-Fi 等。根据便携性的不同,阅读器可分为便携式手持阅读器、发卡器、OEM 阅读器和工业阅读器等。便携式手持阅读器通常配备液晶显示屏和存储空间,适合用户手持移动使用,常用于仓库存储中的库存盘点。发卡器主要用于对标签信息进行具体操作,如签约发卡、修改密码、注销信息等。OEM阅读器通常作为集成设备的嵌入式单元,用于出入管理系统、收款系统等。而工业阅读器结构紧凑,易于集成到工业设备中,能够在恶劣环境下工作,因此常用于各种工业场合。阅读器的设计和规格会根据应用场景的需求而有所不同,例如通信距离、读取速度、通信协议兼容性等。图2-2所示是RFID阅读器种类。

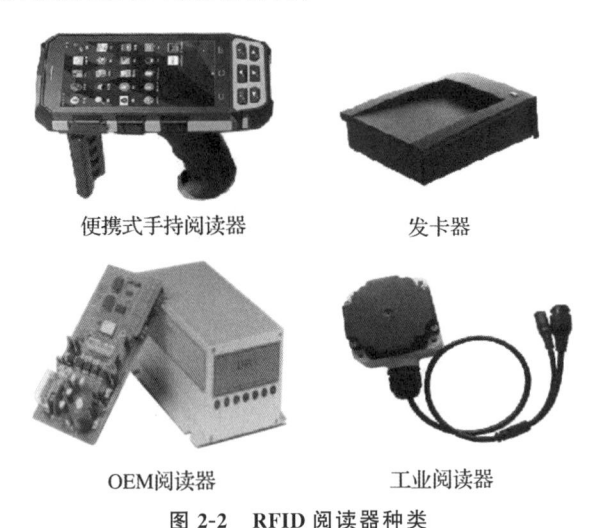

图2-2 RFID阅读器种类

2.1.2.3 天线

天线是阅读器和标签之间进行无线通信的接口。它负责发送和接收无线电信号,以实现与标签的通信。天线的设计和布置方式会影响到RFID系统的通信范围和效率。

2.1.2.4 后端系统

后端系统是RFID系统的数据处理和管理中枢,通常由计算机系统和数据库组成。它负责接收来自阅读器的数据,并进行解析、存储、管理和处理。后端系统也可能包括数据分析和应用软件,用于利用RFID数据进行业务决策和优化。

2.1.2.5 数据传输通道

数据传输通道是连接RFID系统各个组成部分的通信渠道,通常采用有线或无线的方式进行数据传输。这些通道可以是局域网、互联网或专用的 RFID 数据通信网络,用于将 RFID 标签识别的数据传输到后端系统进行处理和管理。

2.1.2.6 中间件

中间件是介于 RFID 阅读器和后端系统之间的软件层,用于数据过滤、转换和传输管理。中间件能够处理大量来自阅读器的数据流,筛选出有用信息并进行格式转换,使其适配后端系统的需求。同时,中间件还可以实现数据的实时监控和预处理,提高系统的响应速度和数据准确性。

综上所述,RFID 系统的各组成部分互相协作实现对物体的识别、定位和数据管理。这些组成部分的设计和配置将直接影响 RFID 系统的性能和应用效果。RFID 系统框架如图 2-3 所示。

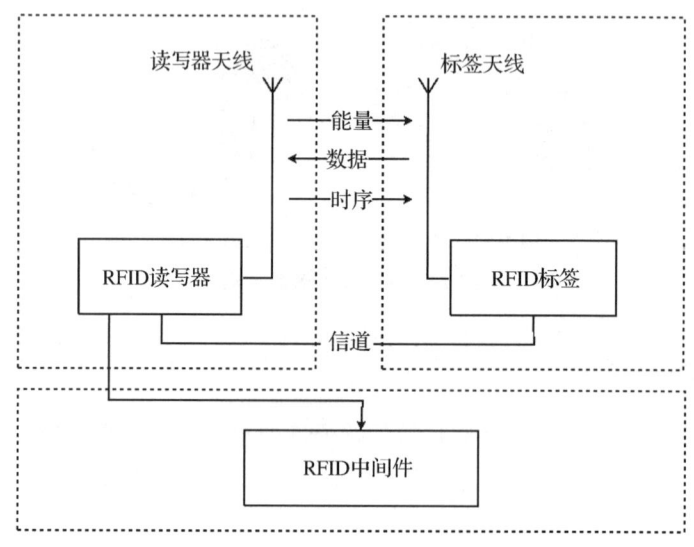

图 2-3 RFID 系统框架

2.1.3 RFID 系统的分类

RFID 系统可以根据不同的标准和应用需求进行分类,以下是一些常见的分类方式。

2.1.3.1 按工作频率分类

(1)低频 RFID 系统:工作频率通常在 125～134 kHz。低频 RFID 系统具有较短的通信距离和较低的数据传输速率,适用于近距离物体识别,如门禁系统、动物标识等应用。

(2)高频 RFID 系统:工作频率通常在 13.56 MHz。高频 RFID 系统具有较高的通信速率和较稳定的性能,适用于物流跟踪、库存管理、支付系统等应用。

(3)超高频 RFID 系统:工作频率通常为 860～960 MHz。超高频 RFID 系统具有较长的通信距离和较高的数据传输速率,适用于大规模物体追踪、车辆识别等应用。表 2-1 所列是不同频段下的 RFID 系统的性能特点。

表 2-1　不同频段下的 RFID 系统的性能特点

性能	频段			
	低频	高频	超高频	微波
工作频率	125～134 kHz	13.56 MHz	860～960 MHz	2.4 GHz/5.8 GHz
耦合方式	电感耦合	电感耦合	反向散射	反向散射
穿透性	除受金属材料影响外,能够穿过任意材料的物品而不降低读取距离	除受金属材料影响外,能够穿过任意材料的物品,但会降低读取距离	不能通过许多材料(特别是水和金属),受灰尘和雾灯悬浮物影响	极易穿透金属,不能穿透水
传输速率	大约 1000 bps	大约 26.6 kbps 到 1 Mbps	大约 40 kbps 到 1 Mbps	大约 1 Mbps 到 10 Mbps
抗干扰能力	强	强	较强	弱
磁场区域	下降很快,相对均匀	下降很快,相对均匀	难以界定	难以界定
阅读器识别能力	近,多标签读取慢	较远,多标签读取快	远,多标签读取高速	很远,多标签读取高速
能量消耗	少	较高	高	非常高
能量使用效率	高	较低	低	非常低
标签存储数据量	较少	较大	大	大
应用	门禁和安全管理、资产管理、畜牧业管理、自动停车场收费和车辆管理	智能卡和门禁控制、物流和供应链管理系统、图书馆档案管理	物流和供应链管理系统、航空或铁路包裹管理、生产线自动化、零售系统	远程跟踪、移动车辆识别、医疗科研、电子闭锁防盗

2.1.3.2 按标签的电源分类

(1)被动式 RFID 系统:标签自身不具备电源,需要通过阅读器发送的无线电信号来激活并传输数据。

(2)半主动式 RFID 系统:标签自身具备电源,但仍然需要阅读器发送的信号来激活。

(3)主动式 RFID 系统:标签自身具备电源,并能够主动发送信号。

2.1.3.3 按标签的类型分类

主动式标签:内置电源,具有较大的通信范围和灵活性,但成本较高且体积较大,适用于追踪大型资产或长距离识别。

被动式标签:不具备电源,通过阅读器发送的信号来激活并传输数据,成本较低且体积较小,适用于物流追踪、库存管理等场景。

半主动式标签:结合了主动式和被动式的特点,具有一定的通信范围和性能,适用于中等距离的识别和追踪。表 2-2 对不同标签类型的 RFID 系统进行了介绍。

表 2-2 不同标签类型的 RFID 系统

标签类型	电源类型	特点	适用场景
主动式标签	标签自带电源	内置电源,具有较大的通信范围和灵活性,成本较高,体积较大	追踪大型资产或长距离识别
被动式标签	无电源	无电源,通过阅读器信号激活并传输数据,成本低,体积小	物流追踪、库存管理、门禁系统、零售支付
半主动式标签	标签自带电源	结合了主动式和被动式的特点,具有一定的通信范围和性能	中等距离的识别和追踪

2.1.3.4 根据能量来源分类

根据能量来源的不同,RFID 系统可以分为有源 RFID 系统、半有源 RFID 系统和无源 RFID 系统。

(1)有源 RFID 系统:又称为主动式 RFID 系统,内部装有电源,通常支持远距离识别,感应范围一般为 120~150 m。标签可自我激活,无须阅读器端激活。有源电子标签是指标签工作的能量由电源提供,电源、内存与天线一起构成有源电子标签,不同于被动射频的激活方式,在电源更换前一直通过设定频段外发信息。电源寿命相对较短。

(2)半有源 RFID 系统:集成了有源 RFID 电子标签和无源 RFID 电子标签的优势。在多数情况下,常常处于休眠状态,不工作,不向外界发出 RFID 信号,只有在其进入低频激活器的激活信号范围,标签被激活后,才开始工作。功能相对少,成本适中。

(3)无源 RFID 系统:无源射频标签采用跳频工作模式,具有抗干扰能力,用户可自定义读写标准数据,让专门的应用系统效率更高,一般工作距离不长,不适合远距离识别。因此,需要阅读器端发过来的射频信号能量激活标签后才能进行各种操作。平时用的公交卡、银行卡、小区门禁卡都是无源 RFID,识别距离都比较短,电源使用寿命相对较长。表 2-3 所列是不同能量方式的 RFID 系统。

表 2-3 不同能量方式的 RFID 系统

性能	无源	半有源	有源
能量来源	从阅读器发射的连续波中获得	内置电源仅为电路供电	内置电源
通信方式	反向散射通信(RTF)	主动通信(RFT)	双向通信(TTF)
工作频段	全频段	超高频	微波与超高频段
识别距离	0.1~7 m	50 m	可达 120~150 m
成本	低	中	高

2.1.3.5 按应用场景分类

(1)门禁系统:通过 RFID 技术,可以实现对人员身份的准确识别和进出场景的精确控制,提高安全性和管理效率。门禁系统还可以记录出入情况,方便后续的数据分析和审计。此外,可以通过门禁系统实现不同权限的管理,确保特定区域只有授权人员可进入。

(2)物流追踪:利用 RFID 技术,可以实现对货物的实时跟踪和位置监控,提高物流运输的效率和可视化管理水平。物流追踪系统可以帮助企业准确掌握货物的流动情况,及时发现和解决物流环节中的问题,优化供应链管理。

(3)资产管理:RFID 技术可应用于资产管理,通过对设备、工具等资产标记 RFID 标签,实现资产信息的自动化采集和管理。资产管理系统可以帮助企业实时监控资产的状态和位置,提高资产利用率和管理效率。同时,还能够简化资产盘点过程,降低人力成本。

(4)零售支付:利用 RFID 技术,顾客可以通过无接触式支付方式快速结账,提高购物体验和效率。将 RFID 标签嵌入商品中,当商品通过 RFID 读写器时,系统自动扣除相应款项,简化了传统收银流程。这种支付方式还可以降低盗窃风险,提升支付安全性,是零售行业的一项重要创新。

(5)生产制造:RFID技术在生产制造领域的应用可以实现对生产线上零部件和产品的实时跟踪和监控。通过在零部件和产品上植入RFID标签,可以精确记录其在生产流程中的位置和状态,从而实现自动化的生产流程控制和质量管理。这有助于提高生产效率、降低生产成本,并确保产品质量达标。

(6)医疗保健:RFID技术在医疗保健领域的应用涵盖医院管理、患者追踪、药品管理和医疗设备追踪等方面。通过在医疗用品、设备和患者身上植入RFID标签,可以实现对其实时位置和状态的监控,提高医疗服务的效率和质量。这项技术可以帮助医院精确管理资源、优化工作流程,并提升医疗服务的水平。

(7)农业领域:RFID技术在农业领域的应用包括农作物追踪、动物识别和农场管理等方面。通过在农产品和动物身上植入RFID标签,可以实现对其生长、运输和销售过程的实时监控,提高农业生产的智能化水平和管理效率。这有助于农民精准管理农业资源、提高农产品质量,并优化供应链管理。

(8)智能交通:RFID技术在智能交通领域的应用主要体现在车辆识别、智能收费和停车管理等方面。通过在车辆上安装RFID标签,可以实现对车辆的快速识别和信息采集,从而提高交通运输系统的智能化和管理效率。这项技术可以帮助缓解交通拥堵、优化路况管理,并提升交通运输的安全性和便利性。

(9)文物保护:RFID技术在文物保护领域的应用非常有益。通过在文物上嵌入RFID标签,可以实现对文物信息的一对一关联,并追踪其位置和移动情况。这可防止文物被盗或流失,并简化了文物的管理和归档过程。此外,RFID技术还可以记录文物的历史和维护信息,为文物保护工作提供更准确、高效的数据支持。

(10)环境监测:RFID技术在环境监测和管理方面具有应用潜力。通过将RFID标签应用于环境监测设备和传感器上,可以实现对气候变化、水质监测、物种追踪等环境参数的实时监测和数据采集。这有助于科学家和环保人士更好地了解环境变化趋势,及时采取措施保护生态系统。RFID技术还可以提高监测设备的管理效率,降低监测成本,为环境保护工作提供更加精准的数据支持。

2.1.4 RFID技术在人体行为识别中的应用

在人体行为识别(HAR)的研究和应用中,RFID技术正逐渐成为一项关键技术。RFID技术通过无线电波与标签之间的交互,能够在没有直接视线的情况下识别和追踪目标对象。这一特性使得RFID技术非常适合于人体行为的监测，尤其是在那些不便安装摄像头或其他视觉传感器的场合。随着深度学习技术的发展，基于RFID的人体行为识别研究开始引入先进的神经网络模型。这些模型能够处理大量的RFID信号数据，并从中学习到行为特征的复杂模式。例如，卷积神经网络(CNN)和循环神经网络(RNN)等深度学习模型，已经被成功应用于从RFID信号中提取特征并进行行为分类。通过训练，这些深度学习模型能够识别出不同的行为动作，如走路、坐下或举手等，即使在信号受到干扰或环境变化的情况下也能保持较高的识别准确率。

然而，尽管RFID技术在人体行为识别中展现出巨大潜力，但它也面临着一些挑战。首先，RFID信号可能会受到环境中其他无线信号的干扰，影响识别的准确性。为了解决这一问题，研究人员正在探索新的信号处理方法和算法，以提高RFID系统在复杂环境下的鲁棒性和准确性。此外，如何有效地将RFID技术与现有的传感器系统整合，以及如何处理和保护由RFID系统收集到的大量个人数据，也是当前研究中需要解决的问题。

为了克服这些挑战，研究人员正在开发新的隐私保护技术，确保个人数据的安全并尊重用户隐私。同时，也在努力优化RFID系统的部署和配置，以减少信号干扰并提高系统的整体性能。通过这些努力，RFID技术有望在未来的人体行为识别领域发挥更加重要的作用。

在实际应用中，RFID技术的优势在于其能够提供实时且连续的数据流，这对于理解复杂的人体行为至关重要。RFID技术在人体行为识别的具体应用场景如下。

(1)智能监控系统

在公共场所或重要设施中，RFID技术结合人体行为识别可以实时监测并分析异常行为，提高安全防范能力。例如，通过识别入侵行为或异常聚集，系统可以及时发出预警，从而预防潜在的安全威胁。

(2)智能家居

在智能家居系统中，RFID技术能够自动识别家庭成员的行为习惯，实现家居自动化控制和个性化服务。例如，系统可以根据用户的位置和行为自动调节灯光、温度等，提升居住舒适度和能源效率。

(3)健康医疗领域

在医疗领域，RFID技术可以帮助医生通过分析患者的步态、姿势等数据来辅助诊断疾病，如帕金森病等运动障碍性疾病。此外，RFID技术还可以用于监测患者的康复进程和日常活动。

(4)体育训练和娱乐

在体育训练中,RFID技术可以用于评估运动员的技术动作和训练效果。在娱乐领域,RFID技术可以用于控制虚拟角色的动作,提供更加沉浸式的游戏体验。

总之,RFID技术在人体行为识别领域的应用前景广阔,它不仅能够提供实时且连续的数据流,而且具有保护个人隐私、成本低和易于部署等优点。随着技术的不断进步和研究的深入,预计RFID技术将在人体行为识别领域发挥更大的作用,为各种应用场景提供更加智能化的解决方案。

2.2 人工智能技术概述

人工智能(artificial intelligence,AI)是计算机科学领域的一个分支,旨在模拟或实现智能行为。从"关于知识的学科"到"怎样使计算机完成过去只有人类能做的工作",不同学者对AI的定义有所差异,却共同体现了AI的核心思想。1956年,AI学科正式诞生,随后迅速发展。AI涵盖了符号智能和计算智能两大领域,拥有众多子领域和研究方向。它依赖于数学、计算机科学等多学科,研究范围包括自然语言处理、机器学习、知识表示等。在面临众多挑战的同时,AI不断取得显著成果,正在为各行业带来深刻变革。人工智能的分类如图2-4所示。

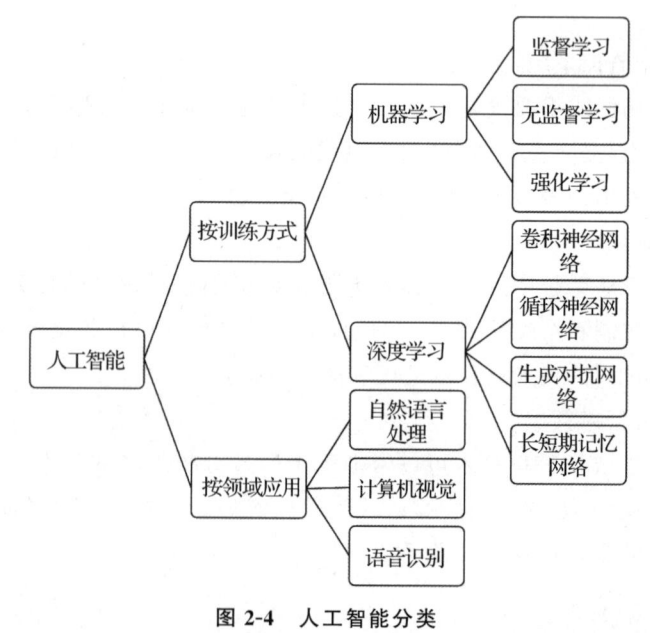

图2-4 人工智能分类

2.2.1 机器学习

机器学习是人工智能的一个重要分支，旨在让计算机系统从数据中学习模式和规律，从而实现对任务的自动化处理和智能决策。机器学习可以被定义为一种能够从数据中学习的算法，它使计算机能够通过经验自动改进。其核心思想是从数据中学习，而不是显式地编程规则。通过对大量数据的学习，系统可以发现数据中的模式和规律。机器学习使用各种模型和算法来学习数据中的模式。常见的机器学习模型包括线性回归（linear regression）、决策树（decision tree）、支持向量机（support vector machine，SVM）、神经网络（neural network，NN）等。

在机器学习中，特征工程是指对原始数据进行处理和转换，以提取出更有用的特征，帮助模型更好地进行学习和预测。机器学习模型通过训练数据学习模式，并通过测试数据验证其性能。训练数据用于训练模型，而测试数据用于评估模型的泛化能力。机器学习可以分为监督学习、无监督学习和强化学习三种主要范式。监督学习使用带有标签的数据进行训练，无监督学习使用未标记的数据进行训练，而强化学习则是通过与环境交互学习最优的行为策略。其应用领域包括图像识别、自然语言处理、预测与推荐、医疗健康、智能交通等。随着深度学习技术的发展，自动化机器学习技术的出现，以及增强学习、多模态融合等方面的不断拓展，机器学习在未来将继续发挥重要作用，并对人工智能的发展产生深远影响。

强化学习是机器学习的一个重要分支。强化学习融合了统计学、数学等相关学科的知识，起源可追溯到 20 世纪 50 年代。其学习机制是智能体（agent）与环境交互，依据获得的反馈数值更新自身策略。具体来说，强化学习旨在让智能体在各种环境状态（state）下，学会选择能获取最大奖励（reward）的动作（action）。近年来随着机器学习和人工智能的火热发展，强化学习中的数学基础取得了创新性进展，人们对强化学习的探索越加深刻，其逐渐发展为一个多学科交叉科学。而在前几年，最具影响力的事件莫过于人机围棋对战，机器经过训练后轻松战胜李世石和柯洁，这正是强化学习的功劳。

强化学习的思路来源于心理学，通过设置奖励值和探索任务来进行智能体的训练，通过在探索后得到不同的反馈值来判断行为在系统中的对错。图 2-5 所示是一个强化学习交互图，智能体可以看作一个机器人，这个机器人在 t 时刻，通过观测环境（例如通过各种传感器来观测外部环境）来得到自己所处的状态。接下来智能体根据策略（policy）进行一些运算后，做出一个动作。这个动作就会作用在环境(environment)中,使智能体在环境中转移到一个新的状态,并且在转移时获得一个即时的奖励值,这样智能体又可以在新的状态下选择一个动作。经过无数次的迭代后,智能体就能够从中不断地进行学习和更新动作,更新自身的值函数直到逼近最优值函数,从而能够获得最优的策略。智能体的目标是希望在到达终点的时候获得的累积奖励最大。

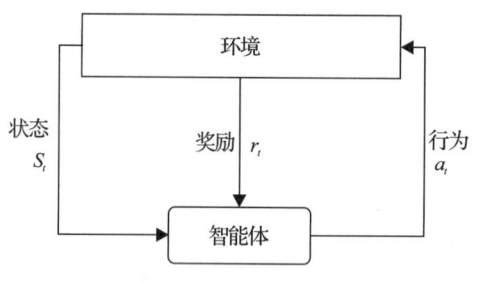

图 2-5 强化学习交互图

如上所述,强化学习的目标就是积累奖励,使其最大化,所以在每次选择动作时,智能体会选择它认为奖励最大的动作去执行。这也随之带来一个问题:虽然有些动作一开始的奖励很小,但是有可能在这个动作后面的奖励值很大。如果智能体只是选取当前它认为奖励最大的动作去执行,那么就极有可能陷入局部最优。好比在围棋比赛中,某一时刻的一个落子在当前看来没有什么意义,但是最后对比赛的胜负有决定性的意义。所以智能体在进行策略运算的时候需要去探索,探索那些奖励比较小的动作,因为这些动作有可能之后会获得很大的奖励。当然,因为时间和空间的限制,探索也不能无限进行下去,所以如何平衡好这两者是一件很重要的事情。

强化学习中定义问题最普遍的形式就是马尔可夫决策过程(Markov decision process,MDP),它是强化学习的重要构成,也是对完全可观测的环境进行描述,也就是说观测到的状态内容完整地决定了决策的需要特征。几乎所有的强化学习问题都可以转化为 MDP。在强化学习中,智能体和环境一直在互动,在每一个时刻 t,智能体都会收到来自环境的状态 S,基于这个状态 S,智能体会做出动作 a,动作 a 作用在环境上,智能体会得到一个新的状态,并且收到一个奖励。我们把智能体和环境交互产生的序列称为序列决策过程。而马尔可夫决策过程是一种公式化的、典型的序列决策过程。正是因为有了马尔可夫的假设,才使得解决序列决策过程更加方便且实用,这也是为什么强化学习中定义问题的普遍形式是马尔可夫决策过程的原因。

一个马尔可夫决策的过程包括了一个五元组(S,A,P,γ,R),其中 S 代表系统状态的集合,A 是动作到状态集合 S 的映射集合,反映了智能体在状态 S 下可以选择的动作,P 为集合 $S×A$ 到状态集合 S 的映射,表示了智能体在状态 S 下转移到状态 S' 下的概率,γ 和 R 分别代表着折扣因子和目标函数。智能体(agent)从环境中得到当前的集合 S,进行相应的行动(action)后得到相对应的奖励(reward)。强化学习就是通过一系列的操作与环境进行交互,在状态 S 由环境给出奖励,再利用奖励进行更新动作,经过无数次的迭代后,智能体就能够从中不断地进行学习和更新动作,更新自身的值函数直到逼近最优值函数,从而能够获得最优的策略。

2.2.2 深度学习

深度学习属于人工智能的一个分支。随着近年来深度学习领域的大热,不仅极大程度地推动了人工智能的发展,也使得传统互联网业务发生了翻天覆地的变化。早在 20 世纪,人们对于计算机模仿人脑的学习就做过了深入的研究,并提出了人工神经网络(artificial neural network,ANN)这个概念。1981 年诺贝尔生理学或医学奖得主 David Hubel、Torsten N. Wiesel 和 Roger Sperry 发现了人的视觉系统的信息处理是分级的,大脑通过各种神经元,把低层到高层的特征表达抽象和概念化,也就是说高层的特征是低层特征的组合。这一发现进一步激发了人们对神经系统的思考,而深度学习恰恰就是通过组合低层特征形成更加抽象的高层特征。根据全局逼近定理(universal approximation theorem),对于神经网络而言,如果要拟合任意的连续函数,深度性不是必需的。因为即使一个单层的网络,只要拥有足够多的非线性激活单元,也可以达到拟合目的。深度神经网络目前得到更多关注主要源于其结构层次性,能够快速建模更加复杂的情况,同时避免浅层网络中可能遭遇的诸多缺点。然而,深度学习也有缺点。以循环神经网络为例,一个常见的问题是梯度消失(每一次的迭代过程中,参数更新的变化非常小,导致几乎没有变化,造成学习停滞)。为了解决这些问题,人们提出了很多针对性的模型,例如长短期记忆网络、门控循环神经单元(gated recurrent unit,GRU)等。

进入 21 世纪,得益于大数据和计算机技术的快速发展,许多先进的机器学习技术成果应用于解决经济社会中的许多问题。同时借着 AI、大数据的浪潮,深度学习,特别是深度卷积神经网络和循环神经网络更是极大地推动了图像和视屏处理、文本分析、语音识别等问题的研究进程。深度学习通过一个有着很多层处理单元的深层网络对数据中的高级抽象进行建模,例如,在计算机视觉领域,深度学习算法把原始图像分割成一个个像素点,去学习得到一个边缘检测器或小波滤波器等的低层次表达,然后在这些低层次表达的基础上通过线性或非线性组合,来获得一个高层次表达。目前最先进的神经网络结构以及在某些领域能够达到甚至超越人类平均水准。不仅如此,深度学习在语音识别、文本分类以及推荐系统、物联网等方面也有着越来越多的应用。

深度学习中最重要的方法之一就是神经网络。随着人们对深度学习领域研究的不断深入,神经网络的深度和宽度也在不断增加,并且衍生出了诸如卷积神经网络(CNN)、循环神经网络(RNN)、图神经网络(graph neural network,GNN)等多种神经网络。

神经网络是由若干个相互连接的处理节点组成的信息处理系统,通过对生物学的研究,神经网络模拟大脑中对信息的存储、记忆和判断,这种网络主要依赖于系统中处理单元的复杂程度,通过调节系统内部大量单元之间相互连接的关系,从而达到处理信息的目的。神经网络按照生物组织活动的原理可以处理一些难以使用数学模型计算的过程,具有多层处理、自适应、记忆功能等特性。目前来说,神经网络已经得到长足的发展,并被成功应用于信息学、医学和经济学等多个领域中,在模式识别、异常检测以及预测问题中发挥着重要的作用。

在实际的应用中,构建神经网络的过程往往包括选择合适的神经网络模型、选择合理的网络结构以及高效迅速地设置神经网络参数。而针对某一个模型,主要研究调整和改善网络算法与结构,训练的过程也即调整神经网络模型中的各种参数,通过若干次的训练来修改处理单元的权重。

2.2.2.1 循环神经网络

循环神经网络是一类以序列(sequence)数据为输入,在序列的演进方向进行递归(recursion)且所有节点(循环单元)按链式连接的递归神经网络(recursive neural network)。与传统的前馈神经网络(feedforward neural network,FNN)不同,RNN具有反馈连接,允许信息在网络内部进行持续传递。

对循环神经网络的研究始于20世纪80年代,并在21世纪初发展为深度学习(deep learning)的算法之一,其中双向循环神经网络(bidirectional RNN,Bi-RNN)和长短期记忆网络(LSTM)是常见的循环神经网络。

RNN的基本结构包含一个或多个循环单元(recurrent unit),每个循环单元内部包含一个神经网络结构,该结构允许信息在序列的不同时间步之间进行传递。RNN的输入不仅取决于当前时间步的输入数据,还取决于上一个时间步的输出和隐含状态(hidden state)。

RNN 的反向传播算法使用反向传播(backpropagation through time, BPTT)来计算梯度,并使用优化算法(如梯度下降)来更新权重以最小化损失函数。

尽管 RNN 具有处理序列数据的能力,但传统的 RNN 在处理长序列时存在梯度消失或爆炸的问题,导致难以捕捉长期依赖关系。为了解决这一问题,后续出现了一些改进型的 RNN 结构,如长短期记忆网络(LSTM)和门控循环单元(GRU),它们能够更好地捕捉长期依赖关系,并在很多序列建模任务中取得了成功应用。

2.2.2.2.2 卷积神经网络

卷积神经网络(CNN)是一类包含卷积计算且具有深度结构的前馈神经网络(FNN),是深度学习(deep learning)的代表算法之一。卷积神经网络具有表征学习(representation learning)能力,能够按其阶层结构对输入信息进行平移不变分类(shift-invariant classification),因此也被称为"平移不变人工神经网络(shift-invariant artificial neural networks,SIANN)。主要用于处理具有网格结构数据的任务,最典型的应用领域包括图像识别、计算机视觉和自然语言处理等。

CNN 的核心思想是通过卷积操作来提取输入数据中的局部特征,并且通过池化操作来减小特征图的尺寸,从而逐渐实现对输入数据的层层抽象和特征提取。CNN 的基本组成包括卷积层、池化层和全连接层等。

(1)卷积层(convolutional layer)

卷积层是 CNN 中最重要的组成部分之一,它通过卷积操作对输入数据进行特征提取。卷积操作使用一组滤波器(或称为卷积核)对输入数据进行滑动操作,从而生成一系列的特征图(feature maps),每个特征图对应一个滤波器,反映了输入数据中不同位置的特征信息。

(2)池化层(pooling layer)

池化层用于减小特征图的尺寸,同时保留重要的特征信息。常用的池化操作包括最大池化和平均池化,它们分别在滑动窗口中选择最大值或者平均值作为池化结果,从而实现对特征图的降维和抽象。

(3)全连接层(fully connected layer)

全连接层通常位于 CNN 的顶部,用于将卷积和池化层提取的特征转化为最终的分类或回归结果。全连接层将特征图展开成一个向量,并通过神经网络中的多个全连接层进行非线性变换和组合,最终得到输出结果。

CNN 的训练过程通常使用反向传播算法（backpropagation）和梯度下降优化算法来更新网络参数，以最小化损失函数。在训练过程中，CNN 通过与标签数据进行比较，逐步学习提取输入数据中的特征，实现对不同类别的准确分类及其他任务的预测。

总的来说，CNN 具有对图像和其他网格结构数据进行有效特征提取和分类的能力，已经在计算机视觉、图像识别、目标检测等领域取得了巨大成功。

2.2.2.3 生成对抗网络

生成对抗网络是近年来在机器学习和人工智能领域非常流行的一种模型，它由 Goodfellow 等人在 2014 年提出[16]。GAN 的核心思想是通过对抗性训练来生成新的数据样本，这些样本在统计上与真实数据分布相似，以至于难以区分。

在 GANs 的框架中，有两个关键的组件：生成器（generator）和判别器（discriminator）。生成器的任务是产生尽可能逼真的假数据，而判别器的任务则是区分生成的数据和真实数据。这个过程可以看作一场博弈，生成器试图欺骗判别器，而判别器不断提高自己的辨识能力。通过这种对抗性的训练，生成器学习如何产生越来越真实的数据。

训练过程中，生成器首先随机产生一些噪声作为输入，然后通过一系列神经网络层的变换，输出看似真实的数据样本。判别器则接收这些生成的样本以及真实数据样本，尝试区分它们。判别器的目标是最大化其正确分类真实和生成样本的概率，而生成器的目标是最大化判别器将其生成样本误判为真实样本的概率。这种训练方式使得生成器在不断的迭代中学习到如何产生更加逼真的数据。

GAN 在图像生成、风格迁移、数据增强等领域展现出了巨大的潜力。例如，在图像生成领域，GAN 能够生成高质量的人脸、风景等图像，甚至在某些情况下，生成的图像质量足以以假乱真。此外，GAN 也被用于提高现有数据集的多样性，通过生成额外的训练样本来增强模型的泛化能力。

尽管 GAN 在理论上具有强大的生成能力，但在实际应用中也面临着一些挑战。例如，训练过程可能不稳定，导致生成器无法学习到有效的数据分布。此外，生成的样本可能存在模式崩溃（mode collapse）的问题，即生成器倾向于产生少数几种模式的样本，而无法覆盖整个数据分布的多样性。为了解决这些问题，研究者们提出了许多改进的 GAN 模型和训练技巧。

总的来说，生成对抗网络是一种强大的生成模型，它通过对抗性训练学习生成新的数据样本。随着研究的深入和技术的发展，GAN 在多个领域都有着广泛的应用前景。

2.2.2.4 长短期记忆网络

长短期记忆网络是一种特殊类型的循环神经网络，由 Hochreiter 和 Schmidhuber 在 1997 年提出[17]。LSTM 的设计初衷是为了解决传统 RNN 在处理长序列数据时遇到的梯度消失或梯度爆炸问题，这些问题限制了 RNN 在学习和记忆长期依赖关系方面的能力。

在标准的 RNN 中，信息通过循环连接在时间步之间传递，但这种简单的结构难以维持长距离的依赖关系，因为随着时间的推移，梯度可能会迅速减小或增大，导致网络难以学习长期依赖。LSTM 通过引入一种复杂的门控机制来克服这一限制，它能够学习何时让信息通过，何时遗忘信息，以及何时新增信息到状态中。

LSTM 的核心是由三个门组成的结构：输入门（input gate）、遗忘门（forget gate）和输出门（output gate）。输入门决定新输入的信息有多少被加入细胞状态中，遗忘门决定有多少旧信息被保留，而输出门则决定细胞状态的多少被输出到下一个时间步。此外，还有一个称为细胞状态（cell state）的概念，它贯穿整个链，携带观察到的有关序列的信息。

这种精巧的设计使得 LSTM 在处理时间序列数据时表现出色，特别是在那些需要长期记忆的任务中，如语言建模、语音识别、文本生成和时间序列预测等。LSTM 能够捕捉到数据中的时间动态特性，并在序列的不同部分之间建立联系，即使这些部分之间相隔很远。

随着深度学习的发展，LSTM 已经成为许多序列处理任务的首选模型之一。它不仅在理论研究中受到重视，也在工业界得到了广泛应用。例如，在自然语言处理领域，LSTM 被用于构建机器翻译系统、文本摘要和情感分析等应用。在音乐和艺术创作中，LSTM 也被用来生成旋律和视觉艺术作品。

尽管 LSTM 在许多任务上取得了显著的成功，但它也有一些局限性。例如，LSTM 模型通常需要大量的计算资源来训练，并且模型参数较多，可能导致过拟合。此外，LSTM 在处理非常长的序列时仍然可能面临挑战，因为信息仍然可能在多个时间步之间逐渐丢失。

为了解决这些问题，研究者们提出了一些改进的 LSTM 变体，如门控循环单元（GRU）[18]等，以及正则化技术、注意力机制等策略来提高模型的性能和泛化能力。随着研究的不断深入，LSTM 及其衍生模型在理解和生成复杂序列数据方面的能力将不断增强。

2.2.3 人工智能在 RFID 技术中的运用

人工智能(AI)在 RFID 技术中的运用为自动识别和数据解析领域带来了革命性的进步。通过将 AI 算法与 RFID 系统相结合，可以极大地提高数据处理的智能化水平、识别精度以及应用的广泛性。以下是人工智能在 RFID 技术中的几种关键应用：

(1)智能数据分析

AI 算法，尤其是机器学习和深度学习技术，能够有效地处理和分析由 RFID 系统收集的大量数据。通过训练模型识别特定的数据模式，AI 可以提高对商品流动、库存管理以及消费者行为的洞察力。例如，使用聚类算法对顾客的购买行为进行分析，从而优化库存和提高销售效率。

(2)预测性维护

结合 RFID 技术，AI 可以预测设备故障和维护需求。通过分析从 RFID 标签传输的数据，AI 模型能够识别出设备性能下降的早期迹象，从而在问题发生前进行干预，减少停机时间和维护成本。

(3)供应链优化

AI 在 RFID 技术中的应用可以优化供应链管理。通过实时跟踪货物的流动，AI 系统可以预测供应链中的瓶颈，自动调整物流策略，确保供应链的高效运转。此外，AI 还可以帮助进行需求预测，优化库存水平，减少过剩或缺货的情况。

(4)客户行为分析

在零售环境中，AI 结合 RFID 技术可以分析顾客在店内的移动路径和产品互动，从而提供个性化的购物体验。通过分析顾客的购买历史和实时行为，AI 系统能够推荐产品，提升顾客满意度和忠诚度。

(5)安全和监控

AI 增强的 RFID 系统可以用于提高安全性和监控效率。例如，在医疗环境中，RFID 可以追踪重要设备和资产的位置，AI 算法则可以监测未授权的移动或访问，及时发出警报。在安全监控中，AI 可以分析视频流和 RFID 数据，识别可疑行为或入侵者。

(6)自动化和机器人技术

在自动化仓库和制造环境中，AI 与 RFID 技术的结合可以实现更高效的机器人导航和任务执行。RFID 标签可以提供机器人操作所需的精确位置信息,而 AI 算法则可以根据这些信息优化机器人的行为和路径规划。

(7)智能环境控制

在智能家居或智能建筑中,AI 可以利用 RFID 数据来控制环境条件,如照明、温度和安全系统。通过学习居住者的行为模式,AI 系统能够自动调整设置,提高能效和居住舒适度。

2.3 本章小结

本章详细讨论了 RFID 技术的基础原理,包括标签、读写器和数据处理系统的关键作用。RFID 系统的非接触式识别能力,以及其在不同频率下的工作特性,为人体行为识别提供了一种有效的技术手段。

RFID 技术在人体行为识别中的应用展示了其在医疗监护、智能家居、工业安全等领域的广泛潜力。通过分析 RFID 信号的变化,可以准确识别和追踪人体行为,为自动化和智能化提供了强有力的支持。

本章还介绍了人工智能技术,特别是机器学习、强化学习、深度学习(循环神经网络、卷积神经网络、生成对抗网络、长短期记忆网络)在 RFID 技术中的应用。这些技术通过从大量数据中学习模式,提高了 RFID 系统在复杂环境下的识别能力和决策效率。

同时,还探讨了人工智能如何与 RFID 技术结合,以实现更智能的数据分析、预测性维护、供应链优化等功能。这些应用不仅提高了操作效率,还增强了系统的适应性和用户体验。

尽管 RFID 技术和人工智能在人体行为识别中展现出巨大潜力,但也面临着信号干扰、隐私保护和数据安全等挑战。未来的研究需要关注如何克服这些挑战,以及如何进一步优化算法和系统设计,以实现更广泛的应用。

第3章

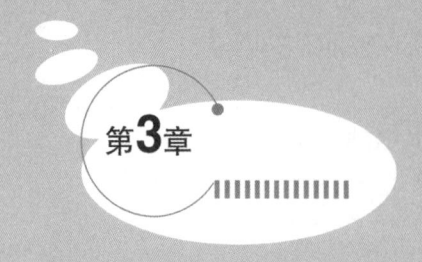

基于 RFID 的室内定位技术

3.1 多模态数据的室内定位方法

在面对高维稀疏数据时，传统机器学习方法的局限性显而易见，随着越来越多深度学习模型的提出以及应用，在应对复杂多变的室内场景和多模态数据组合成的高维数据时，深度学习方法通常能取得优异的表现。本章提出一种基于 RFID 和 Wi-Fi 数据的多模态室内定位网络(multi-modal indoor positioning network，MMIPN)，通过嵌入和池化的方式来代替传统的特征工程方法对数据进行处理，通过堆叠的深层神经网络来实现高阶特征交叉，最后通过消融实验和对比实验验证其先进性和有效性。

3.1.1 基于 RFID 和 Wi-Fi 的多模态室内定位模型结构

基于 RFID 和 Wi-Fi 的多模态数据，本章提出一种面向室内定位任务的深度学习模型——多模态室内定位网络，MMIPN 由嵌入层(embedding)、求和池化层(sum pooling)和全连接层三部分组成。在嵌入层，对采集到的数据进行嵌入运算，将 RSSI 类型的数据(RFID RSSI、Wi-Fi RSSI)，以及文本类型的数据(Wi-Fi 热点名称)转换为模型可接受的数值型向量，以便模型接收各种模态和不同长度的数据，进而提取更多数据特征。求和池化层主要用于解决不同位置采集的 Wi-Fi RSSI 和 Wi-Fi 热点名称长度不一致的问题，通过求和池化操作将嵌入后的 Wi-Fi RSSI 向量和 Wi-Fi 热点向量进行缩放，使其长度保持固定,以便后续全连接层的输入。最后,将 RFID RSSI、Wi-Fi RSSI 和 Wi-Fi 热点名称三种模态的数据拼接后,经过 N 层全连接神经网络处理,输出预测位置的二维坐标。关于 N 的取值,将在后续的对比实验中进行探索。同时,为确保模型在训练过程中收敛,本书在全连接层采用一种自适应激活函数:SoftReLU。MMIPN 模型结构见图 3-1。以下将对 MMIPN 模型的嵌入层和求和池化层进行更加详细的介绍。

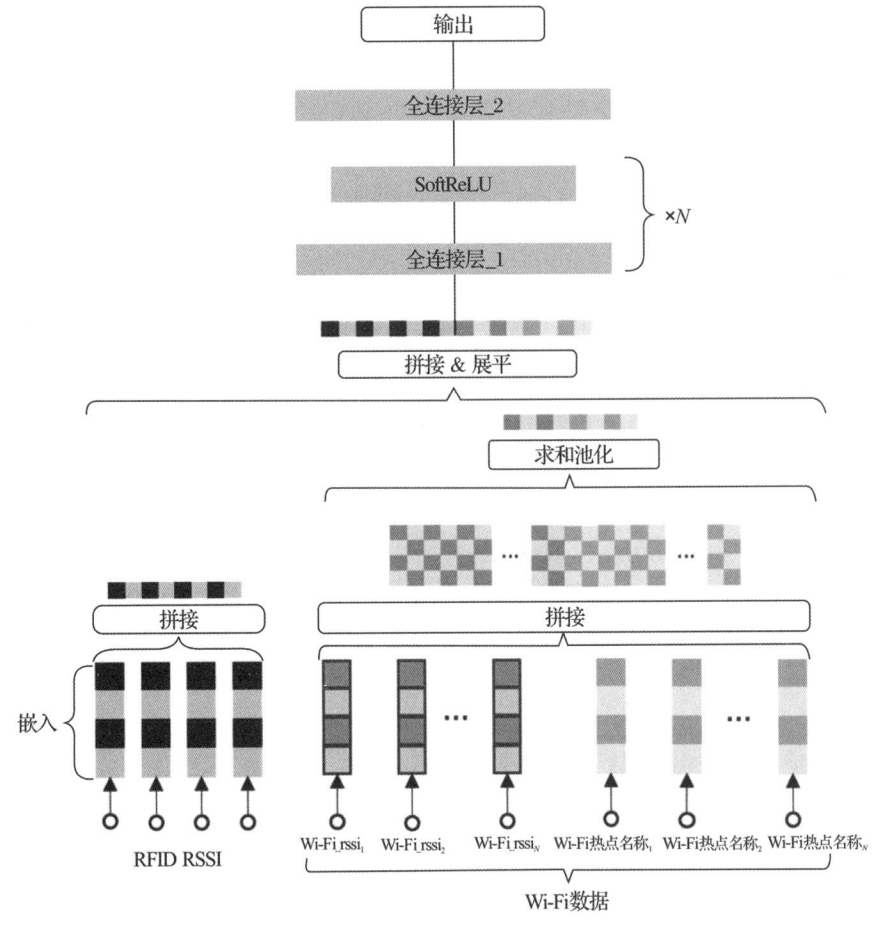

图 3-1 MMIPN 模型结构

3.1.1.1 嵌入层

嵌入作为一种将离散数据转换为连续型向量表示的技术,其主要作用是将输入的数据转换为计算机可以处理的形式。它可以将高维离散的数据转换为低维连续的数据,并将符号之间的关系反映在向量空间中的距离和角度等几何特征上。离散数据的形式非常广泛,包括文本、图像、RSSI 信号在内的多种数据都可以通过嵌入的方法进行转换。嵌入和传统的独热编码(one-hot encoding)方式不同,独热编码通常会在编码过程中引入大量的零,导致向量维度增大,不仅不利于模型的计算和更新,还会增加不必要的内存开销。而嵌入技术的目的是将事物映射到向量空间中,使每个事物都对应一个具有实际意义的向量。通过向量化的方法,不仅可以将实体进行降维并保留实体的语义关联性,还能够极大地提高训练效率。嵌入最早来源于谷歌的开源模型 word2vec[19],word2vec 通过训练一个神经网络来预测上下文词。原始的 word2vec 模型包括连续词袋模型(continuous bag of words,CBOW)和跳字模型(skip-gram)两种结构,它们都是基于单隐层神经网络的词向量表示方法。神经网络在训练过程中学习到的单词向量矩阵——词嵌入(word embedding)就是最早的嵌入表示形式,对于词汇表里的每一个词,都有一个对应的向量,并且这个向量都具有实际上的物理意义,虽然通过空间变换已经很难看出具像化的意义,但是它能够很好地从多个维度表征这个词的意义,并且意思相近的两个词在经过嵌入之后在高维空间上距离更近,反之亦然。

本书将利用连续词袋模型对 RFID 和 Wi-Fi 数据进行嵌入。以 RFID RSSI 为例,本书将连续词袋模型的输入替换成 RSSI 值,设计了一种 rssi2vec 模型 CBOR(continue bag of RSSI),用于将 RFID RSSI 数据进行嵌入,生成其嵌入形式,供下文调用。如图 3-2 所示,CBOR 的输入是一个 RFID RSSI 的独热编码向量,维度是 RFID RSSI 的取值范围 V,输出是经过 Softmax 之后的 V

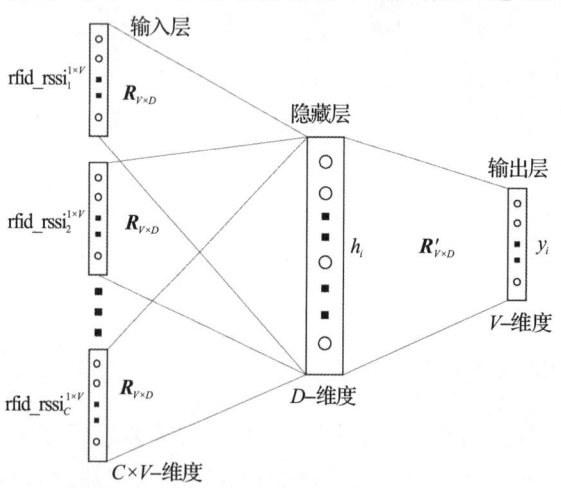

图 3-2 rssi2vec 中的 CBOR 网络结构示意

维向量,这里 V 的大小为 100。根据预测出的 RFID RSSI 值 $\hat{y}$ 与真实 RFID RSSI 值 y 进行反向传播优化训练。训练完成后获得输入层到隐藏层的神经网络权重 $\boldsymbol{R}_{V\times D}$ 和隐藏层到输出层的神经网络权重 $\boldsymbol{R}'_{D\times V}$,称 $\boldsymbol{R}_{V\times D}$ 和 $\boldsymbol{R}'_{D\times V}$ 为"查找表",其中的每一行为输入向量和输出向量,这里选择输入向量 $\boldsymbol{R}_{V\times D}$ 作为嵌入之后的结果。由于 CBOR 模型输入的是独热编码的形式,所以 $\boldsymbol{R}_{V\times D}$ 中的每一行代表了一个 RFID RSSI 取值对应的向量(维度是 $1\times D$,一般 D 要远小于 V)。如图 3-3 所示为 CBOR 的算法流程,由于 CBOR 采用的是滑动窗口进行输入,所以每一个 RSSI 值都有可能作为中心值和背景值出现,假设滑动窗口的大小为 m,则对于输入和输出的 RFID RSSI 进行条件概率建模,如式(3-1)所示,其中 $\boldsymbol{u}$ 表示中心值的背景向量,$\boldsymbol{v}$ 表示背景值的中心向量。

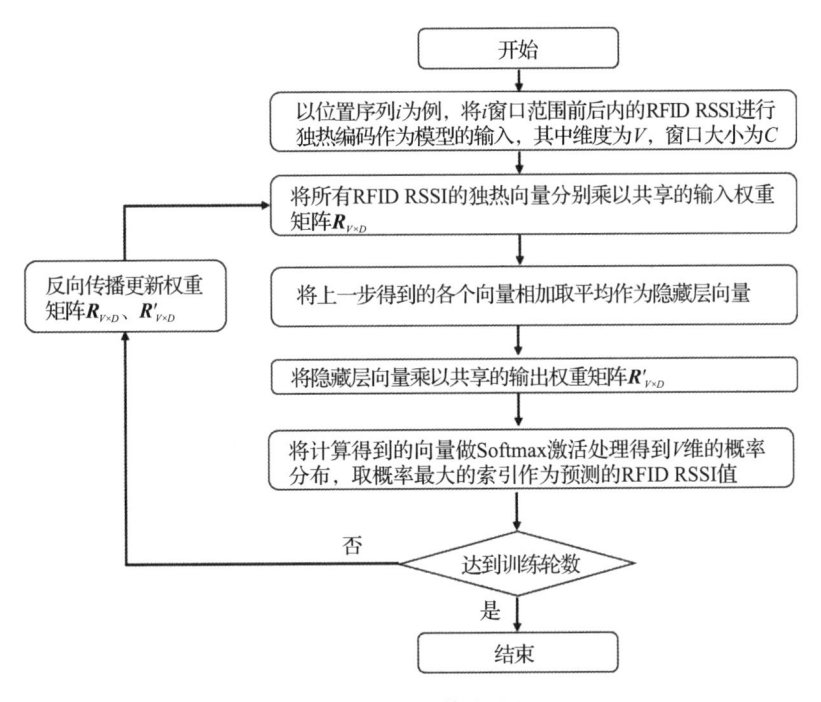

图 3-3　CBOR 算法流程

$$P(\text{rssi}_c \mid \text{rssi}_1,\cdots,\text{rssi}_{2m}) = \frac{\exp\left[\dfrac{1}{2m}\boldsymbol{u}_c^{\text{T}}\cdot(\boldsymbol{v}_1+\cdots+\boldsymbol{v}_{2m})\right]}{\sum\limits_{i\in V}\exp\left[\dfrac{1}{2m}\boldsymbol{u}_i^{\text{T}}\cdot(\boldsymbol{v}_1+\cdots+\boldsymbol{v}_{2m})\right]} \quad (3\text{-}1)$$

为了简化表达,记 $\text{RSSI}_O=\{\text{rssi}_1,\cdots,\text{rssi}_{2m}\}$,且 $\bar{\boldsymbol{v}}=\dfrac{1}{2m}(\boldsymbol{v}_1+\cdots+\boldsymbol{v}_{2m})$,则

式(3-1)可以简写成式(3-2)的形式：

$$P(\text{rssi}_c \mid \text{RSSI}_O) = \frac{\exp(\boldsymbol{u}_c^T \bar{\boldsymbol{v}})}{\sum_{i \in V} \exp(\boldsymbol{u}_i^T \bar{\boldsymbol{v}})} \tag{3-2}$$

这样在反向传播的计算中，背景值的中心向量梯度的更新公式见式(3-3)：

$$\frac{\partial \log P(\text{rssi}_c \mid \text{RSSI}_O)}{\partial v_i} = \frac{1}{2m} \left[\boldsymbol{u}_c - \sum_{j \in V} \frac{\exp(\boldsymbol{u}_j^T \bar{\boldsymbol{v}}) \boldsymbol{u}_j}{\sum_{i \in V} \exp(\boldsymbol{u}_i^T \bar{\boldsymbol{v}})} \right]$$
$$= \frac{1}{2m} \left[\boldsymbol{u}_c - \sum_{j \in V} P(\text{rssi}_c \mid \text{RSSI}_O) \boldsymbol{u}_j \right] \tag{3-3}$$

其学习目标是最大化式(3-4)的对数似然函数：

$$\mathcal{L} = \sum_{r \in V} \log P[r \mid \text{RSSI}(r)] \tag{3-4}$$

其中，r 表示 V 中的任意一个 RSSI 值。通过反向传播算法的不断迭代，输出向量和目标向量的差值越来越小，最终输入向量 $\boldsymbol{R}_{V \times D}$，即 RFID RSSI 嵌入后的结果。

基于上述示例，本书对 RFID RSSI 和 Wi-Fi RSSI 数据分别进行上述的嵌入运算。多模态数据的室内定位任务是一个多组类别形式，一组模态的数据代表一组特征类别，每一组特征类别中有若干个特征。例如，对于一条数据：[RFID RSSI={−32,−96,…,−64},Wi-Fi RSSI={−28,−54,…,−100}]，RFID RSSI 和 Wi-Fi RSSI 为两组特征类别，而在 RFID RSSI 中，−32 和−96 分别为第一个和第二个特征值，在 Wi-Fi RSSI 中同理。因此，需要通过编码的形式将这些 RSSI 信号值转换成维度更高并且稀疏的二进制特征。本书规定，将第 i 组特征类别记为 t_i，第 i 组特征类别的特征数量记为 l_i，第 i 组特征类别的第 j 个特征记为 t_{ij}，则对 t_{ij} 进行独热编码，得到 $t_{ij} \in \boldsymbol{R}_{ij}^K$，$K_{ij}$ 为第 j 个特征的维度，这意味着特征 t_{ij} 包含 K_{ij} 个不同的取值。$t_{ij}[k]$ 是 t_{ij} 的第 k 个元素，$t_{ij}[k] \in \{0,1\}$，$\sum_{k=1}^{K_{ij}} t_{ij}[k] = h$ ，当 $h=1$ 意味着对 t_{ij} 进行独热编码，而当 $h>1$ 则意味着对 t_{ij} 进行多热(mulit-hot)编码。为了简化表示，本书中只采用独热编码的形式。这样一条包含 M 组模态的数据 x 就可以按特征类别的方式被表示成：$x = [t_1^T, t_2^T, \cdots, t_M^T]^T$，其中 $\sum_{i=1}^{M} \sum_{j=1}^{l_j} K_{ij} = L$ 是整个特征空间的维度。通过这种方法，上述具有两组特征类别的独热向量如图 3-4 所示。

$$\begin{bmatrix} 0 & 1 & 0 & & 0 & 0 & 0 \\ 0 & 0 & 1 & \cdots & 0 & 0 & 0 \\ 0 & 0 & 0 & & 1 & 0 & 0 \\ & & & \cdots & & & \end{bmatrix} \quad \begin{bmatrix} 1 & 0 & 0 & & 0 & 0 & 0 \\ 0 & 0 & 0 & \cdots & 0 & 1 & 0 \\ 0 & 0 & 1 & & 0 & 0 & 0 \\ & & & \cdots & & & \end{bmatrix}$$

RFID RSSI   Wi-Fi RSSI

图 3-4　RFID RSSI 和 Wi-Fi RSSI 特征二进制实例

在转换成高维二进制的独热向量后,再通过嵌入的方法转换成低维稠密的特征表示。对于第 i 个特征类别 t_i,令 $\boldsymbol{W}^i = [\boldsymbol{w}_1^i, \cdots, \boldsymbol{w}_j^i, \cdots, \boldsymbol{w}_{l_i}^i] \in \boldsymbol{R}^{D \times l_i}$ 表示第 i 个嵌入查找表,其中 $\boldsymbol{w}_j^i \in \boldsymbol{R}^D$ 是一个 D 维的嵌入向量,遵循查找表机制。因为本书中的 $\boldsymbol{t}_{ij}$ 是独热向量并且第 k 个元素 $\boldsymbol{t}_{ij}[k]=1$,所以最终 t_i 的嵌入可以用 $\boldsymbol{e}_i$ 来表示,并且 $\boldsymbol{e}_i = \boldsymbol{w}_j^i$。

嵌入生成的向量化特征不仅可以保留特征的"语义"关系,还能够降低维度,从而减少计算复杂度。通过将原始特征映射到低维向量空间中,可以更好地表示特征之间的相似度和差异性。这使得各种计算逻辑和机器学习算法的处理更加高效和准确,同时也可以更好地解决数据稀疏和维度灾难等问题。借着这个思路,微软于 2016 年提出了 item2vec[20] 的概念,例如商品、图片等,通过嵌入的方法,将这些原本不可比的实体映射到高维空间,不仅利于模型的输入和处理,还可以获得它们之间的距离表示。这也给本书研究提供了思路,在 Wi-Fi 数据中,不同的热点都通过相同的 RSSI 来表示,形式过于单一。为了突出多模态数据的特点,本书在对 Wi-Fi RSSI 进行嵌入的基础上,引入了 Wi-Fi 热点的嵌入表征。同样的,将 Wi-Fi 热点名称作为第 3 组特征类别进行嵌入运算,则独热编码的结果为 $\boldsymbol{t}_{3j} \in \boldsymbol{R}^{K_{3j}}$,$\boldsymbol{t}_{3j}[k] \in \{0,1\}$,$\sum_{k=1}^{K_{3j}} \boldsymbol{t}_{3j}[k]=1$,$j \in [1,28]$。在通过独热编码后,对于 Wi-Fi 热点名称进行 H 维的嵌入计算,得到 $\boldsymbol{W}^3 = [\boldsymbol{w}_1^3, \cdots, \boldsymbol{w}_j^3, \cdots, \boldsymbol{w}_{28}^3] \in \boldsymbol{R}^{H \times K_{3j}}$,其中 $\boldsymbol{w}_j^3 \in \boldsymbol{R}^H$ 是一个 H 维嵌入向量,代表第 j 个 Wi-Fi 热点名称。因此最终一条数据的嵌入向量可以表示为

$$\begin{aligned} \boldsymbol{X}_i^\mathrm{T} &= \{\boldsymbol{e}_1^\mathrm{T}, \boldsymbol{e}_2^\mathrm{T}, \cdots, \boldsymbol{e}_M^\mathrm{T}, \cdots, \boldsymbol{e}_{M+2N}^\mathrm{T}\}^\mathrm{T} \\ &= \{\boldsymbol{w}_1^{1\mathrm{T}}, \boldsymbol{w}_2^{1\mathrm{T}}, \cdots, \boldsymbol{w}_M^{1\mathrm{T}}, \boldsymbol{w}_1^{2\mathrm{T}}, \boldsymbol{w}_2^{2\mathrm{T}}, \cdots, \boldsymbol{w}_N^{2\mathrm{T}}, \boldsymbol{w}_1^{3\mathrm{T}}, \boldsymbol{w}_2^{3\mathrm{T}}, \cdots, \boldsymbol{w}_N^{3\mathrm{T}}\} \end{aligned}$$

其中 M 表示第 i 条 RFID RSSI 的数据长度,N 表示第 i 条 Wi-Fi 数据的长度。因为不同位置采集到的 Wi-Fi 热点数量不同,导致 N 的长度也不同,因此需要通过求和池化来获取最终的固定长度输入。

为了更好地可视化数据,我们使用主成分分析(principal component analysis,PCA)算法对初始的 500 条数据进行降维,嵌入前后的结果如图 3-5 所示。通过 PCA 算法保留了 90% 的原始数据信息,并将数据降至二维,从而得

以绘制出数据的二维图形。图 3-5(a)中,"×"形为 Wi-Fi 热点名称数据,"◆"为 Wi-Fi RSSI 数据,"•"为 RFID RSSI 数据。可以看到原始数据由于都是基于接收信号强度进行的采集,RFID RSSI 和 Wi-Fi RSSI 在数据结构上没有本质区别,大部分都散落在全图,区分起来比较困难,而"×"形 Wi-Fi 热点名称数据则集中在图中的坐标(−20,0)周围,可见 Wi-Fi 热点名称和 RSSI 有本质区别,可以帮助我们更好地区分 Wi-Fi RSSI 和 RFID RSSI 数据。采用相同的方法,对嵌入之后的结果进行绘制,结果如图 3-5(b)所示,将 Wi-Fi RSSI 和 Wi-Fi 热点名称数据嵌入之后再进行拼接,得到图中"×"形的 Wi-Fi Join 数据,"◆"为嵌入之后的 RFID RSSI 数据。可以看出,在嵌入之后通过引入 Wi-Fi 热点这一信息,可以较好地区分 RFID 和 Wi-Fi 数据,进而证明了嵌入的有效性,可

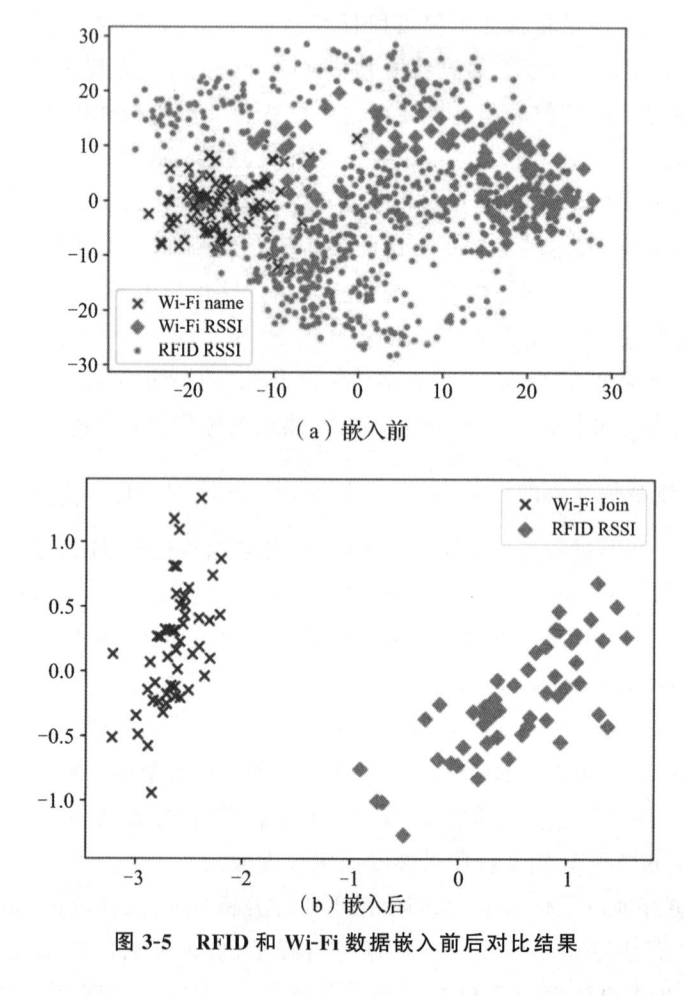

(a) 嵌入前

(b) 嵌入后

图 3-5 RFID 和 Wi-Fi 数据嵌入前后对比结果

以更好地帮助模型的训练。后文将通过消融实验进一步探究嵌入在模型上的表现。

3.1.1.2 池化层

池化是一种降维操作,最早出现在卷积神经网络中,卷积层用于提取底层特征,而池化层用于提取更高阶或者抽象的特征。常见的池化方法有求和池化和平均池化(average pooling),它们通过对向量的元素进行求和或平均操作来实现降维。与此类似,嵌入操作也可以将向量拼接起来以获得整个数据的信息,两者都能有效地提取数据的关键信息,实现数据降维和特征提取。

$$y_{kij} = \begin{cases} \sum_{(p,q) \in R_{ij}} x_{kpq}, \text{SumPooling} \\ \dfrac{1}{|R_{ij}|} \sum_{(p,q) \in R_{ij}} x_{kpq}, \text{AveragePooling} \end{cases} \tag{3-5}$$

求和池化是一种池化操作,它将输入的特征图通过卷积核划分为若干个区域,并采用滑动窗口的方式,从左到右、自上而下地移动,以设定的步长为间隔,在每个子区域上计算所有像素值之和,得到每个子区域的池化输出。最终,所有子区域的输出被串联起来,用于下一层的特征提取或分类任务。而平均池化的操作和求和池化类似,是将滑动窗口内的特征图计算平均值后输出。式(3-5)所示为求和池化和平均池化的计算公式,其中 y_{kij} 表示第 k 个特征图在矩形区域 R_{ij} 的输出值, x_{kpq} 表示矩形区域 R_{ij} 中位于 (p,q) 处的元素, $|R_{ij}|$ 表示矩形区域 R_{ij} 中元素的个数。池化操作可以增加神经网络的感受野,减少噪声并消除信息冗余。此外,池化操作还能够降低计算量,防止过拟合的发生。图 3-6 所示为 Wi-Fi RSSI 在嵌入之后进行求和池化和平均池化的过程示意,卷积核大小为 $1 \times N$,步长为 1,在求和池化中,左图输出的结果为每一个滑动窗口内特征图之和,而在平均池化中,左图输出的结果为每一个滑动窗口内特征图的平均值,池化后的特征图大小相比原来少了 75%,所得到的结果如右图所示。

值得注意的是,由于不同位置的 Wi-Fi RSSI 和 Wi-Fi 热点数量是不同的,因此不同的位置采集到的 Wi-Fi 数据存在着些许不一致,并且有不同长度,这也导致其相应的嵌入向量的长度不同。由于神经网络只能接受固定长度的输入,所以通常的做法是将嵌入后的列向量通过式(3-6)的池化方法缩放到固定长度的向量:

$$e_i = \text{pooling}(e_{i1}, e_{i2}, \cdots, e_{ik}) \tag{3-6}$$

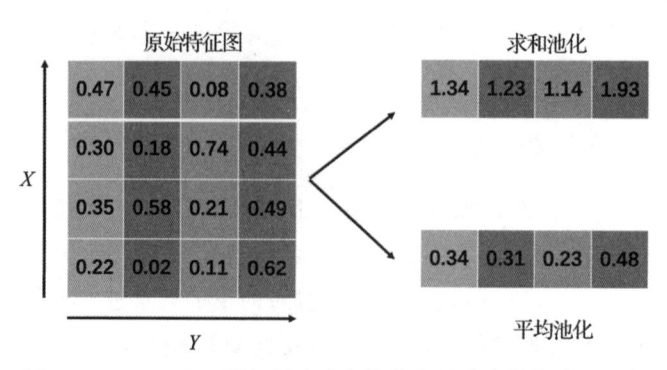

图 3-6 Wi-Fi RSSI 嵌入后在求和池化和平均池化的结果示意

如图 3-7 所示，通过求和池化的方式，将不定长的嵌入向量转换成定长向量，其中 Wi-Fi_rssi$_i$ 表示第 i 个 Wi-Fi RSSI，Wi-Fi 数据的长度为 N。

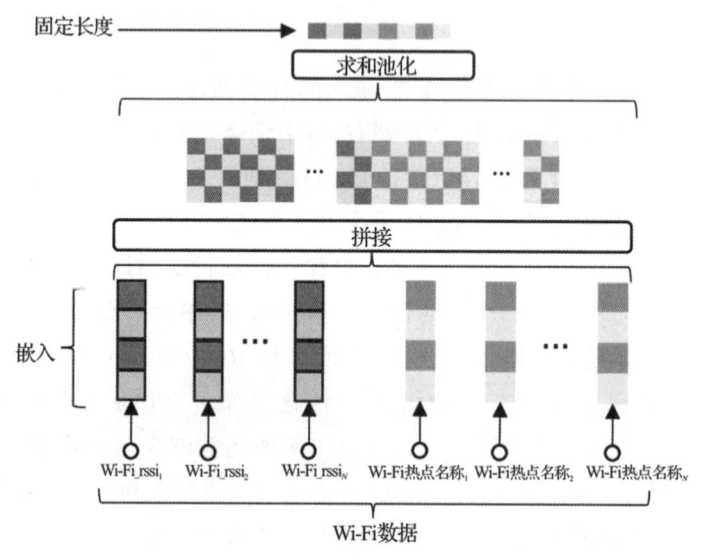

图 3-7 Wi-Fi 数据嵌入和求和池化示意

3.1.2　自适应激活函数

激活函数在神经网络模型中扮演着重要的角色，它可以帮助网络学习数据中的复杂模式。由于神经网络节点计算是加权求和，因此，神经网络节点的计算本质上是一个线性模型，需要进行非线性变换，以更好地适应数据分布和任务需求。如式(3-7)，假设输出是 y，输入是 x_i，其中 $w_i, b \in \mathbf{R}$ 为模型参数，线性模型最显著的特点是，任意数量的线性模型的组合仍然是一个线性模型。

$$y = \sum_i w_i x_i + b \tag{3-7}$$

如式(3-8)、式(3-9)所示的前向传播计算公式为：

$$a^{(1)} = x \boldsymbol{W}^{(1)} \tag{3-8}$$

$$y = a^{(1)} \boldsymbol{W}^{(2)} \tag{3-9}$$

其中 x 为输入，$\boldsymbol{W}$ 为可学习的参数。式(3-8)和式(3-9)整合可以得到最终模型的输出：

$$y = (x \boldsymbol{W}^{(1)}) \boldsymbol{W}^{(2)} \tag{3-10}$$

根据矩阵乘法的结合律有：

$$y = x(\boldsymbol{W}^{(1)} \boldsymbol{W}^{(2)}) = x \boldsymbol{W}' \tag{3-11}$$

而 $\boldsymbol{W}^{(1)} \boldsymbol{W}^{(2)}$ 可以被表示为一个新的参数 $\boldsymbol{W}'$。

常见的激活函数有以下几种(图3-8)：

(1) Sigmoid 函数

Sigmoid 函数的曲线形状像一条 S 形曲线，表达式见式(3-12)，参数 a 可以控制斜率：

$$\varphi(v) = \frac{1}{1 + \mathrm{e}^{-av}} \tag{3-12}$$

Sigmoid 函数将每个神经元的输出归一化到[0,1]区间范围内，因此常用于二分类的输出层。此外，由于概率的取值范围也是在[0,1]范围内，Sigmoid 函数也可以用于概率预测。然而，Sigmoid 函数在两侧趋于平缓，容易出现梯度消失的问题。

(2) Tanh 函数

Tanh 函数的图像曲线也是 S 形，函数表达式见式(3-13)：

$$\varphi(v) = \tanh\left(\frac{v}{2}\right) = \frac{1 - \mathrm{e}^{-v}}{1 + \mathrm{e}^{-v}} \tag{3-13}$$

Tanh 是一种双曲正切函数，其取值范围为[-1,1]。与 Sigmoid 函数相比，Tanh 函数的输出以 0 为中心，从而促进训练收敛的速度。此外，Tanh 函数的图像中，负输入被映射为负数，而 0 的输入则被映射为接近于零的值。

(3) ReLU(rectified linear unit) 函数

ReLU 函数是目前深度学习中最常用的激活函数之一，其表达式见式(3-14)：

$$\varphi(v) = \begin{cases} v, & \text{if } v > 0 \\ 0, & \text{if } v < 0 \end{cases} \tag{3-14}$$

相比于 Sigmoid 函数和 Tanh 函数，ReLU 函数具有以下优点：首先，当输入为正时，ReLU 函数的梯度不会饱和，并且计算速度快，能快速在反向传播中更新参数。然而,ReLU函数的一个缺点是,当输入为负时,ReLU函数输出为0,这可能导致反向传播的过程中梯度为0,无法更新参数权重。

(4)PReLU(parametric rectified linear unit)函数

PReLU[21]是ReLU的改进版本,区别在于负区间的超参数α的取值,这使得其不会丢失负数的有关信息,其表达式如公式(3-15)所示,其中α为可学习的超参数。

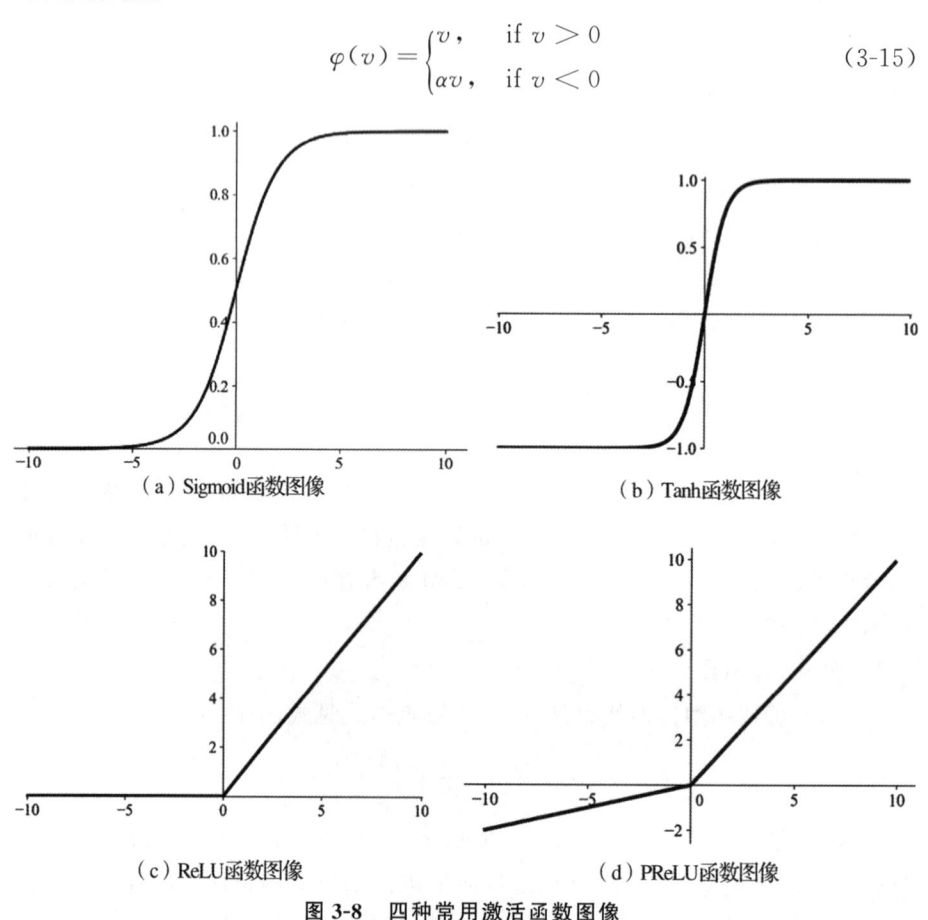

$$\varphi(v) = \begin{cases} v, & \text{if } v > 0 \\ \alpha v, & \text{if } v < 0 \end{cases} \tag{3-15}$$

（a）Sigmoid函数图像　　　　（b）Tanh函数图像

（c）ReLU函数图像　　　　（d）PReLU函数图像

图 3-8　四种常用激活函数图像

(5)自适应激活函数:SoftReLU

虽然PReLU函数改进了ReLU函数中对于输入为非正数时无法更新参数权重的问题,但是对于输入为非正数的情况PReLU仍然具有很强的修正作用,这对于RSSI这种负数和零居多的数据形式不太友好。式(3-15)可以进一步写成式(3-16)的形式,其中$p(v)$为指示函数,且$p(v) \in \{0,1\}$。图3-9中子图(a)展示了指示函数$p(v)$在PReLU上的图像,可以看出$p(v)$在输入$v=0$

上发生了跳变,这样更直观地展示了 PReLU 对于负数和零值的修正作用。

$$\varphi(v) = p(v) \times v + [1 - p(v)] \times \alpha v \tag{3-16}$$

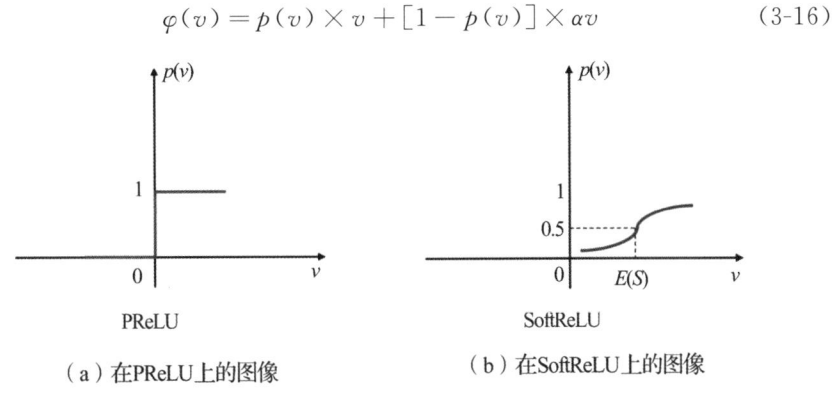

图 3-9 基于指示函数 $p(v)$ 在 PReLU 和 SoftReLU 上的函数图像

为了缓和激活函数在不同区间段交界处的变化,本书提出了一种自适应激活函数:SoftReLU。通过分析 PReLU 函数的指示函数 $p(v)$ 可以发现,$p(v)$ 的取值范围是一个集合,这就导致了区间不连续的问题,因此 PReLU 函数在区间交界处会发生跳变。为了解决这一问题,本书在 SoftReLU 函数中将 $p(v)$ 替换成 Sigmoid 函数的形式,让其取值范围从{0,1}集合落到[0,1]区间,并在此基础上对输入数据进行归一化处理,使得模型能更好地学习不同模态的数据分布,进而加速模型的训练和收敛。SoftReLU 的计算公式如式(3-17)和式(3-18)所示,其中,standard 表示归一化运算,在训练阶段,$E[s]$ 和 $\mathrm{Var}[s]$ 是输入数据中每一个批次数据的均值和方差,在测试阶段,$E[s]$ 和 $\mathrm{Var}[s]$ 计算的是全体数据的均值和方差,$\in$ 是一个防止分母为零的经验常量,本书中,令 $\in = 10^{-8}$。值得一提的是,当 $p(v) = 1(v > 0)$,即 $E[s] = 0$ 和 $\mathrm{Var}[s] = 0$ 时,SoftReLU 也可以退化成 PReLU。

$$p(v) = \frac{1}{1 + e^{-\frac{v - E[v]}{\sqrt{\mathrm{Var}[v] + \epsilon}}}} = \mathrm{sigmoid}(\mathrm{standard}(v)) \tag{3-17}$$

$$\varphi(v) = p(v) \times v + [1 - p(v)] \times \alpha v$$
$$= \frac{1}{1 + e^{-\frac{v - E[v]}{\sqrt{\mathrm{Var}[v] + \epsilon}}}} \times v + \left(1 - \frac{1}{1 + e^{-\frac{v - E[v]}{\sqrt{\mathrm{Var}[v] + \epsilon}}}}\right) \times \alpha v \tag{3-18}$$

ReLU 函数的突出优势是其导数简单,在反向传播的过程中时间复杂度是 $O(n)$,因此能极大地提升计算效率。而 SoftReLU 函数的导数虽然没有 ReLU 简单,但是由于每一个批次数据的均值和方差都是已知的,所以 $p(v)$ 和 $[1 - p(v)]$ 也是已知的,因此在实际反向传播计算过程中也仅需计算 v 和

$\varphi(v)$ 的导数,如式(3-19)所示,其时间复杂度仍为 $O(n)$:

$$\frac{\partial \varphi(v)}{\partial v} = \frac{\partial \{p(v) \times v + [1 - p(v)] \times \alpha v\}}{\partial v}$$

$$= p(v) \times v + \alpha \times [1 - p(v)] \quad (3\text{-}19)$$

SoftReLU 是 PReLU 的一种泛化形式,其主要思想是根据输入数据的分布自适应地调整修正点,该修正点的值被设置为输入的平均值。与 PReLU 相比,SoftReLU 更加灵活和自适应。因为 PReLU 只有一个固定的修正点,因此不适用于所有类型的数据分布。SoftReLU 可以自动调整修正点以适应不同的数据分布,从而提高模型的性能和泛化能力。$E(s)$ 负责函数图像的左右移动,$Var[s]$ 负责控制函数图像平滑区的胖瘦。本书后续实验将证明 SoftReLU 相比于其他激活函数在本任务上的有效性。

3.1.3 实验设计与分析

本节将详细阐述实验的具体细节,涵盖模型结构、训练过程等内容。实验首先在 RFID 和 Wi-Fi 数据上展开测试,通过消融实验逐步剖析多模态数据和自适应激活函数的有效性,进而对实验结果进行分析,给出相应结论。

3.1.3.1 消融实验

本节以前文介绍的 MMIPN 模型为基准,通过消融实验进一步分析不同的方法对模型训练过程中做的贡献。消融实验中模型的各项训练参数如表3-1所示,在后续章节中,如无特殊说明,实验涉及的训练参数与表 3-1 一致。图 3-10 所示为相同实验环境下对单模态、多模态、嵌入、池化层和 SoftReLU 激活函数在训练集上经历 250 个轮次之后损失函数值的变化。表 3-2 为消融实验中不同实验组对应的变量,为了叙述简洁,下面将采用表 3-2 中对应组的序号对图 3-10 中的结果进行分析。

实验组(1)为没有经过嵌入层、池化层和 SoftReLU 激活函数的原始 RFID RSSI 数据,可以看出,由于在有限室内场景中,单一的 RFID RSSI 信号之间存在诸多噪声,并且不同点信号强度所表现的细微变化并不能很好地反映到坐标点上,所以难以通过简单的全连接神经网络进行区分,导致在训练 50 个轮次后就出现了难以收敛的问题,损失一直在 1.5 的附近波动。实验组(2)在实验组(1)的基础上加入了嵌入层,从训练结果上看,在大约 148 轮以后,其收敛速度要明显优于只有原始 RFID RSSI 数据的实验组(1),推测是由于经过了嵌入层的映射后能提取更多的特征信息,在经过 250 个轮次的训练后,损失函数值下降到 0.43,是一个不错的结果。实验组(3)在实验组(2)的基础上加入了 Wi-Fi 数据,其中 Wi-Fi 数据为 Wi-Fi RSSI 和 Wi-Fi 热点分别嵌入后再求和池化的结果,同时经过求和池化的操作也能将 Wi-Fi 采集过程中的长度特征给表现出来。可以看出在加入 Wi-Fi 数据以后,模型在训练过程中的第 25 轮次开始就有明显下降,并且在 250 轮后的损失函数值更是来到了 0.23,这从一方面证明了多模态数据确实能给予模型更多不同类型的信息,推测是由于 Wi-Fi 数据对全局有更加清晰的认识,能够帮助 RFID 数据减少局部范围内的干扰,使得模型在前期就能掌握较多的场景信息,从而使得训练更加容易收敛。实验组(4)在实验组(2)的基础上增加了 SoftReLU 激活函数,本书在前文中介绍了自适应激活函数 SoftReLU 的原理,其在训练过程中对每一个轮次的数据进行自适应的缩放,使得模型的每一层都能更好地学到对应的数据分布,从图 3-10 中可以清晰地看出,对比实验组(2),实验组(4)的损失函数值下降得更加平稳,并且在 250 轮之后的损失函数值也达到了 0.25,只略逊于实验组(3)的结果,表明 SoftReLU 激活函数能更好地帮助模型收敛,从而获得更好的表现。最后,实验组(5)即本章所提出的 MMIPN 模型,实验组(3)在加入嵌入层和池化层后虽然可以提取更多的特征帮助模型更好地学习,但是收敛的速度因受到其他因素的影响变得比较慢,而在实验组(5)中加入 SoftReLU 之后,不仅对模型的不同层重新进行了适应,同时对不同模态的数据计算了各自的数据分布,所以可以看出其损失函数值下降得更加迅速和平稳,经过大约 120 轮的训练后就能达到实验组(3)的效果,在 250 轮训练结束后,损失函数值更是达到了 0.03,是所有实验组中表现最佳的一组。通过上述对比,可以很轻易地看出各种方法在 MMIPN 模型中是否发挥了作用:实验组(1)和(2),验证了 Embedding 层的作用;实验组(2)和(3),验证了多模态数据的作用;而实验组(2)和(4)、实验组(3)和(5),验证了自适应激活函数 SoftReLU 的作用。

表 3-1 模型训练参数说明

参数名称	参数取值
学习率	初始 0.1
数据批次大小	32
训练轮数	250
损失函数	MSELoss
优化器	Adam
全连接层神经元数量	[128,32,2]

不同模型的损失变化

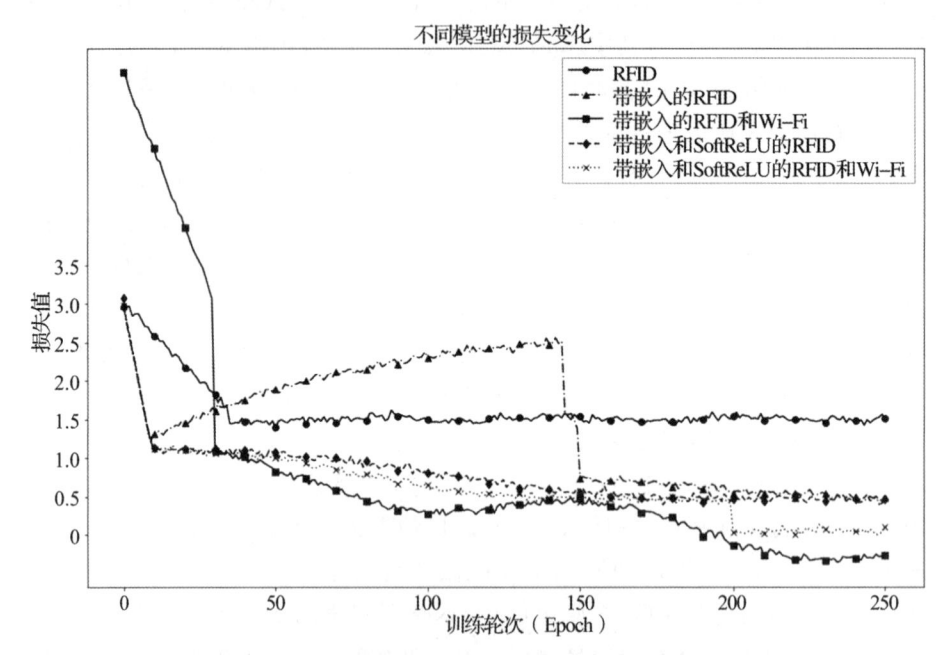

图 3-10　MMIPN 对比不同数据和方法在训练集上损失函数的表现

表 3-2　MMIPN 模型消融实验参照

序号	数据	模型结构	激活函数	最终损失函数值
(1)	RFID	全连接	ReLU	1.50
(2)	RFID	嵌入＋全连接	ReLU	0.43
(3)	RFID&Wi-Fi	嵌入＋池化＋全连接	ReLU	0.23
(4)	RFID	嵌入＋全连接	SoftReLU	0.25
(5)	RFID&Wi-Fi	嵌入＋池化＋全连接	SoftReLU	0.03

表 3-3 展示了以 MMIPN 模型的消融实验定位结果，参照表 3-3 中不同实验组的变量，对表 3-3 进行相同的编号。实验中采用平均绝对误差（mean absolute error，MAE）、均方误差（mean squared error，MSE）和均方根误差（root mean squared error，RMSE）作为评价指标，同时对模型的平均预测耗时做了统计，符合室内定位这个实时性比较强的任务场景。可以看到，由于使用数据和模型结构的不同，使得不同实验组在平均预测耗时上有些许的差别，不同实验组之间平均预测耗时的区别主要体现在嵌入层和池化层上，导致这一现象的原因是 RFID、Wi-Fi 的多模态数据相比于单一的 RFID RSSI 数据，需

要额外的嵌入层和池化层对 Wi-Fi 数据进行编码。实验组(1)在三种评价指标上的表现均欠佳,这样单一的数据在模型中实际上只是进行了一些特征交叉的计算,但是由于未经嵌入的 RSSI 信息量有限,所以得到这个结果也并不意外。随后作为对比,实验组(2)在加入嵌入层之后的 RFID 数据在基线模型上的平均绝对误差为 0.743 m,相比于前者下降了将近 52%,且 MSE 和 RMSE 两项指标与 MAE 接近,说明数据误差范围较为合理。这也进一步印证了前文提到的推测:嵌入能将低维数据映射为高维的特征表示,进而帮助模型在进行特征交叉的时候利用到更多的信息。接下来将实验组(4)和实验组(2)进一步对比可以发现,即使在单一的 RFID RSSI 数据下,通过加入自适应激活函数 SoftReLU,能将 MAE 再下降 0.117 m,这和图 3-9 中所反映的训练集损失函数值下降趋势类似,在加入 SoftReLU 激活函数后模型能更快速地收敛,不仅能在有限的训练轮次内达到了更高的精度,更重要的是避免了多次迭代所带来的过拟合风险。将实验组(3)和实验组(2)进行对比,可以看到同样是缺少了 SoftReLU 的 MMIPN 模型,但是加入 Wi-Fi 数据后,虽然平均预测时长有所增加,但是相比于单一的 RFID 数据,加入 Wi-Fi 数据后的 MAE 下降了 0.178 m,有将近 24% 的提升,并且从 MSE 和 RMSE 中可以看出,预测的误差范围进一步缩小,表现出较好的鲁棒性,因此相比于多出的 28 ms 时延是完全可以接受的。实验组(5)为本章提出的 MMIPN 模型的实验结果,该实验组的平均预测耗时与实验组(3)相差无几,但是 MAE 达到了优秀的 0.301 m,仅通过改变激活函数的方式,在相同情况下能将平均绝对误差提升 46.7%,并且 MSE 要远远低于 MAE。这说明本章提出的 MMIPN 模型不仅具有极高的定位精度,同时预测误差也集中在极小的区间范围内。这进一步表明本章提出的自适应激活函数 SoftReLU 的有效性。不论是单一模态的 RFID 数据,还是组合的 RFID+Wi-Fi 多模态数据,SoftReLU 激活函数都能通过极小的代价换来预测精度的巨大提升,说明了深度学习时代模型对于数据分布的学习至关重要,尤其是对于不同模态的数据,习得其各自的数据分布对于模型的预测表现是有非常大帮助的。

表 3-3 MMIPN 模型消融实验定位结果对比

序号	数据	模型结构	激活函数	MAE/m	MSE/m	RMSE/m	平均预测耗时
(1)	RFID	全连接	ReLU	1.549	2.461	1.569	71 ms
(2)	RFID	嵌入＋全连接	ReLU	0.713	0.798	0.894	75 ms
(3)	RFID&Wi-Fi	MMIPN	ReLU	0.565	0.342	0.585	103 ms
(4)	RFID	嵌入＋全连接	SoftReLU	0.596	0.362	0.601	75 ms
(5)	RFID&Wi-Fi	MMIPN	SoftReLU	0.301	0.094	0.307	102 ms

本节从模型在训练集上损失函数值的表现和模型在测试集上的三类评价指标两个方面进行了消融实验,从实验结果可以看出无论是多模态数据、嵌入层、池化层还是 SoftReLU 激活函数都对室内定位的精度有一定的帮助。多模态数据和嵌入、池化方法本质上都是希望通过引入更多的特征,同时减少噪声对室内定位精度带来的干扰,而 SoftReLU 激活函数是从训练的角度出发,帮助模型更好地收敛,进而获得更好的预测结果。

3.1.3.2 实验对比方案

本节将用常见的机器学习模型和深度学习模型来对比本书提出的 MMILN 模型在室内定位任务上的表现,为了突出本书研究工作的创新性,对比实验中的其他算法舍弃了 Wi-Fi 数据和嵌入、求和池化计算。若无特殊说明,实验参数与表 3-1 所示一致。

(1) 支持向量回归

支持向量回归(SVR)[22]是一种支持向量机(SVM)的回归算法。本书将直接采用 Scikit-learn 包中的 SVR 方法进行实验,模型参数为默认值,输入为 RFID RSSI 数据,输出值为二元坐标。

(2) 循环神经网络

循环神经网络(RNN)[23]用于处理连续的序列数据,可以接受长度不固定的序列数据。本实验中输入的是 RFID RSSI 数据,并加上一层全连接神经网络输出预测的二维坐标。

(3) 长短期记忆网络

长短期记忆网络(LSTM)是 RNN 的一种变体,LSTM 网络通过细胞状态和门结构的设计,解决了传统 RNN 在处理长序列时容易出现的梯度消失或梯度爆炸问题。本实验中将直接调用 Tensorflow 框架中的 LSTM 包,输入

RFID RSSI 数据,在输出时加上一层全连接神经网络输出预测的二维坐标,模型参数为默认值。

(4)卷积神经网络

卷积神经网络(CNN)[24]的核心思想是利用局部连接和权值共享来提取图像的局部特征。本书中的卷积神经网络采用一维卷积核对 RFID RSSI 数据进行卷积,通过一层全连接神经网络得到最终的二维坐标。

(5)门控循环单元

门控循环单元(GRU)相比于 LSTM 具有更简单的网络结构以及更少的参数,本实验参考笔者所在研究团队先前在 GRU、双向 GRU(D-GRU)[25]上的工作,实验数据为 RFID RSSI。

(6)广义回归神经网络

广义回归神经网络(general regression neural network,GRNN)为一种三层前向神经网络,通过局部加权线性回归模型来实现回归任务。本实验参考实验室先前的工作,实验数据为 RFID RSSI。

SVR 在测试集上的 MAE 为 0.658 m,略好于表 3-3 中的实验组(2),但 MSE 和 RMSE 相比于 MAE 都偏高,说明其预测误差范围较大。采用一维卷积的 CNN 网络在三个评价指标上分别获得了 0.596 m、0.774 m 和 0.599 m 的成绩,与表 3-3 中实验组(4)的结果相当,这可能和一维卷积核强大的特征提取能力有关,通过不同长度的卷积核,能够提取到更多的 RSSI 数据信息,这与 TextCNN[26]在文本分类任务上获得的成功有相似的联系。由于实验中采集的 RFID RSSI 数据为时间步长序列,所以本书也在 RNN、LSTM 和 GRU 等序列模型上做了尝试。RNN 在测试集上的 MAE 为 1.240 m,并且 MSE 和 RMSE 分别为 1.588 m 和 1.260 m,为序列模型中表现最差的一组,推测其受 RFID RSSI 信号的噪声干扰较大,并且步长为 50 的序列容易使 RNN 陷入梯度爆炸或梯度消失的局部最优解中。而 LSTM 和 GRU、D-GRU 的实验结果从某种程度上证明了上述推测,三种模型的 MAE 都在 0.4 m 以内,并且 D-GRU 更是获得了 0.302 m 的 MAE。相比于 LSTM,GRU 具有更少的参数,门控单元的设计也更简单,这使得其在单一的 RFID RSSI 数据集上表现略好于 LSTM,这可能是由于训练过程中轻微的过拟合引起的。采用 GRNN 的实验结果略逊于 LSTM 和 GRU,但在三个评价指标上也获得了 0.431 m、0.611 m 和 0.782 m 的成绩,并且相比于表 3-3,只有实验组(5)的结果要更好。此外,本实验还对 MMIPN 模型中全连接层的层数进行了对比,拥有 3 层全连接网络的 MMIPN-3FC 在对比中以 0.301 m 的 MAE、0.094 m 的 MSE 和 0.307 m

的 RMSE 取得最佳定位效果。而后续随着全连接层数的增加或减少，如 MMIPN-5FC 和 MMIPN-1FC，都出现了预测精度退化的情况。实际上全连接层数和各层神经元数量都属于训练过程中的超参数选择问题，需要根据实际情况进行部分微调，因此在本书中不深究这个问题。图 3-11 清晰地展示了对比实验中 MAE 和 MSE 的结果，其中数值越小，即柱状图的高度越低，代表预测误差越小，定位精度越高。

表 3-4 对比实验结果

模型	数据	MAE/m	MSE/m	RMSE/m	平均预测耗时/ms
SVR	RFID	0.658	0.958	0.979	101↓
1D-CNN	RFID	0.569	0.774	0.599	163
RNN	RFID	1.240	1.588	1.260	124
LSTM	RFID	0.359	0.504	0.710	263
GRU	RFID	0.335	0.476	0.690	228
D-GRU	RFID	0.302	0.426	0.653	371
GRNN	RFID	0.431	0.611	0.782	3896
MMIPN-1FC	RFID&Wi-Fi	0.424↓	0.366↓	0.605↓	90↓
MMIPN-3FC	RFID&Wi-Fi	0.301	0.094	0.307	102
MMIPN-5FC	RFID&Wi-Fi	0.331↓	0.167↓	0.409↓	115

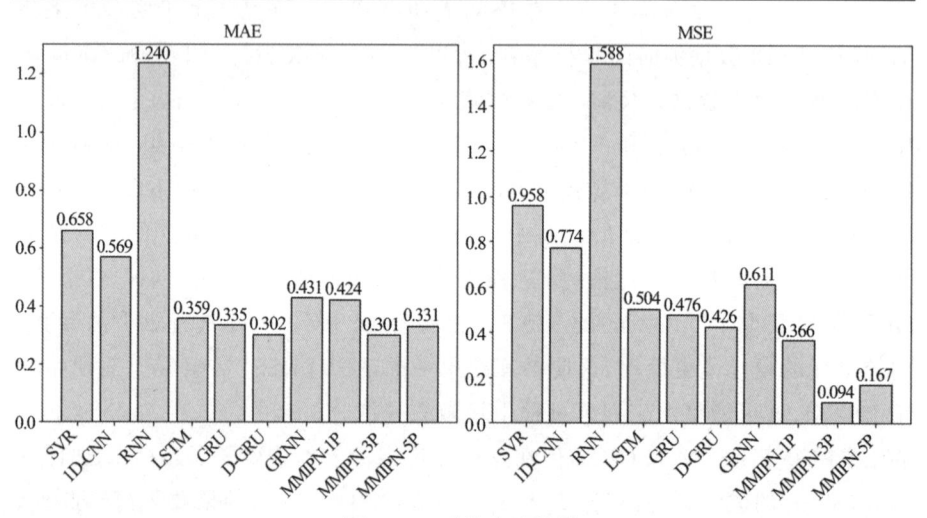

图 3-11 对比实验结果

3.2 注意力机制的多模态室内定位方法

上一节阐述了一种基于多模态数据的室内定位模型算法,并经消融实验和对比实验验证了其性能优势。本节基于此对 MMIPN 算法模型展开更深入的研究,引入注意力机制以调节不同模态的数据在室内场景中的作用,从而提升室内定位的精度。首先介绍常见注意力机制算法及其工作原理,随后提出一种名为位置激活单元(positioning activate unit,PAU)的新 Attention 机制,并通过实验验证其有效性。针对训练过程中 L1、L2 正则化的缺陷,本节提出了一种自适应的正则化方法,有效提升了模型的泛化能力,详细的实验结果将在后续的消融实验中呈现。

3.2.1 注意力机制

在深度学习中,模型通常需要处理大量数据,但在某些情况下,只有少数数据或特征对任务有重要作用。为了帮助模型更好地学习有用信息,注意力机制被提出。其允许模型在特定时刻将注意力集中在某些信息上,忽略其他信息,从而实现权重分配的过程。研究者们受到人类注意力原理的启发,人们在观察图像时通常不会一次性将整幅图像的每个位置像素都看完,而是会根据需要将注意力集中到图像的特定部分。谷歌 Mind 团队提出的 visual attention[27]在 RNN 模型上进行图像分类。核心思想是根据 RNN 的特性,对当前时刻的输入 x_t,利用上一时刻的输出 l_{t-1} 进行位置采样,在经过多层神经网络的线性表示后,分别得到 θ_g^0, θ_g^1, θ_g^2,最后通过"Glimpse representation"网络模型,输出下一个位置的动作和分类。注意力机制本质上还是计算一个权重矩阵,对输入的特征进行权重分配,根据不同的计算方法,可以归为两类:软性注意力(soft attention)机制和硬性注意力(hard attention)机制。一般用软性注意力来处理模型的权重分配问题,因此下面将着重介绍软性注意力机制计算方法。

3.2.1.1 软性注意力机制

软性注意力机制是一种权重分配的过程,在这个过程中需要对所有输入信息进行加权平均计算,以方便后续的神经网络更好地分辨重要特征,帮助模型更好地学习到输入序列中的重要信息。图 3-12 所示为软性注意力机制计算示意,对于输入向量 $x_i, i=1,2,\cdots,N$,通过统一的查询向量 q 来提取 x 中的信息,计算得到相似度得分 s,再通过 softmax 函数将得分转化为概率分布,最终计算所有输入信息向量的加权平均,作为软性注意力机制的输出。

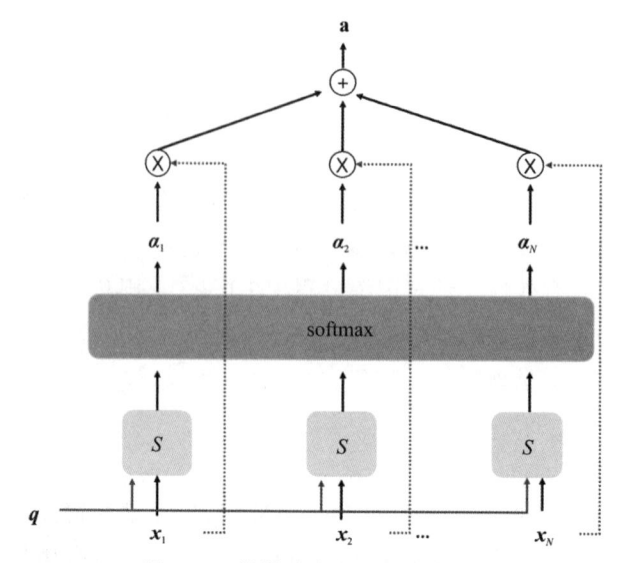

图 3-12 软性注意力机制计算示意图

注意力机制的输出可以作为下一步神经网络的输入,从而完成更复杂的任务。软性注意力机制通过注意力打分函数 s 对输入进行加权计算,计算结果即为每个输入的权重。这些权重反映了每个输入对于给定查询的重要性,最终将这些加权的输入信息进行加和得到最终的注意力表示。经过打分函数计算后,通过 softmax 函数进行一个区间缩放,使得其分布落在[0,1]区间内,表示概率分布,这样的概率分布用 α 来表示,其中,α_i 表示第 i 个输入信息的权重,α_i 构成的权重向量被称为注意力分布(attention distribution),最后通过加权平均的方法得到最终的注意力(attention)权重结果。$s(x_i,q)$ 是打分函数,表示的是注意力机制的计算方法,主要有以下几种形式:

(1)加性模型

加性模型如式(3-20)所示,加性模型通过带权相加的方法计算 X 和 q 的分数,其中 W、U、v 都是可学习的参数。

$$s(x_i,q)=v^\mathrm{T}f(Wx_i+Uq) \tag{3-20}$$

(2)点积模型

点积模型直接将 x_i 和 q 做内积得到打分函数,见式(3-21):

$$s(x_i,q)=x_i^\mathrm{T}q \tag{3-21}$$

（3）缩放点积模型

在点积模型的基础上除以输入维度 d 的平方根，可以更好地帮助模型在训练的过程中收敛，同时能还原数据的原始分布，见式(3-22)：

$$s(\boldsymbol{x}_i, \boldsymbol{q}) = \frac{\boldsymbol{x}_i^\mathrm{T} \boldsymbol{q}}{\sqrt{d}} \tag{3-22}$$

（4）双线性模型

通过可学习的权重矩阵 $\boldsymbol{W}$ 来动态分配 $\boldsymbol{x}_i$ 和 $\boldsymbol{q}$ 在计算过程中的占比。见式(3-23)：

$$s(\boldsymbol{x}_i, \boldsymbol{q}) = \boldsymbol{x}_i^\mathrm{T} \boldsymbol{W} \boldsymbol{q} \tag{3-23}$$

经过打分函数 s 的计算后，选择第 i 个输入信息的概率 $\boldsymbol{\alpha}$，$\boldsymbol{\alpha}$ 的表达式见式(3-24)：

$$\boldsymbol{\alpha}_i = p(z=i \mid \boldsymbol{X}, \boldsymbol{q}) = \mathrm{softmax}[s(\boldsymbol{x}_i, \boldsymbol{q})] = \frac{\mathrm{e}^{s(\boldsymbol{x}_i, \boldsymbol{q})}}{\sum_{j=1}^{N} \mathrm{e}^{s(\boldsymbol{x}_j, \boldsymbol{q})}} \tag{3-24}$$

其中 $\boldsymbol{\alpha}_i$ 构成的概率向量就称为注意力分布，通常 Soft Attention 机制采用加权平均的方法对输入信息进行汇总，得到注意力权重，最终的注意力值可以使用式(3-25)来表示。

$$\mathrm{att}(\boldsymbol{X}, \boldsymbol{q}) = \sum_{i=1}^{N} \boldsymbol{\alpha}_i \boldsymbol{x}_i \tag{3-25}$$

3.2.1.2 键值对注意力模式

谷歌提出的 Transformer[28] 结构彻底摒弃了 RNN 和 CNN 等传统的网络结构，其中的自注意力机制（Self-Attention）也在众多任务上取得了不错的效果。通过自注意力机制可以将同一句子内相隔较远的单词或词语之间建立联系，使得输入序列和输出序列有更强的依赖关系。相对于传统的 RNN 和 CNN 等网络结构，自注意力机制更加灵活，能够在句子中任意两个单词之间直接建立联系，这使得模型更容易捕捉同一输入序列内部相互依赖的特征。通过使用自注意力机制，模型能够计算每个单词对所有其他单词的相关性，并将它们的信息加权求和，这样可以有效地捕捉输入序列中的长距离依赖关系，从而提高模型的性能。自注意力机制中的 Query、Key 和 Value 的计算过程与上文所介绍的键值对注意力模式计算过程相似，唯一不同的是 Query、Key 和 Value 都来自输入向量的线性变换。

全局注意力机制是一种用于深度学习的注意力机制，通常采用键值对（key-value pair）的形式进行计算，其可以在输入序列中动态地分配权重。在全局注意力机制中,每个输入位置都被赋予一个权重,该权重表示该位置在输出中的重要性。这些权重是通过计算输入序列中每个位置与输出序列中每个位置之间的相似度得到的,然后进行归一化处理以获得总和为1的权重分布。在生成输出序列时,每个输入位置的加权和将用于计算相应输出位置的表示。这种方法可以捕捉到输入序列中各元素之间的相互依赖关系,从而提高模型的表现能力。以上的计算过程可以用式(3-26)简洁地表示出来:

$$\text{att}[(K,V),q] = \sum_{i=1}^{N} \boldsymbol{\alpha}_i \boldsymbol{v}_i = \sum_{i=1}^{N} \frac{e^{[s(k_i,q)]}}{\sum_j e^{[s(k_j,q)]}} \boldsymbol{v}_i \quad (3-26)$$

3.2.1.3 位置激活单元

为解决在有限的维度下如何表达向量中不同模态数据重要程度的问题,本节从键值对注意力机制中受到启发,针对多模态的室内定位任务,提出一种全新的注意力机制计算方法,命名为位置激活单元(PAU)算法。目的是将Wi-Fi数据覆盖范围广、热点多的优势和RFID数据在近距离定位精度高、不易受干扰的优势结合起来,通过动态权重分配的方式计算不同位置上不同数据特征的重要程度。下面将结合键值对注意力机制的算法原理介绍本节中用到的位置激活单元算法。

图3-13所示为位置激活单元算法的结构示意。在位置激活单元算法中,分别将经过嵌入层、求和池化层的RFID RSSI和Wi-Fi数据记为R_Vec,W_Vec,其中W_Vec包含了Wi-Fi RSSI和Wi-Fi热点名称的嵌入向量。PAU的算法流程如下,将R_Vec经过线性变换得到Query,以下简记为 $\boldsymbol{Q}$,将W_Vec经过线性变换得到Key,以下简记为 $\boldsymbol{K}$,并同时刻记录 $\boldsymbol{K}$ 的长度,记为Key_length。这样设计的目的是希望通过Wi-Fi数据覆盖范围广的特点,帮助RFID数据获取室内场景的全局信息,使得模型在学习过程中能自适应地对不同位置的RFID数据特征进行不同的权重分配。所以在计算注意力分布的过程中,首先对 $\boldsymbol{Q}$ 和 $\boldsymbol{K}$ 进行外积运算(out product),即逐元素相乘,得到一个新的查询向量 $\boldsymbol{QK}_1$,见式(3-27),其中 q_i、k_i 分别为 $\boldsymbol{Q}$ 和 $\boldsymbol{K}$ 在第 i 个索引位置上的分量,随后,将 $\boldsymbol{Q}$ 和 $\boldsymbol{K}$ 进行拼接,得到式(3-28)。

$$\boldsymbol{QK}_1 = \sum_{i=1}^{D} q_i^\mathrm{T} k_i \quad (3-27)$$

$$\boldsymbol{QK}_2 = \text{concat}(Q,K) \quad (3-28)$$

最终,位置激活单元算法的计算过程如式(3-29)所示,att(RFID)表示得到的RFID RSSI的权重矩阵,f 表示全连接神经网络。与传统的注意力方法不同的是,在本书提出的位置激活单元算法中没有使用 Softmax 函数进行归一化,这是由于 Softmax 函数可能会导致权重分布过于集中,例如若其中某个值比较大,那么它会占据较大的比重,这会导致位置激活单元算法过度集中于这些特征,而忽略了其他特征的影响,这在连续且密集的 RFID RSSI 数据上表现不好。因此在加入位置激活单元算法后采用 Sigmoid 函数,Sigmoid 函数对于每个输入都会产生一个输出值,因此能更好地捕捉每个特征的影响,更适合处理 RFID RSSI 这类拥有多个相对独立特征的数据。

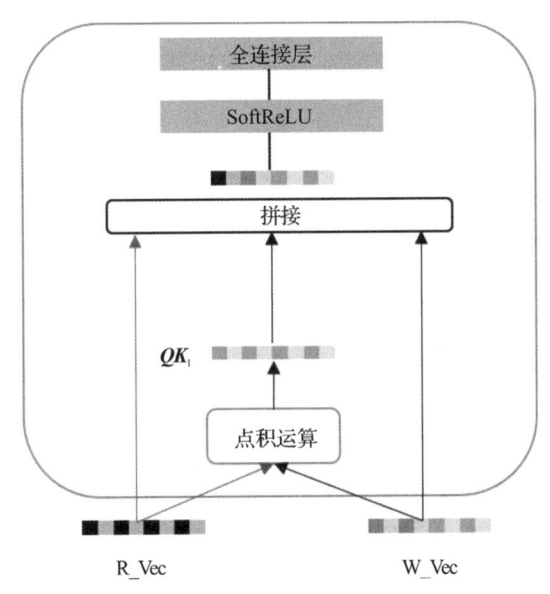

$$\text{att}(\text{RFID}) = \text{Sigmoid}\{f[\text{concat}(\bm{QK}_1, \bm{QK}_2)]\} \tag{3-29}$$

图 3-13 位置激活单元算法结构示意

本书在多模态室内定位模型 MMIPN 的基础上,引入了位置激活单元算法。模型结构如图 3-14 所示,其中嵌入层和求和池化层与上一节所介绍的方法相同。通过位置激活单元算法获得的权重矩阵将用于 RFID RSSI 数据的注意力运算,从而使得 RFID RSSI 通过 Wi-Fi 数据的特征扩大定位范围,并且根据标签所在的位置对其 50 个 RSSI 特征进行动态的权重分配。

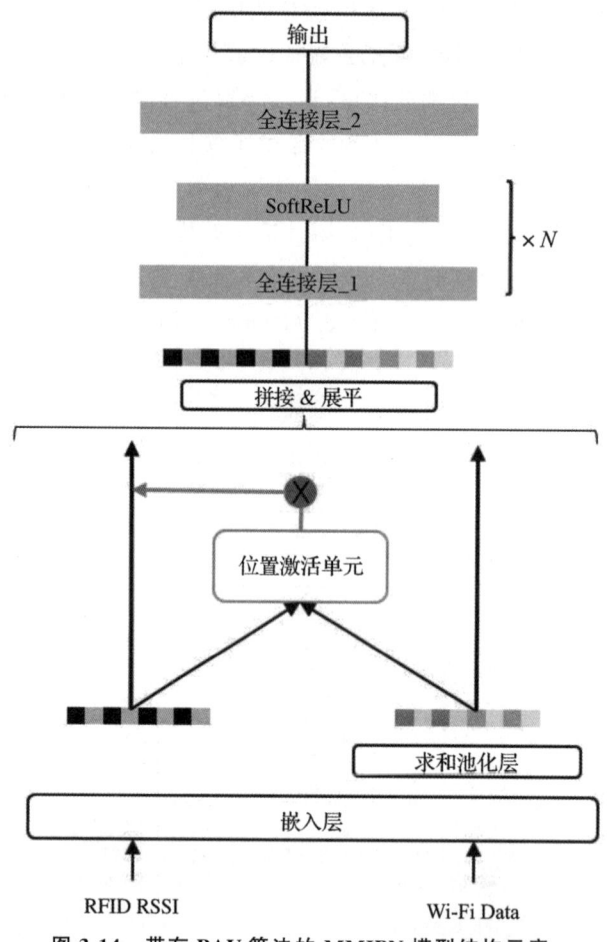

图 3-14　带有 PAU 算法的 MMIPN 模型结构示意

3.2.2　自适应正则化方法

在深度学习模型的训练过程中,模型的参数会经历多轮迭代更新,通过参数的不断迭代力求找到一个拟合数据集的方程。然而对于拟合的最佳程度,往往需要做出一些限制,过拟合就是训练深度神经网络中的一个关键挑战。过拟合会导致模型在训练集上表现良好,但在测试集上表现较差,原因是模型过度适应了训练集中的噪声或不重要的特征,而这些特征在测试集上可能并不适用,这导致模型对新数据的泛化能力较差。而正则化是加在损失函数上的一种限制,正则化方法可以缓解或避免模型的过拟合现象,通过在学习过程中加入额外的约束条件,以限制模型的复杂度,从而提高在测试集上的准确率和泛化能力。当模型中加入嵌入层、池化层和位置激活单元后,大量的参数使得模型在训练过程经过一个批次(batch,模型一次处理的样本数量)后的表现一落千丈,通过增加训练轮次,虽然在训练集上获得了不错的效果,但是在测试集上并不理想,因此需要采用正则化方法来防止模型过拟合。

正则化的主要目的是限制模型的复杂度,公式(3-30)展示了带有惩罚项的正则化表达式。

$$\tilde{J}(w;X,y) = J(w;X,y) + \alpha\Omega(w) \quad (3-30)$$

其中,X,y 为训练样本和对应标签,w 为权重系数向量;$J(\ )$ 为目标函数,$\Omega(w)$ 为惩罚项,通过参数 α 来控制正则化强弱,不同的 Ω 函数对权重 w 的最优解有不同的偏好,因而会产生不同的正则化效果。常用的 Ω 函数有两种,即 L1 范数和 L2 范数,也叫 L1 正则化和 L2 正则化。公式分别如式(3-31)和式(3-32)所示:

$$\text{L1}: \Omega(w) = \|w\|_1 = \sum_i |w_i| \quad (3-31)$$

$$\text{L2}: \Omega(w) = \|w\|_2^2 = \sum_i w_i^2 \quad (3-32)$$

然而,在处理多模态数据和大量模型参数时,直接使用 L1 和 L2 正则化并不能达到期望的效果,原因是不同模态的数据和特征所表示的含义均不相同,而 L1 和 L2 正则化对所有的模型参数进行相同程度的惩罚,忽视了特征之间的差别,这一问题在本章加入位置激活单元算法后更加明显,因此在本节的实验结果上表现欠佳。为了解决上述问题,本书提出了一种基于 L2 正则化的自适应正则化方法,其核心思想是根据特征的重要程度,对每个特征进行不同比例的正则化,以更好地适应不同特征的重要程度。

自适应正则化公式见式(3-33),其中 D 是嵌入向量的维度,K 是特征空间的维度,$W \in \mathbf{R}^{D \times K}$ 为整个嵌入层的参数,$w_j \in \mathbf{R}^K$ 是第 j 个嵌入向量,$I(x_j \neq 0)$ 表示样本 x 是否有特征 j,n_j 表示特征 j 在所有样本中出现的总次数,S 为全体样本。

$$\Omega(W) = \|W\|_2^2 = \sum_{j=1}^{K} \|w_j\|_2^2 = \sum_{(x,y)\in S} \sum_{j=1}^{K} \frac{I(x_j \neq 0)}{n_j} \|w_j\|_2^2 \quad (3-33)$$

在对数据进行批次划分后,式(3-33)可以进一步写成式(3-34)的形式:

$$\Omega(W) = \sum_{j=1}^{K} \sum_{m=1}^{B} \sum_{(x,y)\in B_m} \frac{I(x_j \neq 0)}{n_j} \|w_j\|_2^2 \quad (3-34)$$

其中,B 表示数据划分批次的数量,B_m 表示第 m 个批次的数据。令 $a_{mj} = \max_{(x,y)\in B_m} I(x_j \neq 0)$,表示在第 m 个批次 B_m 中是否至少存在具有特

征 j 的一个样本,这样式(3-34)可以近似等价于式(3-35)的形式：

$$\Omega(W) \approx \sum_{j=1}^{K}\sum_{m=1}^{B}\frac{\alpha_{mj}}{n_j}\|w_j\|_2^2 \tag{3-35}$$

通过式(3-35),我们推导出了基于特征重要程度的自适应正则化,这是运用在多模态数据上的一种正则化方法。同时,在第 m 个批次进行反向传播更新嵌入层权重 W 时,w_j 的梯度可以表示为式(3-36),其中只有第 m 个批次中出现的特征参数参与正则化的计算,η 为学习率,λ 为超参数。

$$w_j \leftarrow w_j - \eta\left\{\frac{1}{|B_m|}\sum_{(x,y)\in B_m}\frac{\partial L[\varphi(x),y]}{\partial_{w_j}} + \lambda\frac{\alpha_{mj}}{n_j}w_j\right\} \tag{3-36}$$

自适应正则化的核心思想是根据特征在所有样本中出现的频次区分重要程度,对于出现次数多、较为重要的特征,给予较小的惩罚项,对于出现次数少、较不重要的特征,给予较大的惩罚项。通过自适应正则化方法可以帮助 MMIPN 模型在加入位置激活单元算法后更好地控制模型复杂度,通过对不同特征进行不同比例的正则化,可以更好地适应不同特征的重要程度。这样可以避免过拟合,提高模型的泛化能力和预测的准确性。

3.2.3 实验设计与分析

本章实验的目的主要分为两个方面,一是在上一节介绍的 MMIPN 模型的基础上,加上本书所介绍的位置激活单元算法后对室内定位任务精度提升的影响;二是以任务为导向的,随着位置激活单元算法的引入、模型参数的增多,导致的过拟合问题的缓解方法。通过实验结果来验证自适应正则化方法的有效性。

3.2.3.1 实验设计方案

(1)基于位置激活单元的多模态室内定位算法方案

本书提出的位置激活单元算法与常见的键值对注意力机制或者自注意力机制不同。该算法利用 Wi-Fi RSSI 和 Wi-Fi 热点名称这两种不同模态的数据,计算另一种模态数据(RFID RSSI)的位置重要性。由于对比实验中的其他模型采用的是 RFID RSSI 数据,所以这里通过加入多头注意力机制(mulit-head attention,MAH),来对比 MMIPN 加入位置激活单元算法后的效果。表 3-5 对实验中所用参数进行了说明。

表 3-5 对比实验参数

模型	参数 MMIPN	参数 其他
数据	RFID&Wi-Fi	RFID
激活函数	SoftReLU	ReLU
全连接层数	[128,32,2]	[FC,2]
位置激活单元	ReLU、[128,32,2]	—
多头注意力	—	num_heads=3
学习率	初始0.1	
数据批次大小	32	
损失函数	MSELoss	

(2)自适应正则化方法的训练优化

MMIPN模型在加入位置激活单元算法后,虽然能获得更好的定位精度,但是由于模型参数和计算量的增加,使得训练开销增大,同时对超参数的调整要求较高,不利于应用到不同的实际场景中,本实验旨在保证原有模型算法精度的前提下,通过减少训练开销,来获得鲁棒性更佳的室内定位算法。

3.2.3.2 实验结果与分析

由于RFID RSSI是步长为50的时序数据,所以本书实验加入了多头自注意力机制,实验结果如表3-6所示。

从实验结果可以看出,在加入多头注意力后,对SVR、1D-CNN和GRNN定位精度的提升并不明显,尤其是SVR和GRNN在加入了多头注意力后,平均绝对误差分别提升了0.035 m和0.004 m,虽然SVR均方误差和均方根误差略有下降,但这并不能表明多头注意力对SVR模型定位精度有帮助,1D-CNN和GRNN同理。其余各组算法模型在加入注意力机制后定位精度都有所提升,其中GRU和D-GRU在加入多头注意力后的平均绝对误差都要小于不加位置激活单元的MMIPN,D-GRU表现最好,取得了0.251 m的平均绝对误差,并且均方误差也相比之前减少了0.215 m,有将近50%的提升,说明定位的预测误差区间有进一步缩小。通过上述实验可以看出自注意力机制在LSTM、GRU等序列模型上有着较好的表现,但是对于其他模型仍需要根据具体任务做出合适的选择。作为多头注意力机制的对比组,实验中将位置激活单元算法运用于 MMIPN 模型上，获得了所有实验组中最好的效果，平均绝对误差 0.191 m，相较于之前的结果，有 36.5% 的提升，并且均方误差和均方根误差也保持和前者相同的水平，说明位置激活单元算法的加入并不会影响 MMIPN 的稳定性和鲁棒性，而且能提升定位精度。最后，针对实验中发现的问题，在加入位置激活单元算法的基础上，在模型的训练过程中加入自适应正则化方法，使得模型的定位精度和泛化能力得到进一步提升，最终通过本书提出的方法，在以 RFID 和 Wi-Fi 的多模态数据室内定位任务上取得了 0.172 m 的平均绝对误差，0.087 m 均方误差和 0.295 m 均方根误差。

本节通过实验研究发现，对于单模态的序列数据，例如 RFID RSSI，使用多头注意力机制能提升室内定位的精度，但是对于模型的选择需要恰当。而位置激活单元算法在多模态数据上的表现要优于单模态数据的多头注意力机制，这是由于位置激活单元算法能有效地利用不同模态数据之间的特性，本节研究利用带有全局信息的 Wi-Fi 数据对带有时序和位置信息的 RFID 数据进行位置激活，通过合理的计算方法对 50 个特征进行权重分配，实现了高精度的室内定位方法。

表 3-6 运用注意力机制前后的实验结果对比

模型	数据	MAE/m	MSE/m	RMSE/m
SVR	RFID	0.658	0.958	0.979
SVR with MHA	RFID	0.693 ↑	0.928	0.862
1D-CNN	RFID	0.569	0.774	0.599
1D-CNN MHA	RFID	0.566	0.889	0.791
LSTM	RFID	0.359	0.504	0.710
LSTM with MHA	RFID	0.316	0.666	0.443
GRU	RFID	0.335	0.476	0.690
GRU with MHA	RFID	0.287	0.166	0.408
D-GRU	RFID	0.302	0.426	0.653
D-GRU with MHA	RFID	0.251	0.211	0.459
GRNN	RFID	0.431	0.611	0.782
GRNN with MHA	RFID	0.435 ↑	0.761	0.579
MMIPN	RFID & Wi-Fi	0.301	0.094	0.307
MMIPN with PAU	RFID & Wi-Fi	0.191	0.101	0.319
MMIPN with PAU Reg	RFID & Wi-Fi	0.172	0.087	0.295

为了更加直观地展示位置激活单元算法在室内定位任务上的表现,实验从测试集上随机选取了 5 组数据(见表 3-7),其坐标分别为(3.00,3.75)、(2.53,1.42)、(0.89,2.37)、(4.89,2.57)、(1.69,4.78),用带有位置激活单元和不带位置激活单元的 MMIPN 模型去预测这些坐标。同时,还选取了上述对比实验中效果最接近 MMIPN 的 D-GRU 模型和带有多头注意力机制的 D-GRU 模型。实验结果如图 3-15 所示,图 3-15(a)为 MMIPN 和 D-GRU 模型,图 3-15(b)为带有位置激活单元算法的 MMIPN 和带有多头注意力的 D-GRU 模型。其中圆形为原始坐标点,四角星为 MMIPN 模型和带有位置激活单元算法的 MMIPN 模型,三角形为 D-GRU 模型和带有多头注意力的 D-GRU 模型。从图 3-15 中可以看出,在加入注意力机制后各模型的预测结果都更加靠近红色的原始坐标点,说明预测精度有所提升。MMIPN 模型加入位置激活单元算法后在(3.00,3.75)、(2.53,1.42)、(0.89,2.37)三个点上的预测结果与原始坐标点绝对误差分别为 0.11 m,0.015 m 和 0.135 m,均小于表 3-6 中 0.191 m 的平均绝对误差,在其余的两个坐标点上,带有位置激活单元算法的 MMIPN 模型的预测结果的绝对误差分别为 0.225 m 和 0.235 m,与实验结果相差不大。D-GRU 模型在加入多头注意力后,在(2.53,1.42)、(0.89,2.37)、(4.89,2.57)、(1.69,4.78)四个点上的绝对误差都要小于表 3-6 中的实验结果,且误差范围为 0.011～0.031 m,相较于带有位置激活单元算法的 MMIPN 模型具有更小的误差范围。

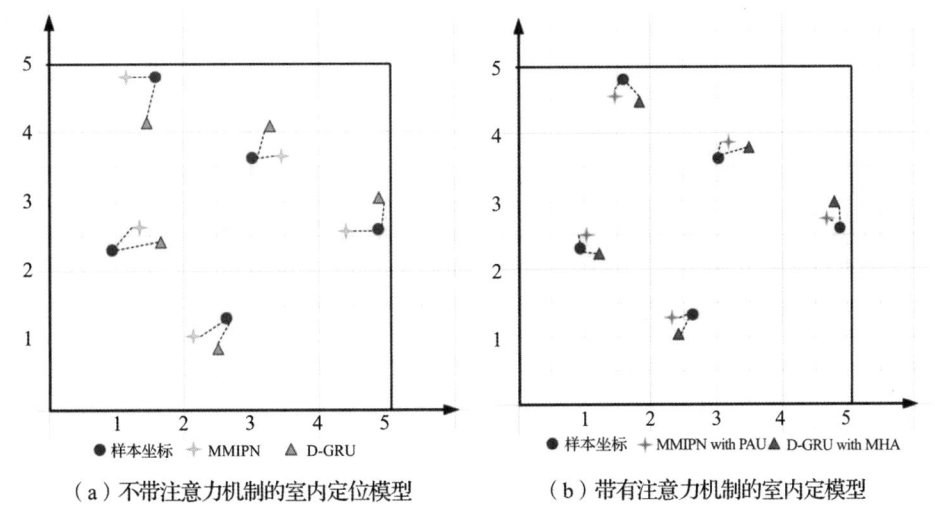

(a)不带注意力机制的室内定位模型　　(b)带有注意力机制的室内定位模型

图 3-15　室内定位结果示意

表 3-7　随机样本定位结果

位置坐标	预测坐标			
模型	MMIPN	MMIPN with PAU	D-GRU	D-GRU with MHA
(3.00,3.75)	(3.46,3.61)	(3.12,3.85)	(3.34,4.19)	(3.50,3.80)
(2.53,1.42)	(2.23,1.16)	(2.39,1.33)	(2.47,0.85)	(2.46,1.05)
(0.89,2.37)	(1.36,2.71)	(1.03,2.50)	(1.73,2.42)	(1.25,2.25)
(4.89,2.57)	(4.41,2.65)	(4.62,2.75)	(4.91,3.01)	(4.81,2.95)
(1.69,4.78)	(1.24,4.80)	(1.49,4.51)	(1.43,4.25)	(1.84,4.47)

位置激活单元算法的核心思想是结合室内定位复杂多变的场景,结合不同模态的数据,发挥各自的优势,起到相互促进的效果。而在本书提出的 MMIPN 模型中,由于有嵌入层和池化层的存在,使得数据能获得更多的高维特征,从而使得位置激活单元算法在加权计算中能更好地赋予不同的特征、不同的权重,进而提高室内定位的精度。由此可见,本节实验所取得的结果与上一节密切相关,若没有 MMIPN 模型中的嵌入层和 SoftReLU 激活函数,那么位置激活单元算法也很难发挥其效果。

MMIPN 模型在加入位置激活单元算法后,虽然能获得更好的定位精度,但是由于模型参数和计算量的增加,使得训练开销增大。同时,由于位置激活单元算法只针对 RFID RSSI 特征进行权重运算,并没有考虑到 Wi-Fi 数据的特征,所以在模型训练过程中是否存在过拟合的问题?本实验以此为猜想,在带有位置激活单元算法的 MMIPN 模型上分别比较了 L1 正则化、L2 正则化和前文中介绍的自适应正则化在训练集上损失函数值的表现,其余实验参数均与之前所介绍的相同,实验结果如图 3-16 所示。从图 3-16 中可以看出,带有位置激活单元算法的 MMIPN 模型在添加了 L1 和 L2 正则化后在损失函数值上都表现出了先上升后下降的情况,同时在下降过程中也表现出了较大的抖动,L1 正则化在训练的第 80 个轮次时就已经取得了不错的结果,但是由于添加了位置激活单元算法后,参数增多导致在后续的迭代过程中,梯度下降方向一直在鞍点左右摆动的情况,在经过大约 195 个轮次之后才有所收敛。同样的情况也出现在 L2 正则化上,不过相比于 L1 正则化,L2 正则化在经过 75 轮次的迭代后就获得了和 L1 正则化相当的损失函数值,但是在后续的训练中损失函数值的抖动仍然非常大,也是在经过大约 200 个轮次之后才逐渐收敛,从这个结果看,L1 正则化和 L2 正则化的收敛速度相当,但都不理想。本书提出的自适应正则化方法在带有位置激活单元算法的 MMIPN 模型上表现出极佳的性能,不仅在训练过程中损失函数的下降曲线较为平缓,同时在经过 120 个轮次之后就已经收敛,同时在收敛后也没有出现大幅度波动的情况,从训练集上的损失函数曲线来看,带有位置激活单元算法的 MMIPN 模型只需要较少的训练轮次就能达到和之前不加正则化的方法相当的效果。并且表 3-7 中的实验结果也表明加入自适应正则化方法对最终的定位精度有所提升。

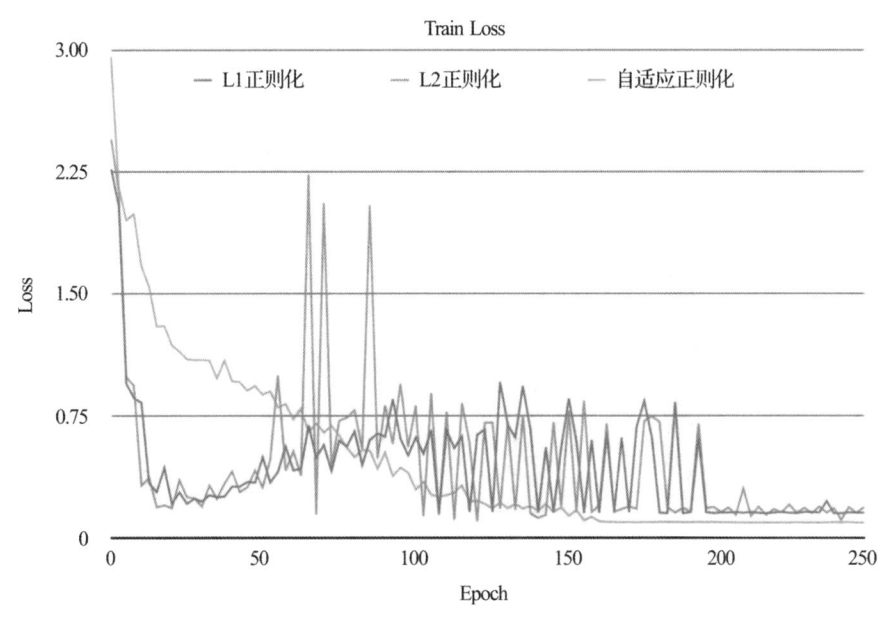

图 3-16 带有位置激活单元算法的 MMIPN 模型使用不同正则化方法在训练集上损失函数的表现

为了进一步说明位置激活单元算法的有效性,图 3-17 展示了 D-GRU 模型和 MMIPN 模型分别加上多头注意力和位置激活单元算法前后在测试集上的定位误差分布情况。从表 3-6 中可以看出,带有位置激活单元算法的 MMIPN 模型的平均绝对误差相比于 MMIPN 模型,减少了大约 42.9%,反映在图 3-17 中也可以看出,定位平均绝对误差在 0~0.2 区间内的数据,MMIPN 占比为 23.5%,而带有位置激活单元算法的 MMIPN 模型则达到了 45%,提升了 21.5%,D-GRU 和带有多头注意力的 D-GRU 预测误差范围在这一区间的仅为 2% 和 0%。此外,从图 3-17 中的数据分布情况也可以看出,D-GRU、D-GRU with MHA、MMIPN、MMILN with PAU 这四个模型的定位误差分别集中于 0.6~0.8、0.6~0.8、0.2~0.4 和 0~0.2 这四个区间,虽然在一些高误差区间,例如在 0.4~0.6 和 0.6~0.8 这两个区间内,带有位置激活单元算法的

MMIPN 的占比要高于 MMIPN,但是相较于总体分布,前者的预测数据分布随着误差区间的升高而呈下降的趋势,这证明带有位置激活单元算法的 MMIPN 有较高的室内定位精度,大部分情况下预测数据与真实值都有较小的误差。加入位置激活单元算法后的 MMIPN 模型无论是从训练轮次、评价指标还是实际效果,都取得了超过 MMIPN 的效果。因此,在本任务场景下,添加位置激活单元算法对于提升多模态数据的室内定位任务是有一定增益的。

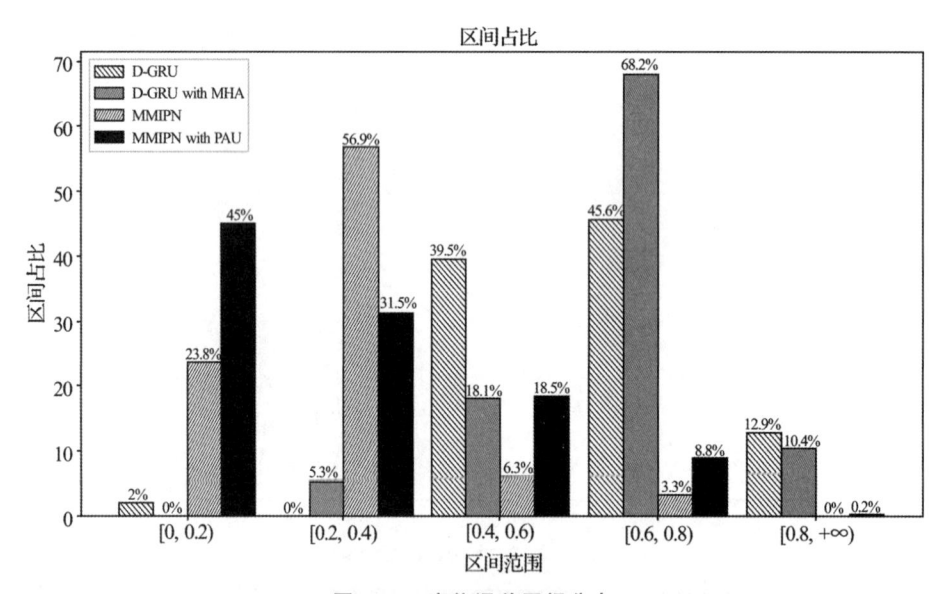

图 3-17 定位误差区间分布

3.3 RFID 室内定位多目标优化算法改进

本节将重点介绍应用在 RFID 室内定位上的多目标优化算法及其改进思路。多目标优化算法通常可以用来协同多个目标的优化任务,主要用在物流、定位、参数调整等多个实际领域。但同时算法在寻找理想点的过程中邻域大小是固定不变的,不能随着进化阶段做出适应性的调整。基于此存在改进之处,本节首先提出了邻域自适应调整策略,并针对公开的数据集和实验所需的环境做了说明,最后通过实验对比了采用邻域自适应调整策略前后多目标优化算法的性能,验证了邻域自适应调整策略的有效性。

3.3.1 多目标优化基础

多目标优化(multi-objective evolutionary algorithm,MOEA)是一种优化方法,用于在多个目标函数之间找到平衡点或最优解。在多目标优化中,有多个决策变量和多个目标函数,每个目标函数都代表了不同的优化目标。优化的目标是找到一组决策变量,使得所有目标函数都能够达到最优或最好的平衡点。多目标优化在现实世界中非常有用,因为很少有单一的目标函数能够完整地描述一个问题。例如,在模型的参数调优中,一个好的回归模型可能需要考虑多个指标,如模型的大小、性能、拟合效果等,这些指标通常可能是相互制约的,需要在它们之间找到最佳平衡点。多目标优化算法通常使用启发式搜索、进化算法和遗传算法等方法,这些方法可以在高维空间中搜索全局最优解或帕累托最优解。帕累托最优解是指存在一组解,实现多个目标平衡的可能性。

基于分解的多目标进化算法(multi-objective evolutionary algorithm based on decomposition,MOEA/D)是一种热门的多目标优化方法。其基本思想是将多目标问题分解为一组单目标子问题。每个子问题都是通过将原始问题分解为一组相对简单的子问题来实现的,并且每个子问题都有一个权重向量,可以用来指导搜索方向。进化算法被用来解决每个子问题,产生一组局部帕累托最优解,最后,这些局部帕累托最优解通过一定的合并策略,得到全局帕累托最优解集。MOEA/D可以将复杂的多目标优化问题简化为多个易于求解的单目标优化问题,并且可以灵活地选择分解策略和进化算法,从而可以被应用于各种类型的多目标优化问题。

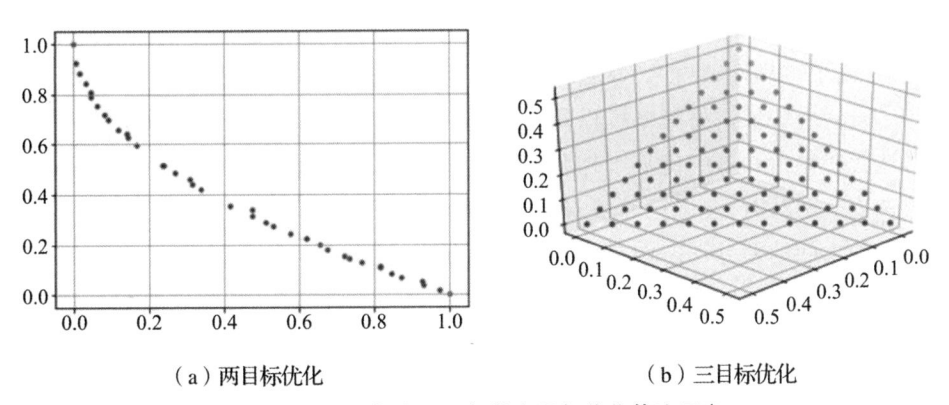

(a) 两目标优化　　(b) 三目标优化

图 3-18　两目标和三目标的多目标优化算法示意

在多目标优化中,通常存在多个优化目标,如果是两个目标,那么通常可以在二维空间表达,如图3-18(a)所示,横坐标和纵坐标分别代表需要处理的两个目标函数。如果是三个或更多的优化目标的情况,则可以表示为三维或更高维的空间。例如:在三个目标函数的情况下,本节的多目标优化问题的解可以被表示为三维空间中的一个点。这个点的位置代表了在三个优化目标中的表现,如图3-18(b)所示,空间三条坐标轴对应了三个目标函数,解空间中所有可能的解组成一个三维超空间,也称为帕累托前沿。帕累托前沿是指所有可能的帕累托最优解的集合,它是一个三维平面,也被称为多目标优化超平面。在三维空间中,这个超平面是一个平面或曲面,它将所有可能的帕累托最优解分开,其中每个解在至少一个优化目标上是最优的。多目标优化超平面可以帮助人们直观看到多目标优化问题的解空间。通常情况下,多目标优化超平面不是直接可见的,需要使用一些工具来进行可视化。

3.3.2 邻域自适应调整策略

多目标优化算法属于智能优化算法的范畴,算法通过模拟自然进化的机制实现。对于算法演化的不同阶段,通常可以用方差来衡量邻域内的差异,所以方差决定了进化的方向。如果经过一段时间的进化,邻域内各点的适配度方差都很小,可以看出邻域已经达到了进化的饱和状态。也就是说,这个时候应该缩小邻域,在进化过程中积累优势基因,增加收敛性。反之,如果邻域之间的适配度方差仍有很大差异,则说明邻域没有收敛的趋势,应该扩大邻域,增加多样性,并寻找更接近帕累托边界的解决方案。因此,基于sigmoid函数的特点,本书提出了一种基于方差的邻域自适应调整策略(variance-based adaptive neighborhood adjustment strategy,VANA),该策略同时增加了收敛性,平衡了多样性,在扩大邻域大小的同时,不会过度扩大搜索区域。

自适应邻域调整策略可以用来改进多目标优化算法,通过交叉突变和种群迭代获得由种群中优势个体代表的优异基因,实现优势的保留。当前邻域被选为匹配池时,会进行邻域自适应调整策略。这是一种根据个体方差和群体方差之间的差异动态调整邻域大小的方法。

本节使用的sigmoid函数如图3-19所示。不同的是,与线性函数和二次函数相比,sigmoid函数[图3-19(a)]在前期变化平稳,可以满足扩大邻域的需要,而在中后期数值迅速下降,可以控制搜索区域,平衡算法的收敛性。在此基础上,对平滑曲线进行四舍五入,得到修正的sigmoid函数[图3-19(b)]。该函数更符合算法的要求,同时保持了传统sigmoid函数的变化特征,对于种群的演化更加合理。在扩展邻域时,需要根据 sigmoid 函数的公式[式(3-37)]计算新的邻域大小,以满足不同进化阶段对邻域大小的要求。在这里,我们使用 eta_min 和 eta_max 来保存适应度方差的最小值和最大值,以此来更新邻域大小。

（a）原始 sigmoid 图像　　　　（b）修正 sigmoid 图像

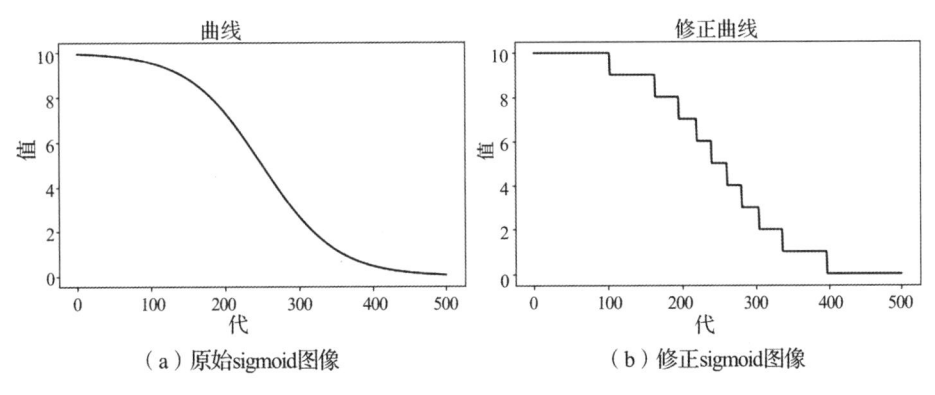

图 3-19　原始和修正的 sigmoid 函数描述

$$T = \frac{T_{\max}/2}{1 + e^{[10 \cdot (g/\text{gen} - \gamma)]}} \tag{3-37}$$

其中,T 代表当前邻域大小,$T_{\max}$ 代表最大邻域大小,g 代表当前迭代数,gen 代表总迭代数,γ 代表缩放系数。

如图 3-20 所示,邻域自适应策略步骤如下：

步骤 1：每隔 m 代计算每个子问题所对应的所有邻域的适配度。

步骤 2：计算每个子问题对应的适配度方差并保存。

步骤 3：根据每个子问题对应的适配度方差,更新 eta_min 和 eta_max。

步骤 4：判断当前子问题的方差是否小于 eta_min,如果是,则根据 sigmoid 函数扩展邻域。

步骤 5：判断当前子问题的方差是否大于 eta_max,如果是,则将邻域缩小到原来的一半。

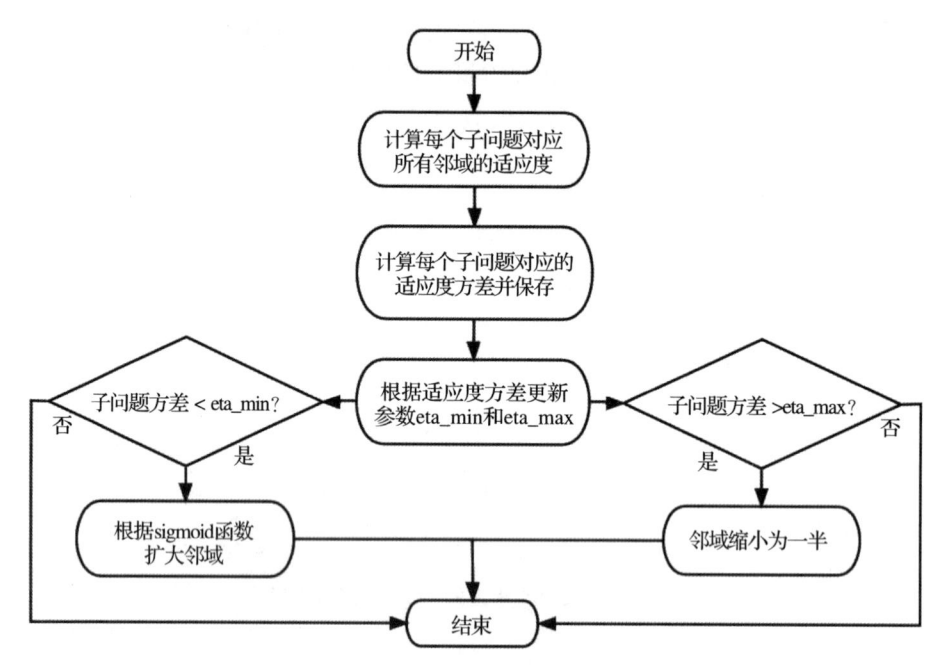

图 3-20　邻域自适应调整策略 VANA 流程图

3.3.3　多目标优化算法 MOEA/D-VANA

本节使用的改进后的多目标优化算法被称为 MOEA/D-VANA，如图 3-21 所示。在本节中，设置种群迭代次数的上限为 50 次，种群中的最佳个体更新上限设置为 10 次，如果超过上限值，进化过程将强制退出。另外，本节选择的算子是差分进化算子，使用时可以根据实际情况进行调整。

以 MOEA/D-VANA 算法优化超参数为例（见图 3-21），它的步骤如下：

步骤 1：算法首先初始化种群，将模型中的超参数作为算法的决策变量，将模型的多个评价指标作为进化算法的目标，计算出种群对应的目标函数值，并使其最大化。

步骤 2：如果达到迭代的上限 n 还没有更新，将直接返回当前最优超参数。

步骤 3：否则，如果迭代没有达到终止条件，将进行进化中的交叉操作和变异操作。

步骤 4：算法每间隔 m 代调用上述的邻域自适应调整策略 VANA。

步骤 5：选择亲本，生成新的子代。

步骤 6：优势个体取代劣势个体，继续参与进化过程，直到过程终止退出。

步骤 7：返回超参数的结果。

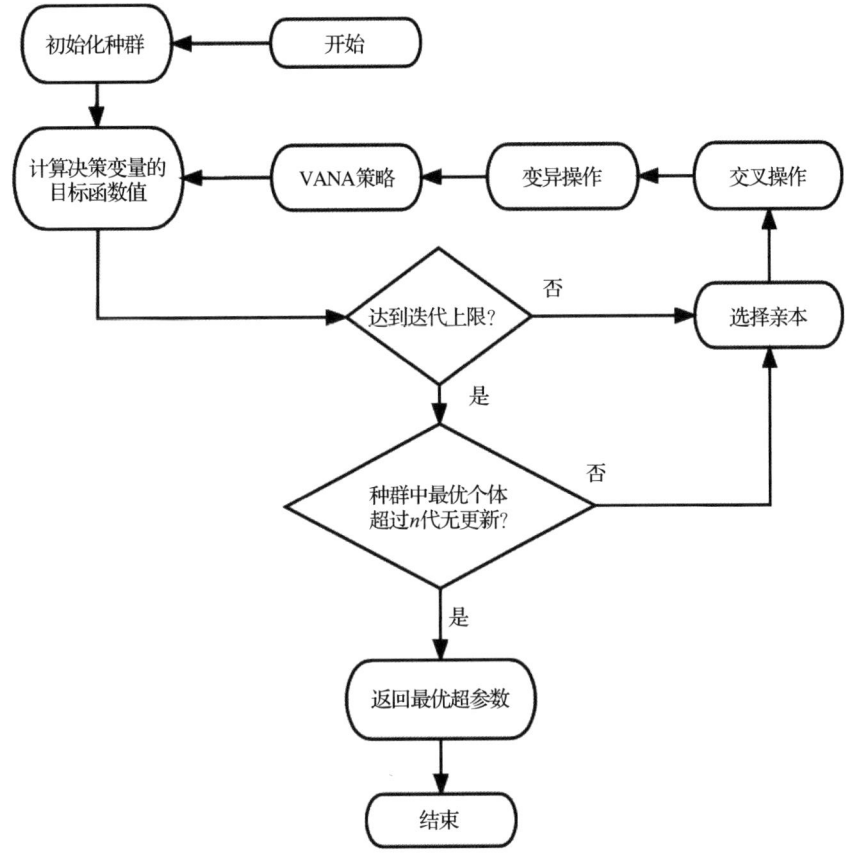

图 3-21　MOEA/D-VANA 流程

3.3.4　实验结果与分析

本实验比较了 MOEA/D-VANA 算法和五种相关的算法，包括四种改进的 MOEA/D 算法和经典的 NSGA-Ⅱ（non-dominated sorting genetic algorithm-Ⅱ）算法。除了 NSGA-Ⅱ，它们都使用 NBI-Chebyshev 分解方法来控制变量。除了 NSGA-Ⅱ，该算法使用二进制锦标赛的方法来选择亲代。对于其他四个算法选择的亲代，当随机数均匀产生时，如果随机数小于 σ，亲代有机会从邻居中选择；如果随机数大于 σ，则从整个群体中选择。DEM 变异是 DE 算子加多项式变异，与本书的 DE 算法不同。模拟二进制交叉变异和多项式变异用于 MOEA/D-GA 和 NSGA-Ⅱ。

图 3-22 至图 3-24 是 IGD(inverted generational distance，反转世代距离)指标和种群分布的统计结果。从 IGD 指标可以看出，本书提出的 MOEA/D-

VANA 在算法初始迭代时的收敛速度与较优的 MOEA/D-Lévy 算法相当,特别是在 FTSE 100 数据集上,算法的整体性能更优。在进行迭代的中后期,种群非常接近目标空间中的 Pareto 前沿,IGD 曲线下降明显,整体收敛速度较快,效果优于其他 SOTA(State of the Art,当前技术水平)优化算法。

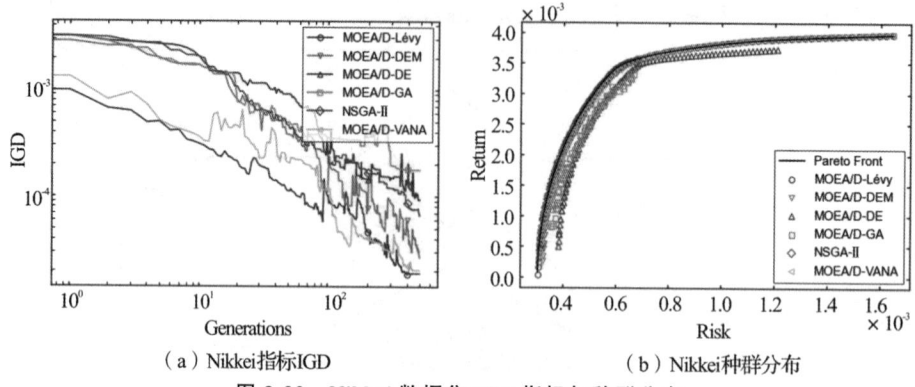

(a) Nikkei 指标 IGD
(b) Nikkei 种群分布

图 3-22　Nikkei 数据集 IGD 指标与种群分布

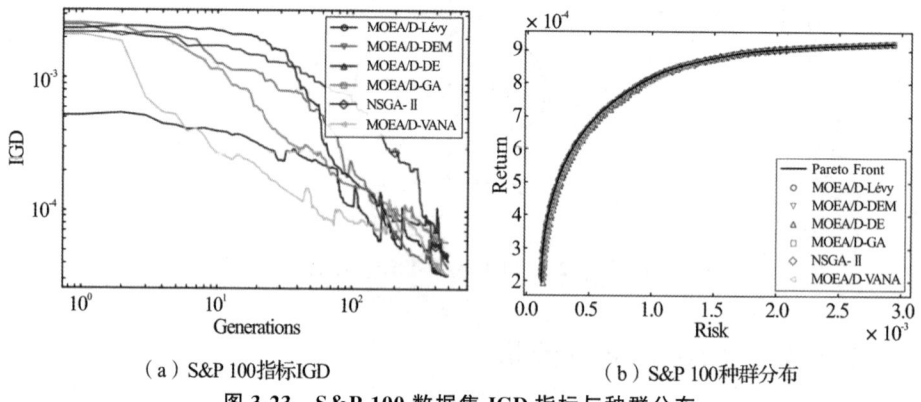

(a) S&P 100 指标 IGD
(b) S&P 100 种群分布

图 3-23　S&P 100 数据集 IGD 指标与种群分布

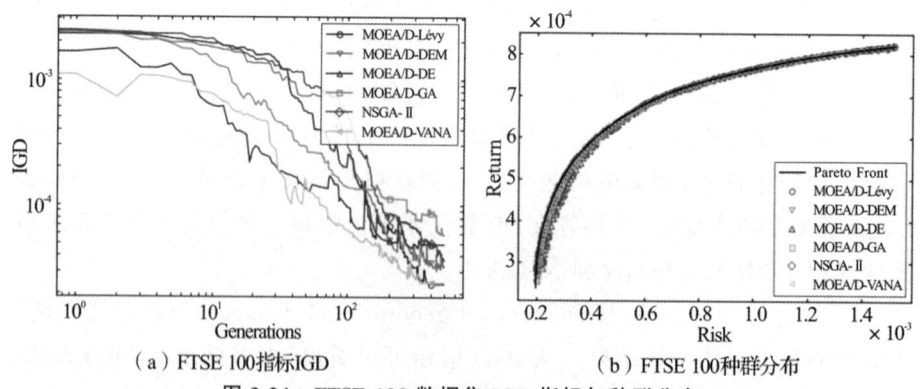

(a) FTSE 100 指标 IGD
(b) FTSE 100 种群分布

图 3-24　FTSE 100 数据集 IGD 指标与种群分布

从图 3-25 中第 5、20、50 和 100 代种群的分布可以看出，在算法迭代的早期阶段，MOEA/D-VANA 形成了许多子集。在目标空间的搜索能力与 MOEA/D-Lévy 算法相似。从第 20 代迭代开始，种群比其他算法更接近帕累托前沿，特别是在数据集的高收益和高风险领域，呈现出强烈的收敛趋势。随后，在种群的演化过程中，经过 100 代后，趋于收敛，可以形成一个较好的解集分布。高风险资产组合的性能优于 MOEA/D-Lévy，验证了 MOEA/D-VANA 算法采用方差自适应调整策略后在中后期具有良好的效果。

（a）Nikkei第5代种群分布

（b）Nikkei第20代种群分布

（c）Nikkei第50代种群分布

（d）Nikkei第100代种群分布

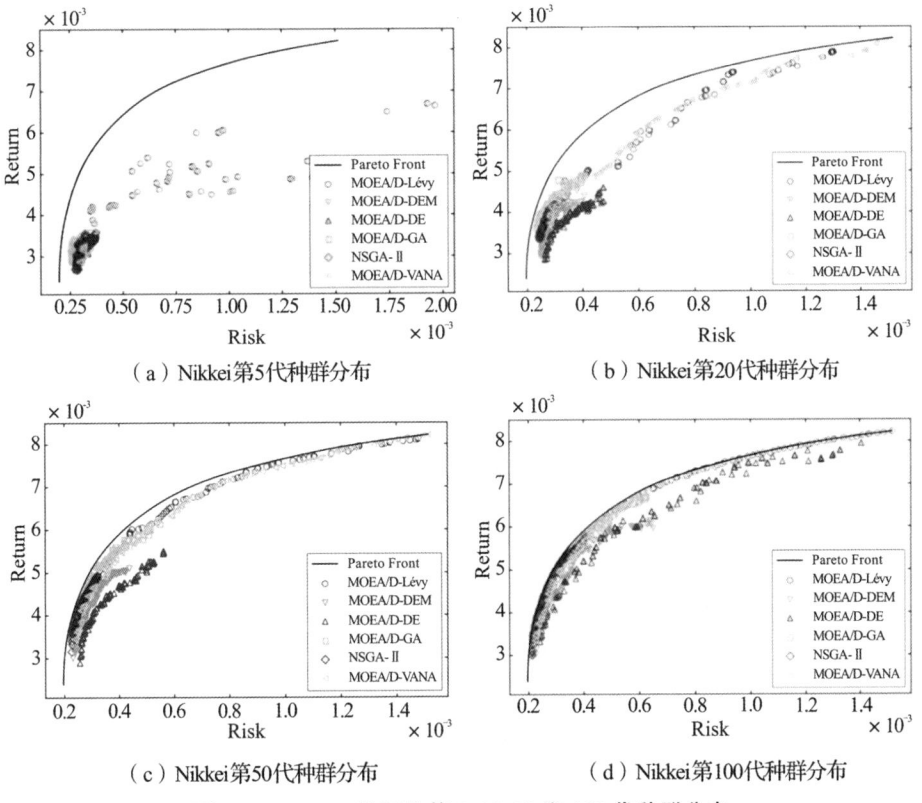

图 3-25　Nikkei 数据集第 5、20、50 和 100 代种群分布

在图 3-26 至图 3-28 的箱线图中，可以直观地看出各个算法在不同数据集上的 IGD 指标表现。MOEA/D-VANA 的平均 IGD 明显优于其他算法，特别是在 FTSE 100 数据集中显示出优越的性能。MOEA/D-VANA 算法在其他数据集上也表现良好，IGD 指标的表现比 SOTA 的 MOEA/D-Lévy 算法更优。

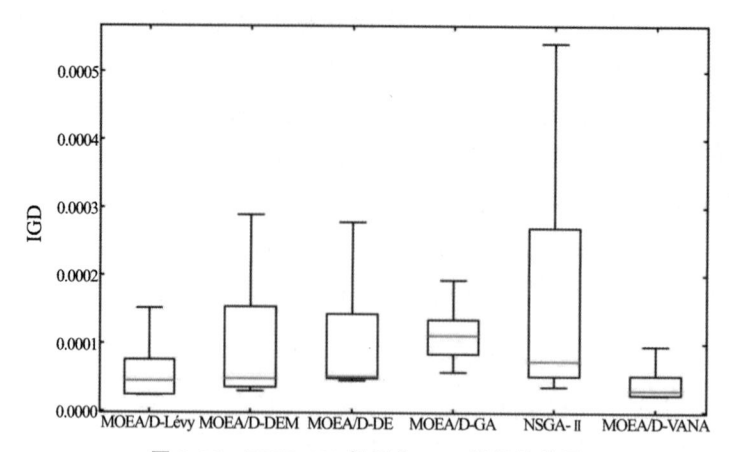

图 3-26 FTSE 100 数据集 IGD 指标箱线图

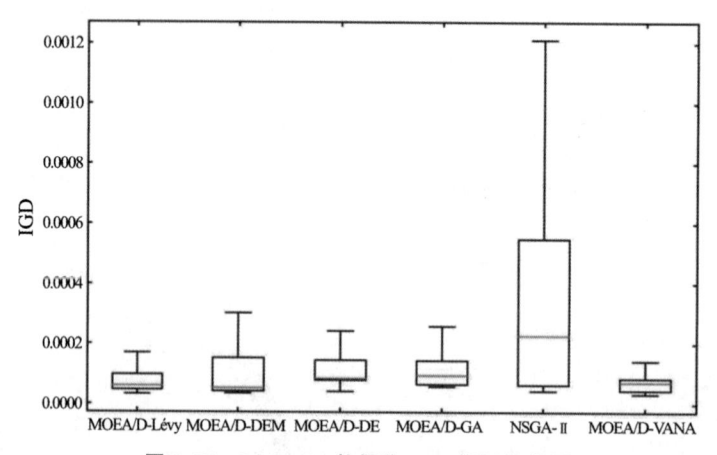

图 3-27 S&P 100 数据集 IGD 指标箱线图

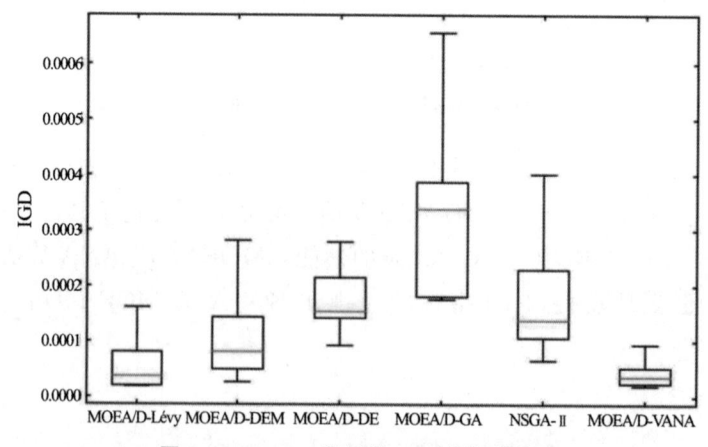

图 3-28 Nikkei 数据集 IGD 指标箱线图

根据表 3-8 至表 3-10 指标的统计结果，本书提出的 MOEA/D-VANA 在算法中动态调整了各子问题的邻域，在多个指标上表现较好。一方面，从三组数据的表现对比来看，MOEA/D-VANA 算法在 IGD 这一综合指标上有明显的改善，与表现第二好的 MOEA/D-Lévy 算法相比在 FTSE 100 指数上增加了 6.17%，在 S&P 100 指数上增加了 6.04%，在 Nikkei 上增加了 5.28%。另一方面，从整体上看，MOEA/D-VANA 在确保邻域调整的同时，并没有牺牲多样性。例如，在 MS 指标上，该算法仍有良好的表现，甚至在 FTSE 100 指数数据集上的 MS 指标是所有算法中最好的。在所有 12 个指标的统计结果中，MOEA/D-VANA 获得了 10 个第一名（其中 6 个并列第一名），而且大部分都远远优于其他经典的 MOEA/D 算法，这证明了适应调整邻域的有效性对应了上述数据中算法的优势。对于算法在不同数据集上的不同表现，可能是不同数据集的帕累托前沿形状对算法有一定影响导致的。未来对于帕累托前沿形状复杂的数据集，可以进一步改进该算法。

表 3-8　FTSE 100 数据集关键指标统计结果

指标名称		MOEA/D-Lévy	MOEA/D-VANA	MOEA/D-DEM	MOEA/D-DE	MOEA/D-GA	NSGA-II
MS	Best	5.83E-03	5.87E-03	5.72E-03	5.58E-03	5.22E-03	5.66E-03
	Median	5.52E-03	5.57E-03	5.46E-03	5.19E-03	4.63E-03	5.38E-03
	Std.	1.48E-04	1.55E-04	1.84E-04	5.34E-04	4.43E-04	1.55E-04
Delta	Best	4.04E-01	4.12E-01	4.15E-01	4.19E-01	4.72E-01	5.19E-01
	Median	4.42E-01	4.42E-01	4.96E-01	4.66E-01	5.70E-01	6.05E-01
	Std.	2.50E-02	2.83E-02	4.50E-02	5.64E-02	8.22E-02	2.96E-02
IGD	Best	2.36E-05	2.42E-05	3.30E-05	4.89E-05	5.79E-05	3.63E-05
	Median	3.89E-05	3.65E-05	5.05E-05	8.79E-05	1.15E-04	4.94E-05
	Std.	1.15E-05	1.24E-05	1.84E-05	1.71E-04	4.83E-05	1.24E-05
HV	Best	1.37E-05	1.37E-05	1.37E-05	1.37E-05	1.37E-05	1.37E-05
	Median	1.37E-05	1.37E-05	1.37E-05	1.36E-05	1.32E-05	1.37E-05
	Std.	4.83E-09	6.66E-09	1.24E-08	1.54E-06	6.50E-07	1.12E-07

表 3-9 S&P 100 数据集关键指标统计结果

指标名称		MOEA/D-Lévy	MOEA/D-VANA	MOEA/D-DEM	MOEA/D-DE	MOEA/D-GA	NSGA-II
MS	Best	7.70E-03	7.74E-03	7.82E-03	7.79E-03	6.65E-03	7.23E-03
	Median	7.39E-03	7.42E-03	7.51E-03	7.20E-03	5.61E-03	6.24E-03
	Std.	1.40E-04	1.38E-04	1.64E-04	2.88E-04	4.92E-04	3.59E-04
Delta	Best	3.29E-01	3.31E-01	3.40E-01	3.46E-01	4.84E-01	5.24E-01
	Median	3.55E-01	3.55E-01	3.84E-01	3.77E-01	5.75E-01	6.66E-01
	Std.	5.55E-02	2.05E-02	4.67E-02	3.82E-02	4.08E-02	4.51E-02
IGD	Best	3.21E-05	3.30E-05	3.68E-05	4.12E-05	5.79E-05	4.72E-05
	Median	4.47E-05	4.20E-05	4.47E-05	7.31E-05	1.51E-04	9.35E-05
	Std.	8.29E-06	6.80E-06	8.61E-06	3.39E-07	5.11E-05	2.62E-05
HV	Best	1.85E-05	1.85E-05	1.85E-05	1.85E-05	1.85E-05	1.85E-05
	Median	1.85E-05	1.85E-05	1.85E-05	1.83E-05	1.76E-05	1.79E-05
	Std.	1.26E-08	1.59E-08	2.76E-08	4.07E-07	6.03E-07	3.82E-07

表 3-10 Nikkei 数据集关键指标统计结果

指标名称		MOEA/D-Lévy	MOEA/D-VANA	MOEA/D-DEM	MOEA/D-DE	MOEA/D-GA	NSGA-II
MS	Best	4.17E-03	4.14E-03	4.19E-03	4.29E-03	2.77E-03	3.14E-03
	Median	3.88E-03	3.88E-03	3.79E-03	2.92E-03	2.13E-03	2.75E-03
	Std.	1.39E-04	1.11E-04	5.31E-04	6.54E-04	4.87E-04	2.11E-04
Delta	Best	4.02E-01	4.00E-01	4.30E-01	3.17E-01	9.31E-01	6.15E-01
	Median	4.59E-01	4.66E-01	5.62E-01	6.16E-01	9.66E-01	6.88E-01
	Std.	9.45E-02	8.23E-02	1.26E-01	1.33E-01	2.55E-02	2.87E-02
IGD	Best	1.89E-05	2.02E-05	2.65E-05	9.24E-05	1.77E-04	6.61E-05
	Median	3.03E-05	2.87E-05	4.52E-05	2.29E-04	2.68E-04	1.15E-04
	Std.	1.13E-05	8.11E-06	4.27E-04	1.40E-04	5.13E-04	3.60E-05
HV	Best	8.35E-06	8.35E-06	8.28E-06	7.91E-06	7.82E-06	8.16E-06
	Median	8.32E-06	8.32E-06	8.23E-06	7.16E-06	7.51E-06	7.96E-06
	Std.	1.50E-08	1.26E-08	1.00E-06	5.46E-07	1.18E-06	8.57E-08

3.4 RFID 室内定位模型 CTT 及其优化

本节主要介绍 RFID 室内定位模型压缩采用的知识蒸馏技术以及如何采用多目标优化算法实现对知识蒸馏中损失函数超参数的调优。首先,本节已将室内定位问题作为一个回归问题处理,在此条件下使用知识蒸馏需要设计回归使用的损失函数,进而引出知识蒸馏中损失函数存在的超参数问题。其次,介绍多目标优化算法如何设计损失函数对应的目标函数实现 RFID 室内定位模型的超参数寻优。最后,设计三种损失函数,通过知识蒸馏的消融实验,对比基于三种损失函数的蒸馏模型与原始学生模型的实验结果,证明多目标优化算法与知识蒸馏的结合能力,验证蒸馏模型室内定位精度以及知识蒸馏在模型轻量化、降低存储空间的作用。

3.4.1 知识蒸馏基础

知识蒸馏(knowledge distillation)是一种从大型深度神经网络——教师模型(teacher model)中提取知识并将其迁移到较小的神经网络——学生模型(student model)的技术。其目的是通过使用较小、更高效的模型来减少模型的计算资源和存储空间,同时保留大型模型的高精确度。知识蒸馏的核心问题是如何将大型的、复杂神经网络的知识转化为较小、更高效的网络的知识。可以使用大型模型的输出作为较小模型的目标输出,来帮助学生模型学习这些知识。除此之外还有一些其他的技术包括降低温度(temperature scaling)和使用软目标(soft targets)等方法。在降低温度时,将大型模型的输出除以一个温度因子来缩小其分布,从而使目标分布更加平滑,以便学生模型更容易学习。在使用软目标时,将大型模型的输出作为目标分布,并将其与正确的标签一起用于训练学生模型。这样学生模型可以在大型模型的知识和正确的标签之间找到平衡。

在实际使用中,知识蒸馏通常是处理分类问题时有效压缩模型的方法。在算力有限的情况下,尤其是在资源有限的环境下,我们通常希望使用的模型占存储空间少且精度高,知识蒸馏可方便地实现知识的迁移,对模型进行压缩,是一种可行的方法。当深度模型的参数达到百万级别甚至更高的时候,采用知识蒸馏等手段是十分有必要的。在知识蒸馏中,硬损失代表的就是真实的损失情况，而经过教师模型得到的软损失是通过 softmax 分类器输出的，他们天然地代表了不同类之间一定的关系，因此在软损失中包含了许多的知识和信息，比如说明彼此之间的相似度，是一个相对的概率问题。另外在实际中，温度的设定也是一个十分重要的参数。温度越小时两极分化就会越明显，即相对的差异就会越大，而温度越大时，彼此之间就会越平均，相对的差异就会越小。

在图 3-29 所示知识蒸馏的过程图中，小模型的结构可以根据具体的应用场景和任务来设计，但通常会要求小模型和大模型的结构相似或者相同，以便在蒸馏过程中更好地利用大模型的知识。另外，小模型的复杂度也应该比大模型低，一般是通过减少层数、神经元数或者使用更简单的网络结构实现的。除此之外，小模型的结构也需要与目标任务相关，即小模型要能够在目标任务中表现出较好的性能。因此，在设计小模型的结构时，应该考虑目标任务的特点，包括输入和输出的维度、预测精度等。

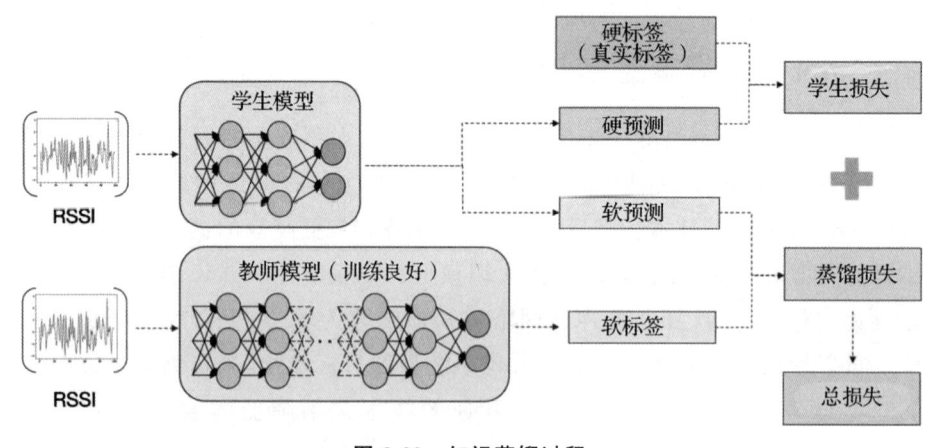

图 3-29 知识蒸馏过程

以上的讨论与分析应用在分类问题上时，通常很容易实现，并且取得不错的实验效果。但当我们需要处理室内定位问题时，即问题的主体不再是每一个不同的离散的分类而是连续的变量时，就需要对这种情况下的知识蒸馏做新的设计，使之能够应用于回归问题的场景中，具体到模型的关键环节就是模型损失函数的设计。

知识蒸馏在回归问题上的应用与分类问题上略有不同，如图 3-30 所示，下面是一个 RFID 室内定位模型知识蒸馏步骤的描述：

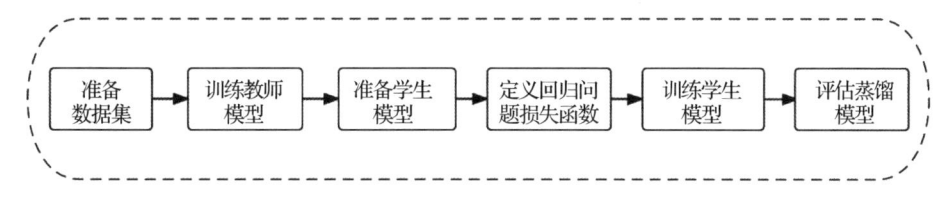

图 3-30　室内定位知识蒸馏流程

①准备数据集：准备室内定位问题对应的训练集和测试集，需要提前做好数据预处理，保证数据的可靠性和可用性。

②训练教师模型：使用大型模型，如复杂的深度神经网络，对训练集进行训练，并得到一个高精度的 RFID 室内定位模型，称为室内定位教师模型 CTT。

③准备学生模型：使用较小的模型，该模型的结构和大型模型相同或类似，但具有更少的参数，称为室内定位学生模型 CTS。

④定义回归问题损失函数：定义一个损失函数，将教师模型的输出作为参考输出，同时将学生模型的输出作为实际输出，将这个损失函数作为蒸馏模型的损失函数。

⑤训练学生模型：使用训练集对学生模型进行训练，并通过设计好的损失函数来传递教师模型的知识，使得学生模型尽可能靠近教师模型的表现，得到室内定位蒸馏模型 CTD。

⑥评估蒸馏模型：使用测试集对 CTD 进行评估，计算四个关键指标，进行 RFID 定位效果可视化分析，评估室内定位模型的精度和性能。

为了避免离散问题中实值回归输出的无界性，本节不会直接使用教师模型的回归输出，而是将其作为学生模型要达到的上限，以避免提供与真实结果相矛盾的回归方向。学生模型应该尽可能参数少，回归结果应该尽可能地接近真实结果，同时减小与教师模型在表现上的差距，作为一个多目标优化的问题来处理，设计好对应的目标函数就可以实现协同优化知识蒸馏中的超参数，达到降低室内定位成本，提高室内定位精度的效果。

3.4.2　时序深度模型 CTT 网络结构

在本节中，本节主要讨论 CTT 模型的整体架构。CTT 主要由三部分组成：Seq2Seq 时序关联提取模块，用于 RSSI 电磁信号的特征，减少外界环境对定位的影响；CNN 特征提取模块，考虑 RSSI 信号的时序关系，实现源端（RSSI 信号序列）与目标端（定位坐标）的转换；FC 最终预测模块，将上一层输出的高维数据映射为定位坐标，整体的架构图如图 3-31 所示。

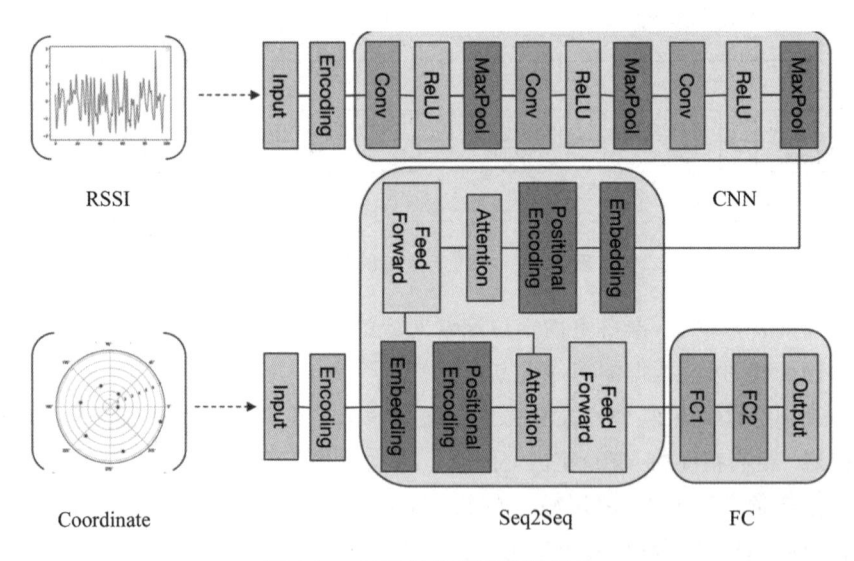

图 3-31 CTT 网络模型整体架构

接下来,本节将对三个主要模块的网络结构做详细的说明。

3.4.2.1 CNN 特征提取模块

卷积神经网络(CNN)整体结构如图 3-32 所示,在这里主要是用于 RSSI 信号的特征提取,它的初始模型输入为 $100\times1\times50$ 的向量,经过 3×3 的 16 个卷积核,得到 $100\times16\times48$ 的向量输出,然后经过 ReLU 激活函数,再经过 2×2 最大池化层,得到 $100\times16\times47$ 的向量,重复上述步骤两次,即总共执行三次,最后得到 CNN 网络 $100\times64\times41$ 的向量输出。这样设计的好处在于,使用多个卷积层可以捕捉更加复杂的信号特征,使用池化层可以减少参数数量,减少运算量,而使用 ReLU 激活函数可以提高网络的非线性能力,从而提高网络的准确性。

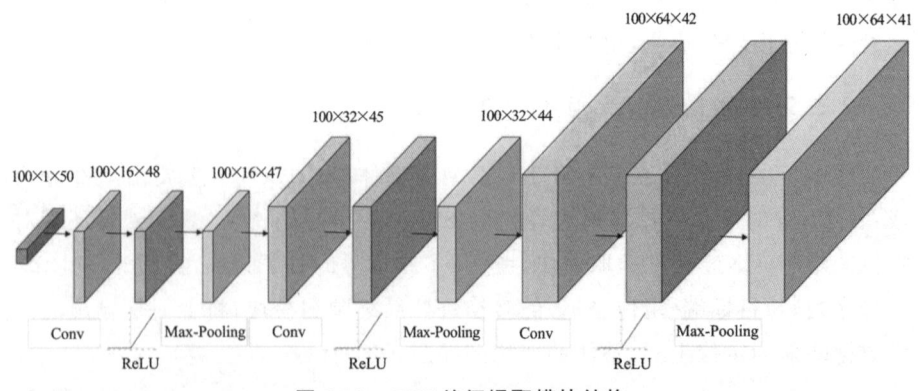

图 3-32 CNN 特征提取模块结构

3.4.2.2　Seq2Seq 时序关联提取模块

如图 3-33 所示为 Seq2Seq 时序关联提取模块结构。首先，需要进行向量嵌入，考虑到 RSSI 经过 CNN 网络之后不能像词向量一样嵌入，这里用全连接层代替。之后，可以使用位置编码将位置信息线性表示，使用正弦和余弦函数表示绝对位置，并通过它们的乘积来反映其相对位置关系。最后，经过多头注意力机制 **QKV** 矩阵计算以及 FeedForward 执行后得到本层的输出。时序关联提取能够实现将输入的特征向量与输出的特征向量关联起来，形成一组映射关系。

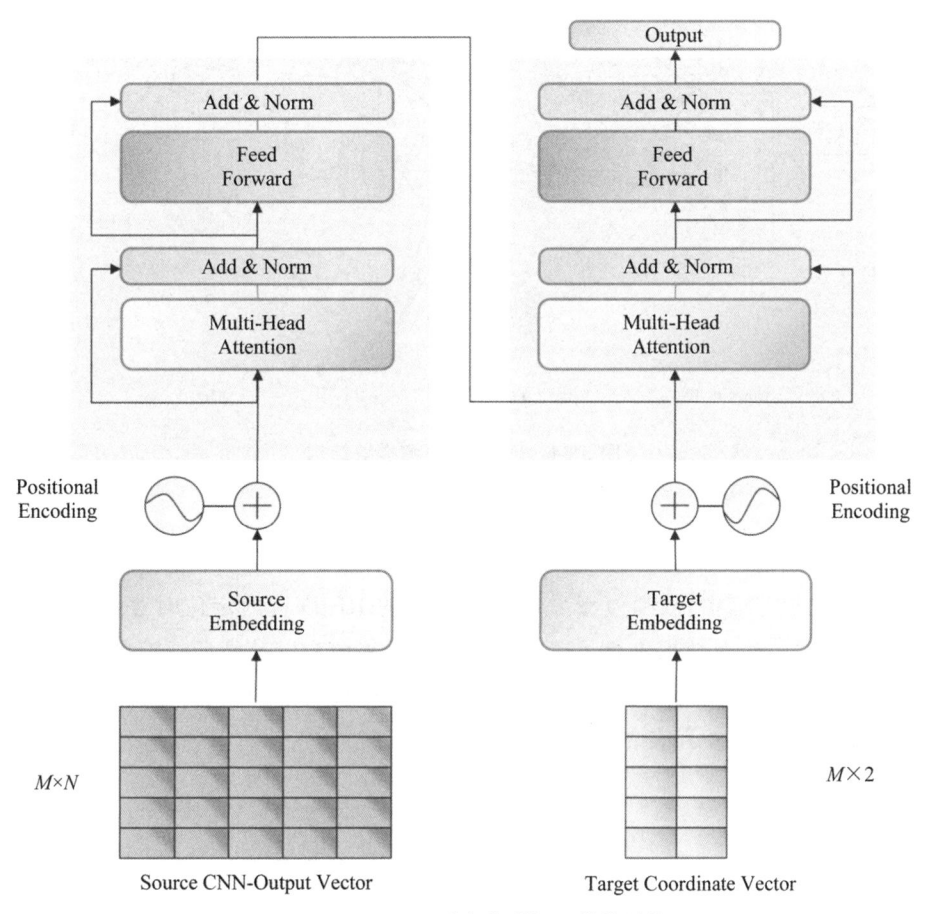

图 3-33　Seq2Seq 时序关联提取模块结构

3.4.2.3　FC 最终预测模块

使用全连接层的输出,可以得到二维平面上的坐标(x,y),而不需要 softmax 函数,高维数据即可映射成需要的二维坐标。图 3-34 所示是本节的全连接结构,经过 Seq2Seq 时序关联提取之后送入全连接网络。这部分主要是两层 FC 进行映射,最终得到的就是需要的坐标值。

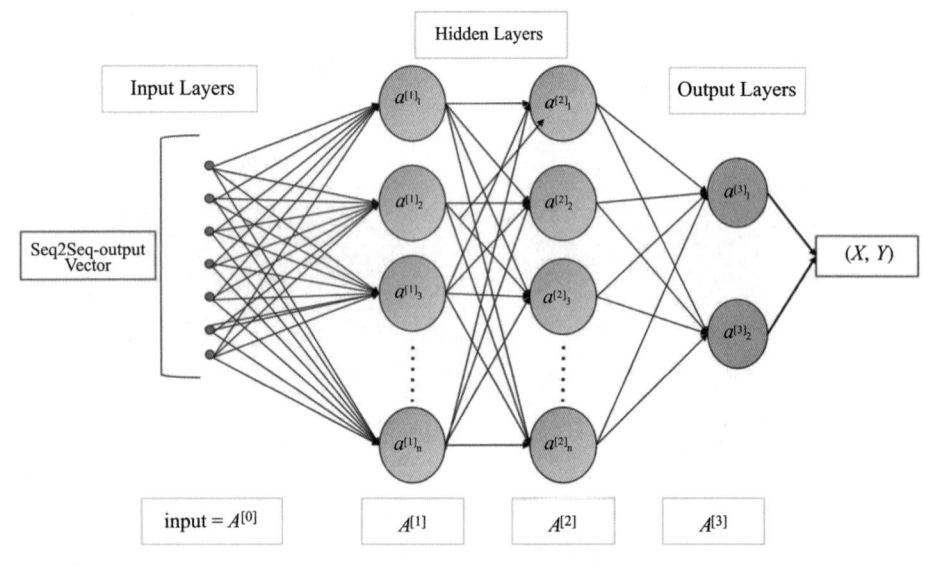

图 3-34　FC 最终预测模块结构

3.4.3　RFID 室内定位教师模型 CTT 实验结果与分析

在知识蒸馏中,教师模型采用前文设计的 RFID 室内定位时序深度模型 CTT,并且已经对数据进行了针对缺失值的近邻填充以及高斯滤波的预处理。通过对模型的分析可以看出,教师模型总体是比较复杂的结构,它的实验结果如图 3-35、图 3-36 和表 3-11 所示。

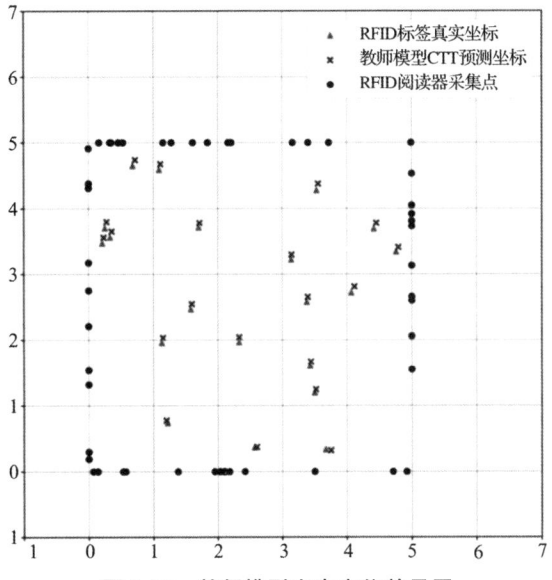

图 3-35　教师模型室内定位效果图

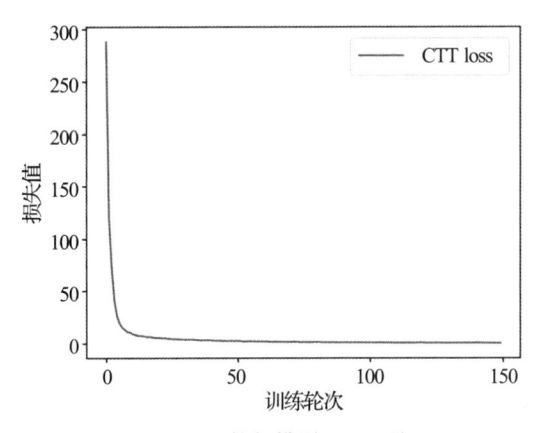

图 3-36　教师模型 loss 下降

表 3-11　教师模型定位坐标表

X	Y	PX	PY	X	Y	PX	PY
0.21	3.47	0.2294	3.5550	4.42	3.69	4.4584	3.7796
1.13	1.96	1.1476	2.0343	3.67	0.34	3.7512	0.3227
3.38	2.58	3.3945	2.6532	2.57	0.37	2.6034	0.3731
4.07	2.72	4.1177	2.8101	3.14	3.22	3.1450	3.2947

续表

X	Y	PX	PY	X	Y	PX	PY
1.58	2.47	1.5955	2.5484	4.76	3.34	4.7955	3.4069
3.43	1.61	3.4411	1.6696	1.7	3.71	1.7134	3.7790
1.22	0.74	1.2000	0.7758	3.5	1.2	3.5171	1.2489
2.33	1.97	2.3327	2.0430	0.68	4.65	0.7174	4.7367
0.33	3.56	0.3551	3.6498	1.09	4.59	1.1099	4.6750
3.53	4.28	3.5551	4.3767	0.25	3.7	0.2770	3.7915

通过表 3-12 的实验指标对比可以看出，教师模型与其他定位模型相比，有较为明显的优势。尤其是 MAE 和 MAPE 指标，对比 GRU 模型有一个数量级的提升，与类似架构的 Transformer 模型也更加精准，体现了 CTT 作为教师模型在室内定位的优异表现。因为在阐述 CTT 模型时已经对其结构及实验结果详细介绍分析，此处不再重复，仅将其作为教师模型，用于指导学生模型。

表 3-12 教师模型与其他模型实验指标对比

模型名称	MAE	RMSE	R^2	MAPE
RNN	0.757	0.951	0.556	2.359
SVR	0.561	0.433	0.934	1.772
LSTM	0.341	0.475	0.890	1.013
GRU	0.316	0.443	0.904	0.735
D-GRU	0.214	0.419	0.914	0.621
A-GRU	0.187	0.408	0.920	0.555
Transformer	0.069	0.063	0.993	0.057
CTT	0.047	0.057	0.998	0.043

3.4.4 RFID 室内定位学生模型 CTS 实验结果与分析

为了满足模型轻量化需求，降低存储空间和成本，本节将教师模型的深度降低，尤其是在多头注意力机制中减少了头数，以及在 encoder 和 decoder 层中减少了层数量，实现了一个参数量只有原来 1/10 的学生模型，称为 RFID 室内定位 CTS。学生模型的网络结构如图 3-37 所示。

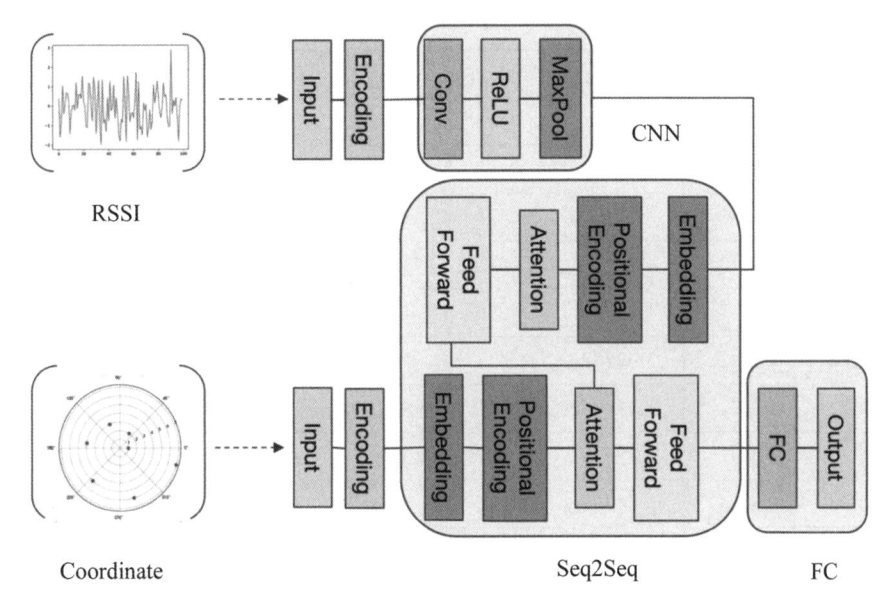

图 3-37　学生模型 CTS 网络结构

为了更好地对比采用知识蒸馏前后对模型定位效果的影响，本节考虑进行消融实验。将没有做知识蒸馏的学生模型称为 CTS，将使用知识蒸馏技术得到的学生模型称为 CTD。首先针对学生模型 CTS 进行训练，得到的实验结果如图 3-38、表 3-13、表 3-14、图 3-39 所示。

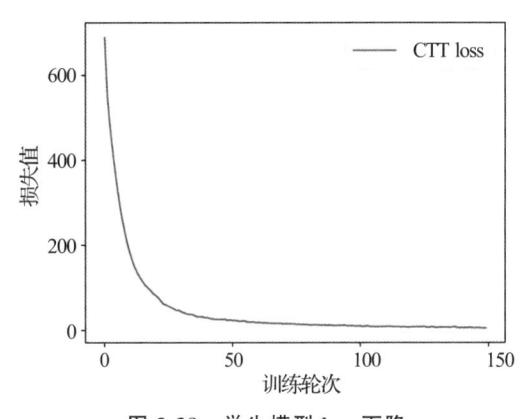

图 3-38　学生模型 loss 下降

表 3-13 学生模型定位坐标

X	Y	PX	PY	X	Y	PX	PY
0.21	3.47	0.2548	3.3705	4.42	3.69	4.3485	3.6698
1.13	1.96	1.0931	1.9297	3.67	0.34	3.7426	0.4422
3.38	2.58	3.4245	2.5446	2.57	0.37	2.6040	0.3718
4.07	2.72	4.1969	2.7080	3.14	3.22	3.1414	3.2192
1.58	2.47	1.5379	2.4275	4.76	3.34	4.5981	3.2886
3.43	1.61	3.5323	1.5441	1.7	3.71	1.6707	3.7248
1.22	0.74	1.1928	0.8150	3.5	1.2	3.6062	1.1356
2.33	1.97	2.2991	2.0347	0.68	4.65	0.7921	4.4871
0.33	3.56	0.3475	3.5040	1.09	4.59	1.1343	4.5126
3.53	4.28	3.4852	4.3042	0.25	3.7	0.3019	3.6423

表 3-14 学生模型与其他模型实验指标对比

模型名称	MAE	RMSE	R^2	MAPE
RNN	0.757	0.951	0.556	2.359
SVR	0.561	0.433	0.934	1.772
LSTM	0.341	0.475	0.890	1.013
GRU	0.316	0.443	0.904	0.735
D-GRU	0.214	0.419	0.914	0.621
A-GRU	0.187	0.408	0.920	0.555
Transformer	0.069	0.063	0.993	0.057
CTS	0.071	0.111	0.994	0.214

图 3-39 学生模型室内定位效果

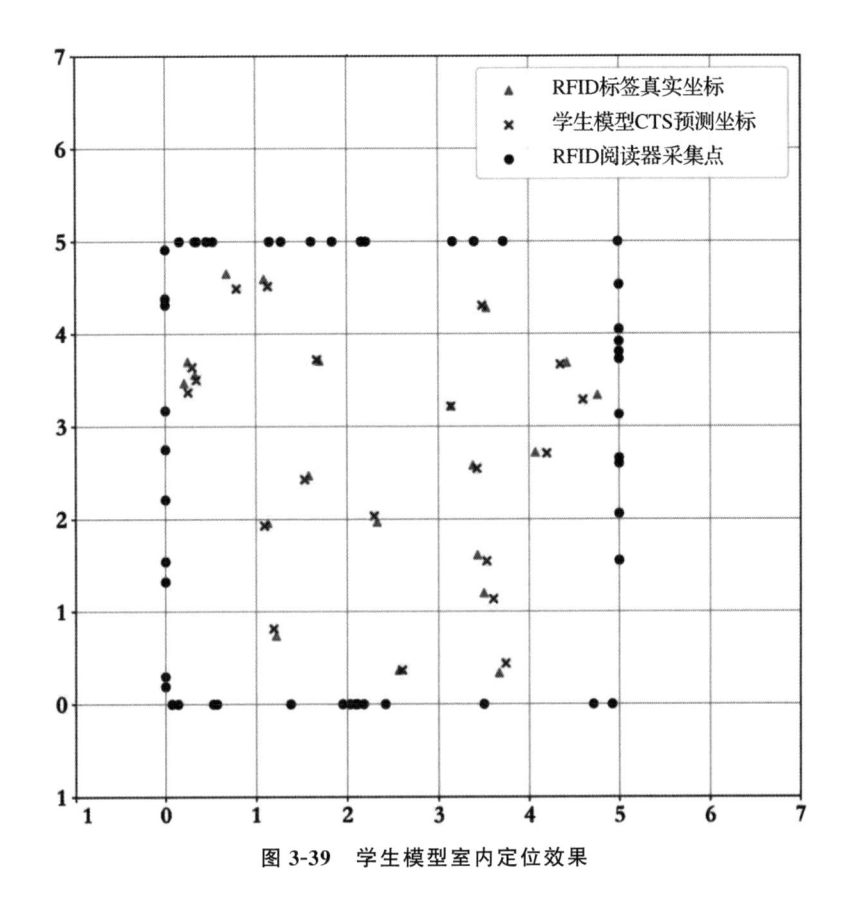

可以看出,相对于教师模型的实验结果,显然学生模型的表现要相对差一些。首先从定位结果可视化的图中可以明显看到,在靠近边缘的位置,学生模型的预测坐标存在一定的偏差。另外学生模型的损失值 loss 下降得相对较慢,模型收敛的速度不如教师模型。最后对比实验指标可以看到,学生模型相比教师模型的差距主要集中在 MAE、RMSE 和 MAPE 这三个指标上,例如 MAE 指标上绝对的定位差值学生模型还是略高于教师模型,从指标的角度也再次说明了学生模型存在的问题以及可以改进的空间。

3.4.5 知识蒸馏损失函数设计

处理室内定位问题时,需要考虑如何衡量教师模型与学生模型之间的差距,其中的重点就是如何设计合适的损失函数。在这里,本节设计了三种损失函数,用来处理知识蒸馏,分别是边界惩罚损失函数、加权均方差损失函数和相对距离最小平均偏差损失函数。使用不同的损失函数可以进行消融实验,挑选出最好的损失函数作为后续的损失函数使用。

3.4.5.1 边界惩罚损失函数

本节参考 Guobin Chen 等人在目标检测方面进行回归分析时使用的损失函数[29]，提出了基于边界惩罚损失函数（bound_loss）。它的公式见式(3-38)和式(3-39)。其中，S_i代表学生模型的每条输出，Y_i代表每条的真实坐标值，y_s代表学生模型的整体输出，y_t代表教师模型的整体输出，y代表整体真实坐标值。这个损失函数主要是$\mathcal{L}_{1-\text{smooth}}$损失函数和$\mathcal{L}_{\text{bound}}$边界损失函数两部分组成，其中边界损失函数是根据边界值 bound 来进行判断的，如果学生模型的预测 L2 损失在一定幅度 bound 内大于教师模型的 L2 损失，就需要为学生模型提供额外的损失，也就是施加惩罚。在此基础上，给予一个缩放因子 γ，用来平衡这部分的权重，这就形成了整体的损失函数$\mathcal{L}$。

$$\mathcal{L}_{\text{bound}}(y_s, y_t, y) = \begin{cases} \dfrac{1}{n}\sum_{i=1}^{n}(S_i - Y_i)^2, & \|y_s - y\|_2^2 + \text{bound} > \|y_t - y\|_2^2 \\ 0, & \text{其他} \end{cases} \quad (3\text{-}38)$$

$$\mathcal{L} = \mathcal{L}_{1-\text{smooth}}(y_s, y) + \gamma \cdot \mathcal{L}_{\text{bound}}(y_s, y_t, y) \quad (3\text{-}39)$$

3.4.5.2 加权均方差损失函数

加权均方差损失函数（wmse_loss）则相对成熟，这个损失函数常常用于股票价格预测等回归问题的分析上。本小节同样进行了损失函数的设计。整体损失函数由两部分组成，分别是教师模型的 L2 损失和学生模型的 L2 损失。它的计算公式如式(3-40)、式(3-41)和式(3-42)所示。其中，S_i代表学生模型的每条输出，Y_i代表每条输出的真实坐标值，T_i代表教师模型的每条输出。需要注意的是，学生模型在计算 MSE 时，施加一个温度缩放因子 t，能够更好地放大教师模型与学生模型的差异。最后将计算好的教师模型的 MSE 乘上缩放因子 α，再求和整体教师模型的损失作为加权均方差损失函数的权值 weight，最后求得一个整体的 L2 损失就是整体的损失函数$\mathcal{L}$。

$$\text{MSE}_{\text{teacher}} = \frac{1}{n}\sum_{i=1}^{n}(S_i - T_i)^2 \quad (3\text{-}40)$$

$$E_{\text{teacher}} = \frac{1}{n}\sum_{i=1}^{n}(S_i - T_i)^2 \quad (3\text{-}41)$$

$$\mathcal{L} = \frac{1}{n}\sum_{i=1}^{n}\left(\sum_{j=1}^{n}T_j \cdot \alpha \cdot \text{MSE}_{\text{teacher}} + \text{MSE}_{\text{student}}\right) \quad (3\text{-}42)$$

3.4.5.3 相对距离最小平均偏差损失函数

相对距离(RDL)和最小平均偏差(MAD)是衡量模型与真实差距的有效方法。在这里,本节结合了这两种损失的优点,提出了相对距离最小平均偏差损失函数(rdl_mad_loss),用相对距离衡量两个模型的预测输出与真实标签之间的相对距离,其中,S_i 代表学生模型的每条输出,Y_i 代表每条输出的真实坐标值,T_i 代表教师模型的每条输出,注意用 ϵ 防止分母为 0,这部分代表损失 $\mathcal{L}_{rdl}$,再用最小平均偏差衡量教师模型和学生模型的预测输出之间的差异,这部分代表损失 $\mathcal{L}_{mad}$,最后再乘上比例因子 β,就得到了整体的损失函数 $\mathcal{L}$。

$$\mathcal{L}_{rdl} = \frac{\sum_{i=1}^{n} \frac{|S_i - Y_i|}{|T_i - Y_i| + \epsilon}}{n} \tag{3-43}$$

$$\mathcal{L}_{mad} = \frac{\sum_{i=1}^{n} |S_i - T_i|}{n} \tag{3-44}$$

$$\mathcal{L} = \beta \cdot \mathcal{L}_{rdl} + (1-\beta) \cdot \mathcal{L}_{mad} \tag{3-45}$$

3.4.6 多目标优化算法目标函数设计

从上述分析中我们可以看到,知识蒸馏应用于回归问题时,须考虑合适的损失函数。但目前存在一个问题,即损失函数中通常包含几个缩放因子或温度因子,用于平衡不同组分之间的权重。除了传统的深度模型在训练中存在的超参数,还有上述损失函数中的参数例如 bound、γ、α 和 t、ϵ 和 β 等。因此本节重点关注的其实是损失函数超参数的调优。上一节已经做过多目标优化算法的分析和讨论,并对算法本身提出了改进策略。此处将使用前文提出的多目标优化算法 MOEA/D-VANA 协同优化知识蒸馏损失函数中的超参数,将其设置为算法的多个决策变量,并指定它们的上下的搜索界限,同时还需要设计多个目标函数,在进化过程中进行种群的迭代交叉与变异的操作,种群中的优势个体就是求得这多个目标函数的帕累托前沿面上优异的解集,这样筛选出的就是知识蒸馏效果最好的超参数,可以得到一个高性能的轻量级的室内定位学生模型作为本节的室内定位模型使用。

3.4.6.1 bound_loss 目标函数设计

对于多目标优化 bound_loss 损失函数[29],我们需要设计目标函数,以平衡多个目标维度,实现超参数的自动化寻优。考虑到高维度的复杂性,本小节设计只优化三个不同的目标,即在三维空间内进行优化。

$$f_1 = \mathcal{L}_{1-\text{smooth}}(y_s, y_{\text{reg}}) \tag{3-46}$$

$$f_2 = \frac{1}{n}\sum_{i=1}^{n}(S_i - y_i)^2 + \text{bound} - \frac{1}{n}\sum_{i=1}^{n}(T_i - y_i)^2 \tag{3-47}$$

$$f_3 = \gamma * \frac{1}{n}\sum_{i=1}^{n}(S_i - y_i)^2 \tag{3-48}$$

其中,f_1目标函数设置为学生模型与真实坐标值的$\mathcal{L}_{1-\text{smooth}}$平滑损失函数,因此$f_1$越小越好,用来尽可能缩小学生模型的预测结果与真实值之间的差距。f_2目标函数为学生模型的L2损失加上边界值bound之后与教师模型的L_2损失的差值,用来衡量学生模型在边界内与教师模型的差距。如果差距过大,说明学生模型的性能越差,需要在优化过程中给予更大的惩罚,我们希望施加的惩罚越小越好。f_3目标函数设置为学生模型与真实值的L2损失再乘上缩放因子γ,同样我们希望学生模型与真实回归值的差距越小越好,希望由γ对其施加的惩罚项越小越好。

因此,三个目标函数都需要向最小化执行,以达到协同优化的目标。图3-40展示的是经过多目标优化算法执行后得到的bound_loss损失函数的多目标优化-帕累托前沿面。从中可以看出,优异的解集分布比较集中,体现了最小化的效果。

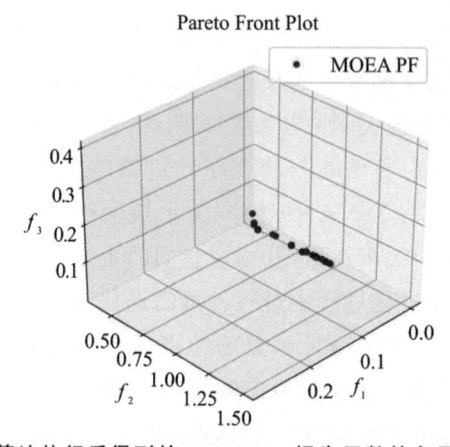

图 3-40　多目标优化算法执行后得到的 **bound_loss** 损失函数的多目标优化-帕累托前沿面

3.4.6.2　wmse_loss 目标函数设计

对于多目标优化 wmse_loss 损失函数,我们同样需要设计合适的目标函数,以平衡多个目标维度,实现超参数的自动化寻优。为了方便在同一维度对比,本小节只优化三个不同的目标,即在三维空间内进行优化。

$$f_1 = \frac{1}{n}\sum_{i=1}^{n}T_i \cdot \alpha \cdot \frac{1}{n}\sum_{i=1}^{n}(T_i - y_i)^2 \tag{3-49}$$

$$f_2 = \frac{1}{n}\sum_{i=1}^{n}(S_i/t - y_i/t)^2 \tag{3-50}$$

$$f_3 = \|w_1, w_2, \cdots, w_n\|_1 \tag{3-51}$$

其中,f_1目标函数设置为教师模型与真实回归坐标值的加权 L2 损失,用教师模型的输出做了加权的权重系数,使缩放因子 α 控制的这部分损失函数尽可能小,因此 f_1 越小越好;f_2 目标函数设置为学生模型在温度因子 t 控制下的缩放 L2 损失,用来衡量学生模型与真实值之间的差距,如果这个差距过大,说明学生模型的性能越差,所以同样希望 f_2 越小越好;f_3 目标函数设置为蒸馏模型自身的总参数的 L1 范数,它用来衡量模型本身的复杂度,同样,我们希望蒸馏后得到的模型的参数越小越好。

因此,三个目标函数同样都是需要向最小化执行,以达到协同优化的目标。如图 3-41 所示,代表的是同样执行多目标优化之后得到的 wmse_loss 损失函数的多目标优化-帕累托前沿面。从中可以看到,相对前面来说由于目标函数的不同,优异的解集分布相对更分散,但整体都更加靠近最小化的原点位置。

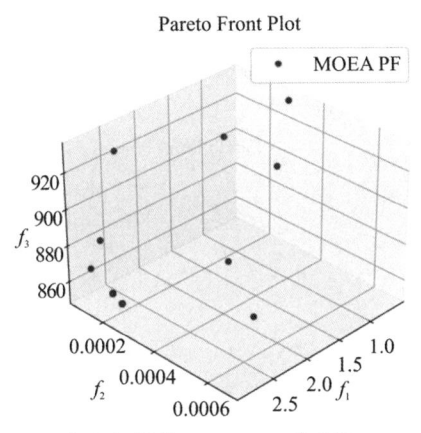

图 3-41 多目标优化 wmse_loss 的参数 alpha 和 t

3.4.6.3 rdl_mad_loss 目标函数设计

多目标优化 rdl_mad_loss 损失函数的问题时,我们也考虑到高维度的复杂性,为方便在同一维度对比,本小节设计同样只优化三个不同的目标,即在三维空间内进行优化。

$$f_1 = \frac{\sum_{i=1}^{n} \frac{|S_i - y_i|}{|T_i - y_i| + \epsilon}}{n} \tag{3-52}$$

$$f_2 = \frac{\sum_{i=1}^{n} |S_i - T_i|}{n} \tag{3-53}$$

$$f_3 = \| w_1, w_2, \cdots, w_n \|_1 \tag{3-54}$$

其中,f_1 为损失函数中的 RDL 损失,用来评价教师模型与学生模型分别与坐标真实值的差距,因此损失应当越小越好。f_2 为损失函数中的 MAD 损失,用来衡量教师模型和学生模型之间的差距,这部分损失越小越好。f_3 为学生模型自身的总参数的 L1 范数,它用来衡量模型本身的复杂度,参数的 L1 范数越小越好。

三个目标函数也都需要向最小化执行,以达到协同优化的目标。如图 3-42 所示,代表的是进行多目标优化之后得到的 rdl_mad_loss 损失函数的多目标优化-帕累托前沿面。从中可以看出,这次的目标函数得到的优异解集的个体并没有十分靠近坐标轴的原点,说明算法在多个目标之间做了许多的权衡,试图在多个目标上都尽可能优化损失函数中的超参数。相对而言,整体仍然是向着最小化的方向靠近。

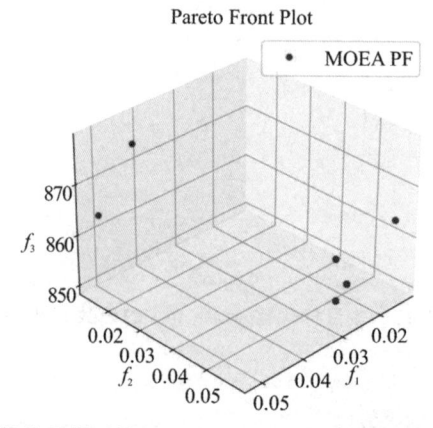

图 3-42 多目标优化后得到的 **rdl_mad_loss** 损失函数的多目标-帕累托前沿面

3.4.7 RFID 室内定位蒸馏模型 CTD 实验结果与分析

由表 3-15 和表 3-16 可知，CTD_bound 对应的蒸馏模型在各指标上表现相对优异，但多目标优化的执行时间较长；CTD_wmse 对应的蒸馏模型多目标优化时执行时间较短，而从指标上来看，CTD_rdlmad 对应的蒸馏模型略优于 CTD_wmse。

表 3-15 蒸馏模型 CTD 多目标优化结果统计

模型名称	最优组合变量 1	最优组合变量 2	执行时间	评价次数
CTD_bound	$\gamma=0.666$	bound=0.874	8648 s	225
CTD_wmse	$\alpha=0.803$	$t=5$	8514 s	225
CTD_rdlmad	$\epsilon=0.396$	$\beta=0.947$	8569 s	225

表 3-16 蒸馏模型 CTD 实验指标统计

模型名称	MAE	RMSE	R^2	MAPE
CTD_bound	0.054	0.057	0.999	0.048
CTD_wmse	0.057	0.066	0.999	0.055
CTD_rdlmad	0.055	0.066	0.999	0.048

根据图 3-43 的损失曲线图可以看到，蒸馏模型 CTD_rdlmad 收敛速度最快，曲线下降后很快就趋于稳定。蒸馏模型 CTD_bound 的收敛趋势也相对明显，在中期超过了蒸馏模型 CTD_rdlmad，最先达到收敛的状态。而蒸馏模型 CTD_wmse 的损失值过于大，模型收敛的速度也慢很多，可能是因为设计的损失函数在前期施加了较多的惩罚，相对来看性能较差，但同样在中后期达到了收敛的效果。

表 3-17 展示了不同模型的预测坐标与真实坐标的关系。CTD_bound 蒸馏模型的定位相对而言比较准确，在 20 个定位实例中，对 8 个定位位置做出了精准的预测，CTD_wmse 蒸馏模型对 4 个定位位置做出了准确的预测，CTD_rdlmad 蒸馏模型对 7 个定位位置做出了准确的预测。从定位样例中展出基于 bound_loss 损失函数的优势，rdlmad_loss 损失函数也相对较为出色。

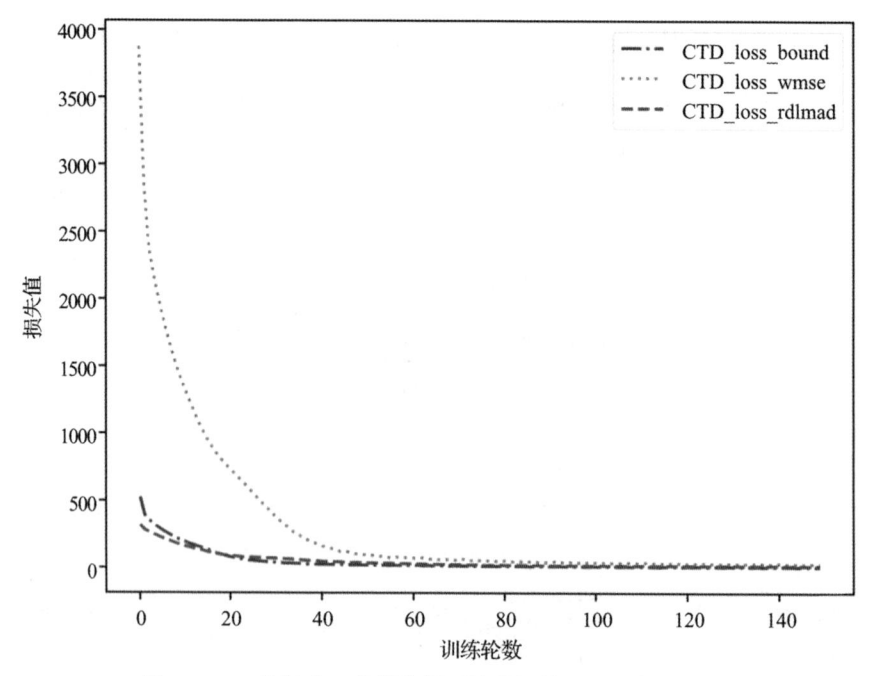

图 3-43 三种损失函数训练得到的蒸馏模型 CTD 损失曲线

表 3-17 三种室内定位蒸馏模型 CTD 定位坐标

X	Y	X_bound	Y_bound	X_wmse	Y_wmse	X_rdlmad	Y_rdlmad
0.21	3.47	0.2059	3.4485	0.2256	3.4999	0.2268	3.4950
1.13	1.96	1.1070	1.9695	1.1492	1.9997	1.1513	1.9910
3.38	2.58	3.4303	2.5752	3.4107	2.5705	3.4134	2.5674
4.07	2.72	4.1025	2.7244	4.1152	2.7156	4.1031	2.7144
1.58	2.47	1.5389	2.4770	1.6180	2.5221	1.6193	2.5152
3.43	1.61	3.4455	1.5846	3.4734	1.6121	3.4789	1.6010
1.22	0.74	1.1904	0.7568	1.2500	0.7638	1.2471	0.7550
2.33	1.97	2.3224	1.9433	2.3888	1.9952	2.3928	1.9904
0.33	3.56	0.3171	3.5403	0.3462	3.5836	0.3431	3.5789
3.53	4.28	3.5172	4.2879	3.5475	4.3047	3.5579	4.2980
4.42	3.69	4.4491	3.7051	4.4771	3.7163	4.4768	3.7037
3.67	0.34	3.6845	0.3165	3.7401	0.3131	3.7488	0.3049
2.57	0.37	2.5458	0.3639	2.6093	0.3717	2.6081	0.3643

续表

X	Y	X_bound	Y_bound	X_wmse	Y_wmse	X_rdlmad	Y_rdlmad
3.14	3.22	3.1670	3.2377	3.1577	3.2093	3.1618	3.2080
4.76	3.34	4.7793	3.3481	4.8185	3.3510	4.8219	3.3419
1.70	3.71	1.6687	3.7267	1.7189	3.7014	1.7182	3.7036
3.50	1.20	3.5117	1.1840	3.5528	1.1965	3.5547	1.1817
0.68	4.65	0.6553	4.5953	0.6847	4.7010	0.6866	4.6885
1.09	4.59	1.0600	4.5517	1.1049	4.6354	1.1044	4.6138
0.25	3.70	0.2379	3.6901	0.2651	3.7353	0.2605	3.7303

通过图 3-44 至图 3-46 的定位效果的可视化分析，可以看出除了边界上存在一些误差，蒸馏模型 CTD_bound 整体定位较为精准。结合其训练时间来看，在集中环境的小批量数据集上 CTD_bound 可以有不错的效果。蒸馏模型 CTD_wmse 在精度可以接受的情况下，优化超参数的时间更短，更适合集中环境的大批量数据集使用。蒸馏模型 CTD_rdlmad 则比较中规中矩，在通用的场景都有相对不错的定位效果，边界上的定位也比较精准。

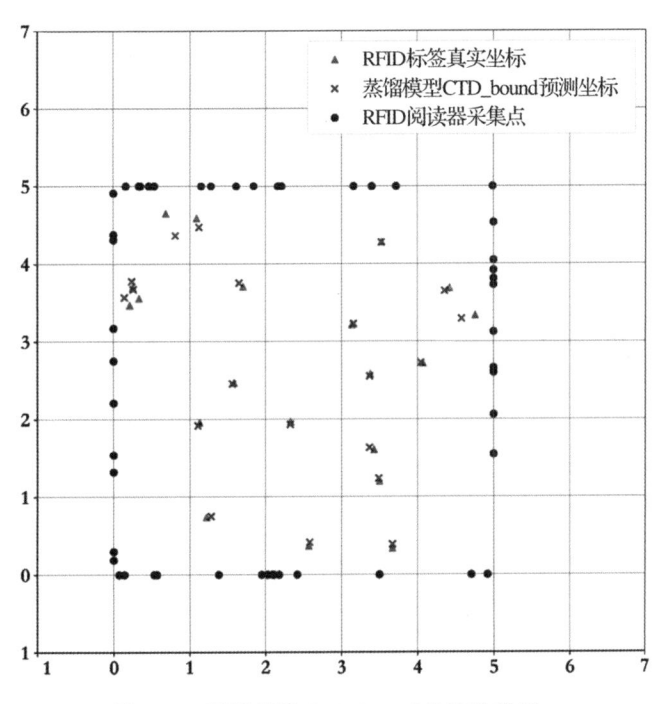

图 3-44　蒸馏模型 CTD_bound 的定位效果

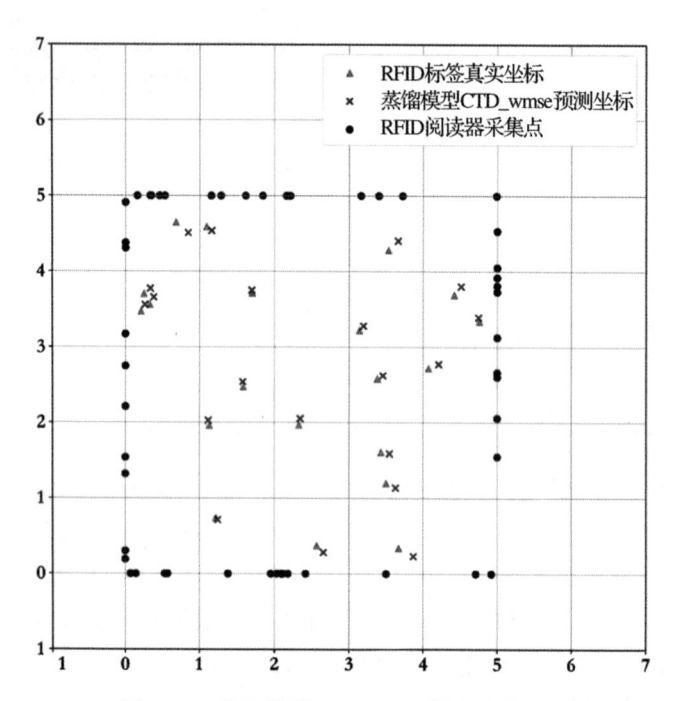

图 3-45 蒸馏模型 CTD_wmse 的定位效果

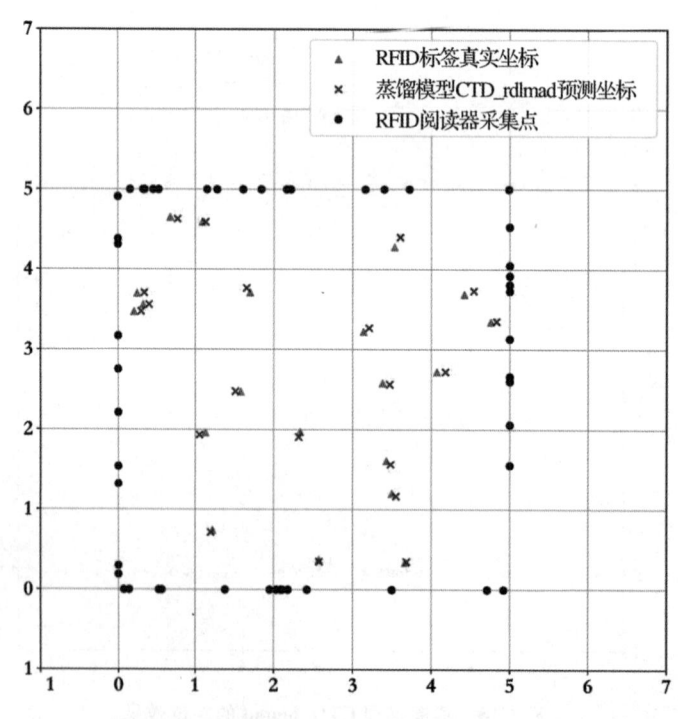

图 3-46 蒸馏模型 CTD_rdlmad 的定位效果

从表 3-18 可以看到,使用室内定位的蒸馏模型可以在控制参数量和存储空间的条件下,保持室内定位的精度靠近原始的教师模型 CTT。通过知识蒸馏,实现了知识从教师模型传递到学生模型,达到了高精度低存储的室内定位目标。

表 3-18 室内定位模型对比

模型名称	MAE	RMSE	R^2	MAPE	参数量	存储空间
CTT	0.047	0.057	0.998	0.043	500 W	5 MB
CTS	0.071	0.111	0.994	0.214	40 W	468 KB
CTD	0.054	0.057	0.999	0.048	40 W	468 KB

3.5 本章小结

本章深入探讨了基于 RFID 的室内定位技术,并提出了多种优化方法以提高定位精度和效率。首先,介绍了一种多模态室内定位网络(MMIPN),该网络利用 RFID 和 Wi-Fi 数据,通过深度学习模型处理高维稀疏数据,显著提升了室内定位的准确性。MMIPN 模型由嵌入层、求和池化层和全连接层组成,能够有效处理不同模态和长度的数据,通过特征提取和高阶特征交叉,实现了对室内位置的精确预测。

进一步地,本章提出了一种基于注意力机制的多模态室内定位方法,通过引入位置激活单元(PAU)和自适应正则化方法,进一步提升了定位精度并增强了模型的泛化能力。PAU 算法通过动态权重分配,结合 Wi-Fi 数据的全局信息和 RFID 数据的位置信息,优化了特征的重要性评估。自适应正则化方法则根据特征的重要程度,对模型参数进行不同程度的惩罚,有效防止了过拟合现象。

此外,本章还探讨了多目标优化算法在 RFID 室内定位模型优化中的应用,特别是提出了邻域自适应调整策略(VANA),该策略通过动态调整邻域大小,提高了多目标优化算法在室内定位问题上的性能。通过实验对比,验证了 VANA 策略在不同数据集上的有效性,展现了其在多目标优化问题中的潜力。

在知识蒸馏方面,本章设计了三种损失函数,通过多目标优化算法对这些损失函数中的超参数进行调优,实现了教师模型中的知识向学生模型的有效迁移。实验结果表明,经过知识蒸馏的学生模型在保持较低参数量和存储空间的同时,能够达到接近教师模型的定位精度,验证了知识蒸馏在室内定位模型轻量化中的有效性。

总体而言,本章通过提出多种创新方法,显著提升了基于RFID的室内定位技术的性能,为室内定位领域的研究和应用提供了参考和指导。

第4章

基于卷积网络和对比学习的 RFID 室内人体行为识别研究

4.1 基于时域注意力卷积网络的室内人体行为识别研究

人体行为识别研究的关键是将采集到的人体行为数据转化为计算机能够理解和处理的数据形式,并从中提取出最具代表性的特征,以实现对不同行为的分类[30]。其中,特征提取是人体行为识别的重要步骤。通过特征提取,可以从原始数据中提取出最能代表人体行为的特征,例如人体的位置、加速度、角速度、姿态等。这些特征不仅能够反映人体行为的本质特征,还具有一定的区分性,能够帮助分类器准确判别不同的行为。

基于 RFID 的室内人体行为识别技术最大的挑战在于如何处理室内环境下 RFID 行为数据的多样性和复杂性[31]。传统的基于机器学习算法的行为识别技术需要进行手动特征提取,这需要领域专家花费大量时间和精力进行特征工程。但是特征提取的效果往往取决于专家经验和领域知识。现有的一些基于深度学习的人体行为识别模型也存在不足,其中最主要的是对 RFID 行为数据的时序性特征和关键信息提取不足。在以 RFID 为代表的传感器所获取到的数据中,时间序列信息是行为序列数据中最为重要的信息之一,决定着行为识别效果的好坏。此外,人体行为通常包括一系列动作,其中某些 RSSI 值所组成的序列数据可能比其他 RSSI 值所形成的序列数据更具有代表性和信息量。综上所述,要想获得高准确率的 RFID 室内人体行为识别模型,需要综合考虑RFID行为数据的时序信息和关键信息的提取。

为此,本章提出了一个基于时域注意力卷积网络(temporal attention convolutional network,TACN)的人体行为识别模型,该模型使用卷积操作以捕捉行为数据时间依赖关系,增加注意力模块以关注行为数据高价值特征。相比于一般的人体行为识别模型,TACN模型在面对基于RFID的室内行为识别任务时具有以下优点:通过引入膨胀卷积技术逐层扩大卷积核的感受野,从而实现了在不过多增加参数数量的情况下,增强行为识别模型对时序行为数据的处理能力;应用残差思想,采用跳跃连接的形式避免TACN模型网络深度的增加而导致的梯度消失问题;利用注意力机制适当忽略大量无效或者相对不重要的行为序列数据,并给予重要信息更高的权重,以进一步提高行为识别的准确率。

4.1.1 基于TACN的RFID室内人体行为识别模型设计

4.1.1.1 任务定义

室内场景下的RFID行为识别可以被视为一个典型的模式识别任务,即通过计算方法,将行为样本根据其特征识别到特定的行为类别中。针对该任务,本节的数学化语言定义如下:本节假设A代表室内场景下的行为集合,假设$\bm{X}$代表通过RFID阅读器所采集的行为序列矩阵,见式(4-1)和式(4-2)。

$$A = \{A_1, A_2, \cdots, A_m\} \tag{4-1}$$

$$\bm{X} = \{\bm{X}_1, \bm{X}_2, \cdots, \bm{X}_t\} \tag{4-2}$$

其中,m代表行为类别的数量。$\bm{X}_t$表示RFID阅读器在t时刻采集到的RSS值所组成的列向量。本节将行为序列矩阵输入TACN模型,经过计算,得到预测的行为类别序列$\widetilde{A}$,而真实的行为类别为A^*,见式(4-3)和式(4-4)。

$$\widetilde{A} = \text{TACN}(\bm{X}) = \{\widetilde{A}_j\}_{j=1}^n, \widetilde{A}_j \in A \tag{4-3}$$

$$A^* = \{\widetilde{A}_j\}_{j=1}^n, A_j^* \in A \tag{4-4}$$

行为识别模型的目的就是通过训练模型TACN以缩小预测行为类别$\widetilde{A}$和真实行为类别A^*之间的差异,通过构造损失函数$\text{Loss}(\text{TACN}(\bm{X}), A^*)$来表示两者差异。因此,本章的主要目标就是搭建一个基于TACN的RFID室内人体行为识别模型,以便利用RFID行为数据$\bm{X}$,实现高准确率的行为识别。

4.1.1.2 TACN模型概述

本节研究的基于TACN的RFID室内人体行为识别模型与传统的深度

学习行为识别模型的差别,针对RFID行为序列数据中隐藏的时序信息,引入因果卷积[32]以捕获行为序列数据中的时间依赖关系,同时,考虑到因果卷积难以捕捉长时间行为序列数据的长期依赖,引入膨胀卷积[33]扩大感受野,最后利用注意力机制抓取行为数据中高价值高信息部分,以提高行为识别的效率和准确性。其模型框架如图4-1所示。

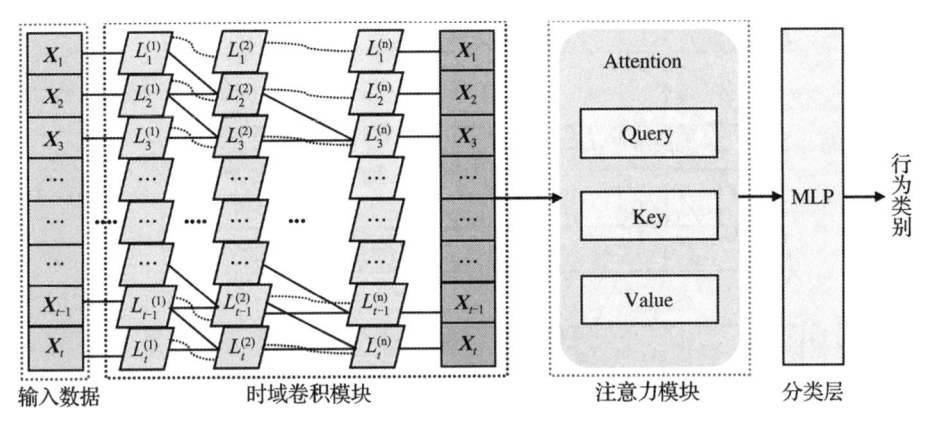

图4-1 TACN模型框架

图4-1中,TACN的模型主要由两部分组成:时域卷积模块和注意力模块。在时域卷积模块中,本节采用因果卷积的卷积操作,其目的是在处理RFID行为数据时,输出信号仅仅依赖于当前时间步及之前的行为数据,保证行为序列数据的因果关系;同时,引入膨胀卷积使得TACN模型在保持卷积核参数量不变的基础上,扩大感受范围,捕获长距离的RFID行为数据依赖关系;并使用残差连接,使得不同级别的行为数据特征拼接在一起,达到增加特征多样性和加快训练的目的。在注意力模块中,本节引入注意力机制帮助TACN模型在处理RFID行为时序数据时关注更具有代表性的时刻,并自动为不同重要程度的特征分配合适的权重,从而提高行为识别的性能。

4.1.1.3 时域卷积模块

在时域卷积模块中,为了保证输出序列和输入序列具有相同的长度,在每层应用零填充(zero-padding)。该模块采用全卷积网络架构以实现高效运算,其将具有不同核大小的膨胀卷积和因果卷积应用于时域卷积模块的隐藏层。在第t个时刻计算第l层的中间变量需要经过以下三个步骤,如图4-2所示。

①对于第$l-1$层的中间变量:$I_t^{l-1}=\{i_1^{l-1},i_2^{l-1},\cdots,i_t^{l-1}\}$经过因果卷积层输出$C_t^{l-1}=\mathrm{Conv}(I_t^{l-1})$,其中,$C_t^{l-1}=\{c_1^{l-1},c_2^{l-1},\cdots,c_t^{l-1}\}$,为了保持每一层的

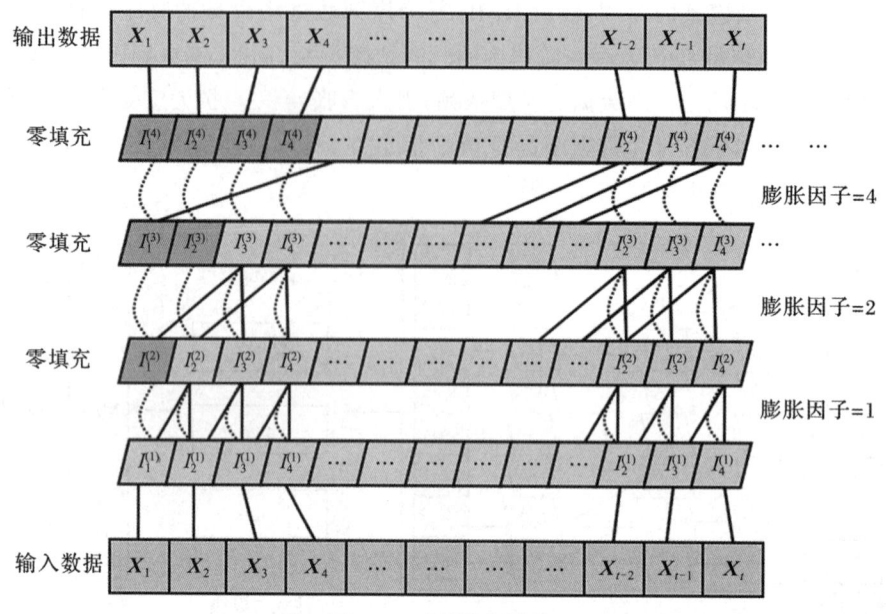

图 4-2 时域卷积模块

输入和输出长度相同,如图 4-2 所示,在左侧使用零填充。

②膨胀卷积操作根据隐藏层所对应的膨胀因子跳过一部分输入值,对大于其大小的区域应用过滤器(filter)进行卷积工作。通过使用膨胀卷积,可以扩大卷积核的感受野,从而有效提取全局信息。在本节使用的 TACN 模型中,膨胀因子(dilation rate)的大小随着网络深度的增加呈指数增长,第 l 层的膨胀因子为 2^l,如图 4-2 右侧的标记所示。

③在特征向量通过激活函数得到第 l 层的中间变量 $I_t^l = \{i_1^l, i_2^l, \cdots, i_t^l\}$ 之前,加入残差模块,如图 4-2 中的虚线所示。本小节利用残差模块的跳跃连接在输入和输出之间添加了一条直接的、短路的连接,防止随着网络深度增加而出现的网络退化问题产生,使得模型能够在训练过程中学习更多的 RFID 行为信息,从而更快地收敛,提高模型的识别性能和效率。

(1)因果卷积

本小节的人体行为识别研究是指通过 RFID 阅读器收集的人体运动数据来识别人体的运动行为,这些行为数据往往是序列数据。序列数据中的时间依赖关系是该类数据中最重要的信息之一。因此,能否有效地捕捉时间依赖关系决定了人体行为识别准确率的高低。

因果卷积是一种特殊的卷积神经网络,其特点是输出仅依赖于输入序列中的过去值,不依赖于未来值。换句话说,通过因果卷积所输出的数据中的元素值只依赖于输入时间数据中它之前的元素。而这与行为识别的逻辑是一致的。以挥手动作为例,行为人并不需要做完整个动作,我们就能分辨出行为人是在挥手,这就意味着挥手这个行为动作是存在先后依赖关系的。因此,本节搭建的 TACN 模型利用因果卷积神经网络学习行为序列矩阵 $\boldsymbol{X}$ 中的时间因果关联,以利用行为数据中的时序信息提高行为识别模型的准确率。

如图 4-3 所示,本节展示了一个输入长度为 4 且内核大小为 2 的因果卷积神经网络。其中 1 号方块的输出值取决于输入序列中的 i_t^{l-1} 和 i_{t-1}^{l-1}。2 号方块的输出值取决于输入序列中的 i_{t-1}^{l-1} 和 i_{t-2}^{l-1},以此类推,就可以得到所有方块的输出值。同时,为了获得与输入序列长度相同的输出序列并遵守因果关系规则,本小节在输入序列的左侧实行零填充操作。其中,当膨胀因子为 1 时,输入序列左侧的零填充数始终等于内核大小数减 1。

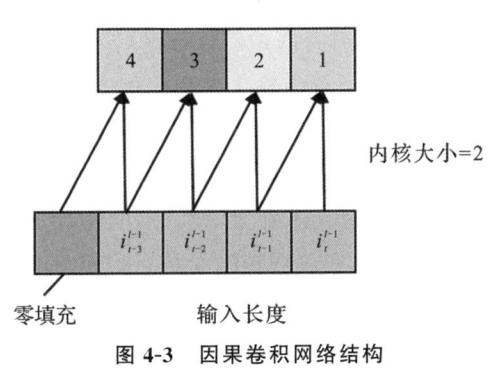

图 4-3 因果卷积网络结构

(2) 膨胀卷积

在行为识别的实际应用场景中,输入的 RFID 行为数据存在大量的长时间行为序列。但是从因果卷积网络的结构来看,可以发现一个问题:随着 RFID 行为序列的不断增加,因果卷积的网络结构会导致网络层数和参数量增加,在一定程度上会发生过拟合等问题,而这将会对行为识别的准确率造成一定的影响。

如图 4-3 所示,1 号方块的输出值仅仅取决于输入序列中的 i_t^{l-1} 和 i_{t-1}^{l-1},但是在长时间行为序列识别的过程中,1 号方块的输出值可能取决于 i_{t-n}^{l-1} 和 i_{t-n+1}^{l-1},其中 $n>1$。尽管可以通过不断增加网络深度、网络层数的方法逐渐扩大信息的捕捉视野,但随之带来的是网络参数的成倍增加、梯度消失以及训练难度的加大。因此,本节引入膨胀卷积的方式来扩大因果卷积的感受视野。

膨胀卷积是一种卷积神经网络中的操作,与传统卷积稍有不同的是,膨胀卷积引入膨胀因子的概念,使得卷积核内部增加了一定的跨度,从而在不增加卷积参数数量的情况下增大了感受野。

图 4-4 展示了传统因果卷积与膨胀因果卷积的网络结构图。

(a) 传统因果卷积网络　　　　　　(b) 膨胀因果卷积网络

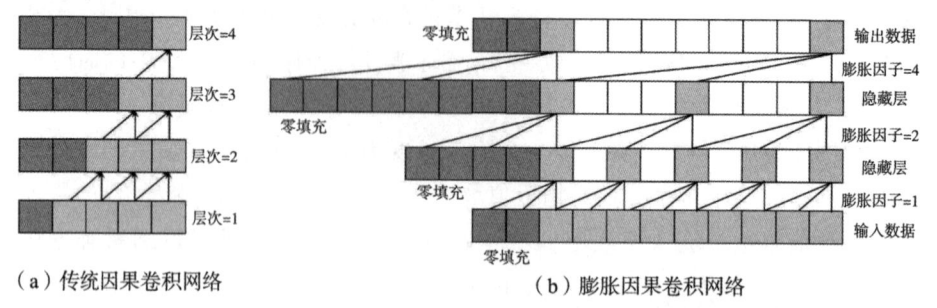

图 4-4　传统因果卷积与膨胀因果卷积的网络结构

如图 4-4 所示,引入膨胀因子后,膨胀因果卷积可以有效地提高行为识别模型的感知范围,捕捉更大范围内的 RFID 行为特征。以图 4-4(a) 中右上角浅色方块为例,该元素值包含了行为输入序列中的 4 个元素信息,使用了层网络的参数量。而图 4-4(b) 中右上角深色方块在使用了 3 层网络参数量的基础上,却包含了行为输入序列中的 9 个元素信息。

因此,在基于 RFID 的室内人体行为识别中,利用膨胀卷积可以扩大卷积核的有效区域。长时间行为序列数据膨胀卷积可以更好地捕捉到行为序列中的全局和局部特征,从而提高模型性能、减少计算复杂度。

(3) 残差模块

Bai S 等人在其研究中建议对基本时域卷积网络架构进行一些改进以提高性能[34]。最重要的是将模型的基本构建块从简单的因果卷积层更改为由具有相同膨胀因子和残差连接的两个构建层组成的残差块。两个构建层的输出被添加到残差块的输入,作为下一个残差块的输入。同时,考虑到第一个残差块的第一个卷积层和最后一个残差块的第二个卷积层可能具有不同的输入和输出通道宽度,本节使用 1×1 卷积来调整残差张量的宽度。此外,本节对隐藏层的输入进行归一化处理以避免梯度爆炸问题,并对每个卷积层进行权重归一化处理。同时,为了增加了网络各层之间的非线性关系,ReLU 函数被添加到两个卷积层之后的残差块中。最后,在每个残差块的卷积层之后引入 Dropout 层,并引入了正则化,以防止行为识别模型过拟合。图 4-5 展示了最终残差模块的结构,其中 k,d 分别代表了内核大小及膨胀因子。

4.1.1.4　注意力模块

前文已介绍过,在深度学习领域,一般认为模型的层数与参数量越多,表

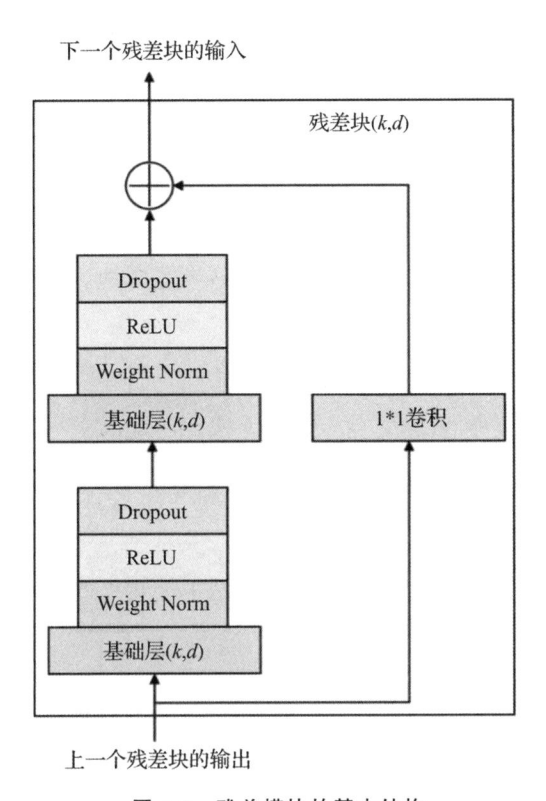

图 4-5 残差模块的基本结构

达能力越强,能够捕获更多特征信息。但这可能导致模型对重要特征与次要特征分配相同注意力,导致信息过载。注意力机制可通过全局扫描识别关键目标区域,投入更多注意力资源获取详细信息,忽略不重要信息和无关信息,解决信息过载问题,提高行为识别的效率和准确性。

注意力机制的基本原理是将元素视为一系列<key,value>对。给定某个元素 query 作为目标,通过计算 query 与每个关键字之间的相似度或相关性,获得每个关键字对应值的权重系数,然后对该值进行加权求和,从而获得最终的注意力值。因此,本质上,注意力机制是对源元素的值进行加权求和,并使用 query 和 key 来计算相应值的权重系数。其基本公式见式(4-5),其中 len 指本小节实验所收集到的 RFID 行为数据的长度。

$$\text{Att}(\text{query}, \text{source}) = \sum_{i=1}^{len} \text{similarity}(\text{query}_i, \text{key}_i) * \text{value}_i \quad (4\text{-}5)$$

在注意力模块中,注意力计算可分为以下三个阶段:

①第一阶段:根据 query 和 key_i 计算它们的相似度和相关性。本节通过

找到两个行为向量的乘积来计算相似度,如式(4-6)所示。

$$\text{similarity}(\text{query}, \text{key}_i) = \text{query} * \text{key}_i \quad (4\text{-}6)$$

②第二阶段:使用 Softmax 的计算方法对第一部分中计算得到的相似度值进行数值转换。通过 Softmax 算法归一化计算出相似度,并将其作为特征的重要性权重,具体计算公式如式(4-7)所示。

$$a_i = \text{softmax}(\text{similarity}_i) = \frac{e^{\text{similarity}_i}}{\sum_{i=1}^{\text{len}} e^{\text{similarity}_i}} \quad (4\text{-}7)$$

③第三阶段:只需进行加权求和即可得到 attention 的值,如公式(4-8)所示。

$$\text{Att}(\text{query}, \text{source}) = \sum_{i=1}^{\text{Len}} a_i * \text{value}_i \quad (4\text{-}8)$$

TCAN 模型中注意力模块的 attention 值完全符合上述三阶段抽象计算过程,计算架构如图 4-6 所示。

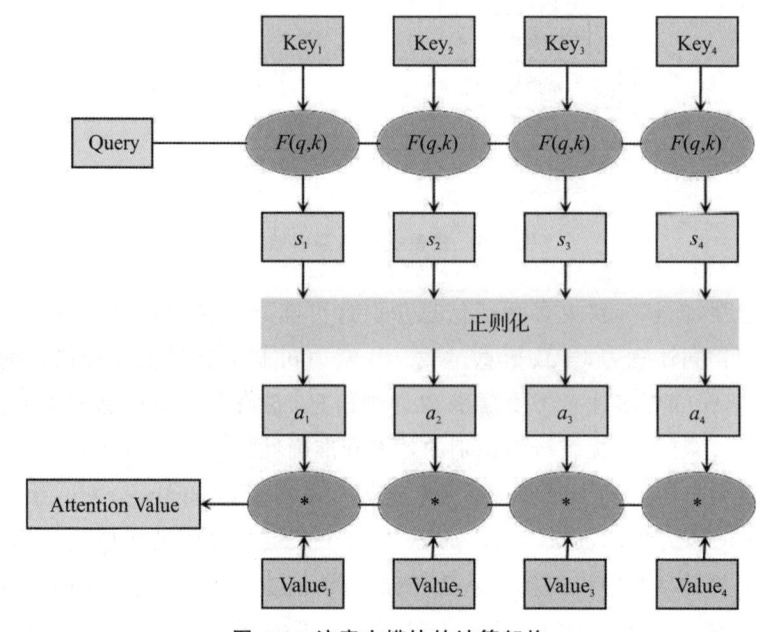

图 4-6 注意力模块的计算架构

4.1.1.5 基于 TACN 的室内人体行为识别的方法流程

结合上文,本节提出一个基于时域注意力卷积网络的 RFID 人体行为识别模型,可以对 RFID 系统所采集的行为序列数据进行特征提取并实现行为识别,其原理如图 4-7 所示。

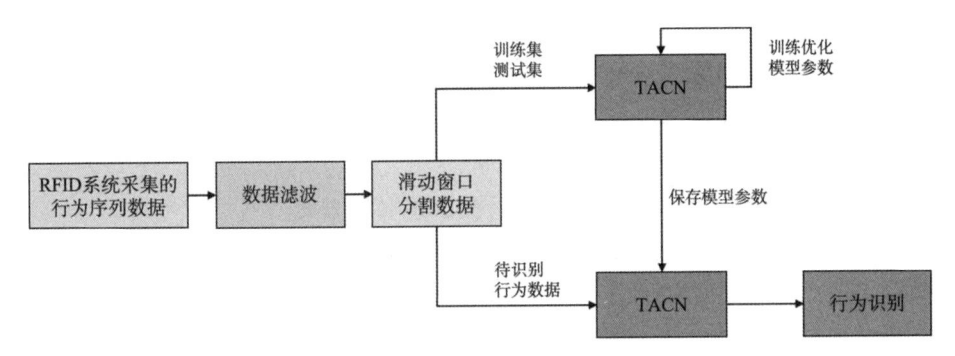

图 4-7　基于时域卷积网络的 RFID 行为识别方法原理

该方法的具体流程如下所示。

(1) 对原始数据执行数据过滤的预处理操作

将 RFID 系统收集到的行为序列数据输入滤波器,经过高斯滤波处理后,达到消除噪声和平滑数据的目的。

(2) 通过滑动窗口方式对 RFID 行为数据进行分割

为确保每个完整的动作数据都能被一个滑动窗口涵盖,需要基于阅读器与标签的通信频率以及行为动作完成时长来设定窗口长度。在本小节数据采集实验中,RFID 阅读器与标签的通信频率为 20 Hz/s,即每秒生成 20 行数据。同时,考虑到每个行为动作需要 1~2 s 的完成时间,分别选择窗口长度为 20、40、60 的滑动窗口对行为数据进行分段处理。后续实验将验证不同窗口尺寸的识别效果。

(3) 模型训练阶段

将步骤(2)中获得的行为序列数据输入 TACN 模型进行计算,获得识别结果,将识别结果与实际标签进行比较,计算损失函数值。通过优化交叉熵损失函数值,进行参数更新,训练 TACN 模型。学习率是一个超参数,用以控制模型训练速度。过大的学习率可能导致参数更新波动较大,难以寻找最佳参数;过小的学习率则会导致参数收敛缓慢,训练时间较长,且容易陷入局部最小值。最后,在模型达到评价指标或超过预定迭代次数后,停止训练。这时保存模型参数并生成行为识别模型,以便识别新采集的未标注数据。

4.1.2　实验设计与结果分析

4.1.2.1　实验方案设计

本章实验设置了如下两个对比实验:

(1) 滑动窗口分割动作长度对比方案

本方案将采用深度学习室内人体行为识别模型,包括 RNN、LSTM、GRU 作为基准行为识别模型进行实验比对,为后续行为识别实验选择合适的滑动窗口尺寸。本实验评价指标选用准确率。

(2) 时域神经网络行为识别模型及其改进对比方案

本方案将对比包括 RNN、LSTM、GRU、TCN(temporal convolutional network,时域卷积网络)和本章提出的 TACN 人体行为识别在内的人体行为识别模型进行比对,并从两个维度展开实验研究:从资源效率比的角度出发,旨在验证资源消耗在同一数量级时,TACN 模型相比于基准模型在 RFID 室内人体行为识别研究中的优势。实验采用了准确率、总参数量、模型所占空间和预测耗时等作为评价指标;从多分类评价指标角度出发,验证本书所提出的 TACN 模型在基于 RFID 人体行为识别的分类效果上全面优于基准模型。该方案的评价指标包括准确率、宏平均精确率、宏平均召回率、宏平均 F1 分数等指标。

4.1.2.2 实验结果分析

本节将依据 4.1.2.1 节中所预设的对比方案进行实验,并分析对比实验结果。首先,本节采用 RNN、LSTM、GRU 作为基准行为识别模型进行实验比对以确定合适的滑动窗口尺寸。图 4-8 展示了在分割长度分别为 20、40 和 60 时基准模型的行为识别准确率。

如图 4-8 所示,在三种不同的滑动窗口尺寸设置下,GRU 行为识别模型分别以 76.84%、79.35% 和 75.89% 的识别准确率取得最佳的行为识别效果,其次为 LSTM 行为识别模型,最后为 RNN 行为识别模型。其中窗口尺寸为 40 时,整体识别率是最高的。考虑到本节数据量较小,GRU 行为识别模型凭借着更简单的网络结构获得了比 LSTM 行为识别模型更高的识别率是完全符合预期的。RNN 行为识别模型则表现不佳,可以发现,随着滑动窗口尺寸的不断扩大,RNN 模型的行为识别率逐步降低,这与 RNN 网络存在的梯度消失问题相关,其导致了 RNN 行为识别模型在学习 RFID 行为数据的长期依赖关系时效果较差。同时,经过仔细观察会发现,滑动窗口尺寸越大,行为数据时序信息更丰富时,RNN 行为识别模型识别效果与 LSTM、GRU 行为识别效果差距越大,侧面说明了相较于 RNN 网络,LSTM 和 GRU 对长时间行为序列具有较为鲁棒的识别性能。因此,在综合考虑行为识别模型工作机制和滑动窗口分割动作长度对比方案实验结果的基础上,为实现最优行为识别模型性能,在本节后续实验中,滑动窗口大小统一设置为 40。

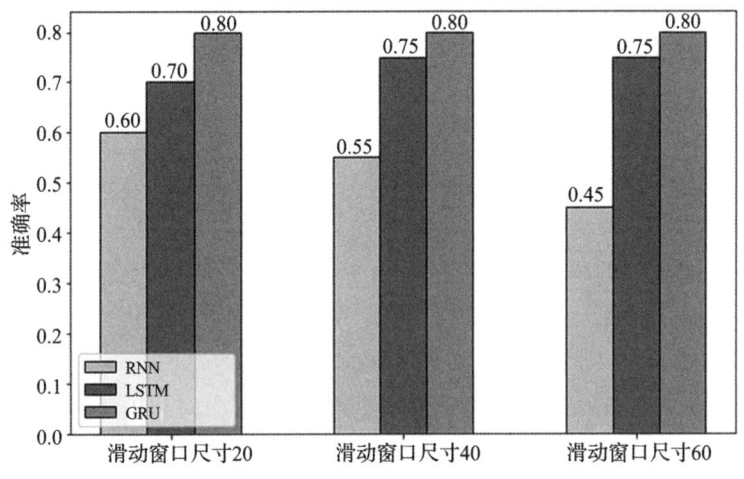

图 4-8　滑动窗口分割动作长度对比结果

在时域神经网络行为识别算法对比方案中,本小节首先对 RNN、LSTM、GRU、TCN 和 TACN 行为识别模型进行训练,并记录其训练过程的准确率变化情况,如图 4-9 所示。

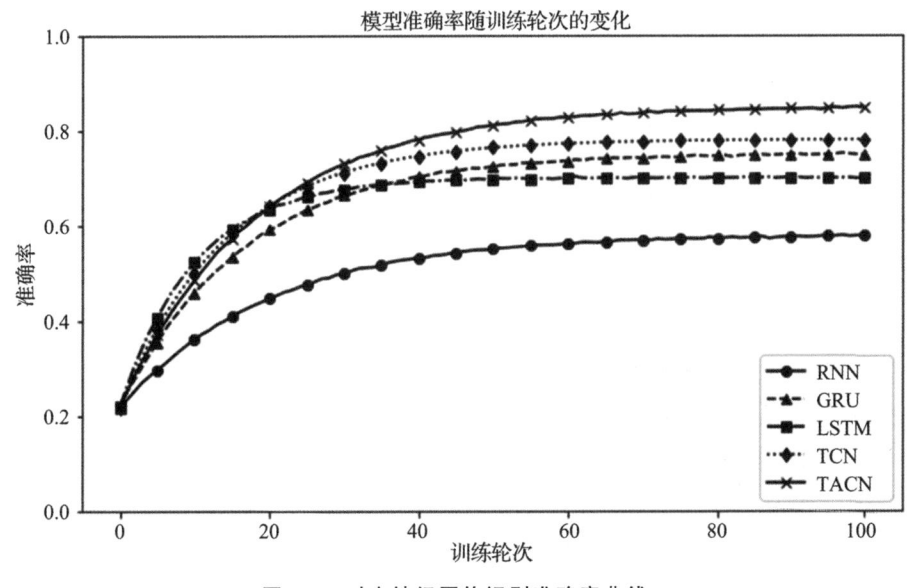

图 4-9　时序神经网络识别准确率曲线

在图 4-9 中,可以直观地看出相比于 LSTM、GRU 和 TCN 等行为识别模型的识别效果,本书所提出的 TACN 模型行为识别准确率最高,同时也是收敛得最快的行为识别模型。这表明在面对 RFID 行为数据集时,TACN 模型既能做到有效捕获到 RFID 行为数据的时序信息，又能利用 TACN 行为识别模型中的注意力机制更快、更多地关注到更多高价值和有代表性的行为特征上，从而提高行为识别的准确性和效率。

表 4-1 展示了 RNN、LSTM、GRU、TCN 和 TACN 这五种时域神经网络人体行为识别准确率、总参数量、模型所占空间和预测耗时等评价指标的具体数值。定量来看，与常见的时序神经网络 RNN、LSTM、GRU 行为识别模型相比，TACN 模型的准确率提高了 10.09%～30.09%。与标准 TCN 模型相比，本书所提出的 TACN 模型将行为识别准确率提高了 7.42%，这也验证了注意力机制在针对 RFID 行为数据识别时的有效性。同时，从资源效率比的角度出发，笔者发现，TACN 模型在总参数量、所占空间和预测耗时等指标上相较于基准模型并没有大幅度提升，表明了在计算资源和模型复杂度处于同一数量级的前提下，TACN 模型实现了较高精度的行为识别效果。从某种程度上说，这意味着在实际行为识别应用中，TCAN 模型可以对室内人体行为进行实时有效的检测和识别。

表 4-1 时域神经网络资源效率比结果

模型	准确率	总参数量	所占空间	预测耗时
RNN	59.35%	6150	24 KB	68 ms
LSTM	71.28%	23430	91 KB	167 ms
GRU	79.35%	17670	69 KB	149 ms
TCN	82.02%	27702	108 KB	333 ms
TACN	89.44%	34758	135 KB	364 ms

表 4-2 展示了各类行为识别模型在测试数据上的各项评价指标数值，包括准确率、宏平均精确率、宏平均召回率和宏平均 F1 分数等。从表中可以发现，相较于基准模型，TACN 模型的宏平均精确率提高了 7.95%～36.48%，宏平均召回率提高了 5.75%～28.66%，宏平均 F1 分数提高了 7.43%～32.19%。TACN 模型在行为识别的各项指标上均取得了最优性能，验证了本节所提出的基于 TCAN 模型的室内行为识别技术方案的优越性。

表 4-2 时域神经网络多分类评价指标结果

模型	准确率	宏平均精确率	宏平均召回率	宏平均 F1 分数
RNN	59.35%	52.46%	58.55%	56.44%
LSTM	71.28%	70.11%	68.56%	69.44%
GRU	79.35%	75.64%	77.69%	76.23%
TCN	82.02%	80.99%	81.46%	81.20%
TACN	89.44%	88.94%	87.21%	88.63%

4.2 基于对比学习框架的室内人体行为识别研究

前文介绍了基于时域注意力卷积网络的人体行为识别模型,相比于一般基于时序神经网络的行为识别模型,行为识别准确率得到了较大提升。但值得注意的是,取得高准确行为识别率的前提是依赖于大量的有标记行为数据集[35]。在实际的基于 RFID 技术的人体行为识别任务中,由于环境背景多变化以及人工标注价格昂贵等客观因素,通常很难获得大量有标记且可靠的 RFID 行为识别数据集,导致传统的行为识别模型很难对该类行为数据集实现有效的分类[36]。

对比学习(contrastive learning)作为一种自监督学习方法,因其不依赖数据集标签的特性在近些年受到广泛关注[37]。它通过比较相似和不相似的数据对之间的差异来学习特征表示。在人体行为识别领域,通过引入对比学习思想,模型可以从无标签数据集中学习有效的特征表示,提高行为识别的准确性和泛化能力[38]。

针对实际应用场景中有效标记的 RFID 行为数据少而导致识别准确率低的问题,本节提出一种基于 CLTrans(contrastive learning transformer)的 RFID 室内人体行为识别模型。该方案利用对比学习思想,构建一种基于 RFID 行为数据集的预训练模型,通过选择合适的对比损失函数,将相似的行为样本映射到相近的特征空间,而将不相似的行为样本映射到远离的特征空间,使得预训练模型在无监督环境下学习到更为鲁棒和可区分的特征表示,为后续有监督行为识别任务打下基础。同时,还提出了一个微调模型,利用有标签数据对微调模型中的编码器和分类层参数进行调整,从而实现对行为识别性能的进一步优化。

相较于传统的人体行为识别方法,本节所提出的基于 CLTrans 的室内人体行为识别方法不需要花费大量人力物力对 RFID 行为数据样本进行分类标注工作,而是利用行为数据样本间的相似性信息进行行为特征提取,并利用少量有标记行为样本对模型进行微调,以实现目标场景下的高精度行为识别,在降低行为识别方案技术成本的同时,有效提高小样本 RFID 行为数据集上的行为识别准确率。

4.2.1 基于 RFID 室内人体行为识别的对比预训练设计

4.2.1.1 对比预训练模型概述

本小节提出了一个基于 RFID 室内人体行为识别的对比预训练模型。其主要目标是在无标签 RFID 行为数据集环境下,学习行为数据的特征表示,针对少样本 RFID 人体行为识别问题训练一个效果优良的行为数据特征提取层。预训练模型利用对比学习思想,通过比较和区分大量无标记行为数据集中的数据相似性和差异性来学习行为数据的表示。

如图 4-10 所示,基于 RFID 室内人体行为识别的对比预训练模型主要由数据扩充模块和编码器(encoder)模块两个核心部分组成。数据扩充模块对原始数据执行噪声添加与翻转等操作,从而为每个样本生成一对无标签行为数据集的样本对。在编码器模块,利用 Transformer 对数据样本进行特征提取,从而得到 RFID 行为样本的特征向量。最后,模型通过计算样本对之间的对比损失以实现在无标签的场景下训练用于 RFID 室内人体行为识别的预训练模型。

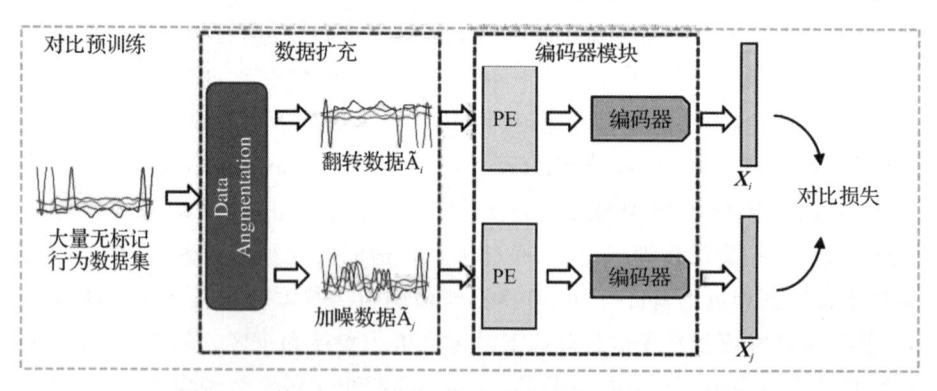

图 4-10 基于 RFID 人体行为识别的对比预训练模型框架

4.2.1.2 数据扩充模块

本节在数据扩充模块中对原始 RFID 行为数据进行加噪和翻转工作,其主要有以下三点目的。

一是加噪和翻转原有行为数据样本,生成更多的样本数据,构建正负样本对,增加训练集的多样性;

二是考虑到 RFID 阅读器数据受到环境噪声、设备误差等因素的影响,加噪声可以模拟实际环境中传感器数据的噪声和随机变化,提高行为识别模型的实用性和应用效果,增强对于噪声数据的预测能力;

三是利用翻转数据这一数据增强手段,使行为识别模型学习不同角度和方向的行为数据,提高训练难度,防止模型对于特定方向的过拟合,使模型更加健壮。

其中,本节选择加入的噪声数据为服从正态分布的高斯噪声数据,这是由于 RFID 系统硬件的自身噪声、RFID 传感器因长期工作而导致的温度过高所产生的噪声分布与高斯噪声相比,差异较小。图 4-11 展示了对部分原始行为数据和加高斯噪声后行为数据的可视化结果,其横坐标代表时间轴,纵坐标代表 RSSI 值。

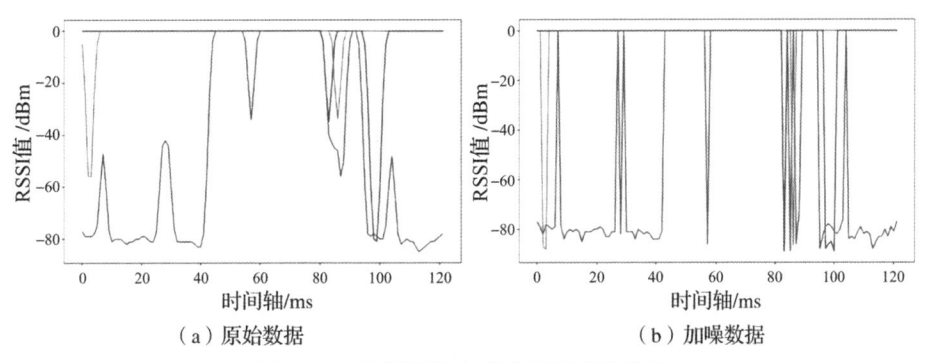

图 4-11 原始数据、加噪数据可视化结果

4.2.1.3 编码器模块

在对比预训练中,编码器模块负责将经过数据扩充后的行为数据嵌入高维特征表示中。编码器模块的作用是提取有意义的特征,使得行为识别模型能够捕捉行为数据中的特征表示。

针对基于 RFID 的人体行为识别任务,考虑到 RFID 行为数据的时序性特征和关键信息提取能力是决定行为识别效果优劣的关键,本节的编码器模块选择使用 Transformer 结构,主要原因有以下三点:一是 Transformer 模型能够更好地捕捉行为数据的长距离依赖关系;二是多头注意力机制可以从多个角度捕捉行为数据的信息,从而有助于理解和表示人体行为;三是考虑到多头注意力机制通过关注不同表示子空间的特征,有助于提高模型的泛化性能,这意味着本书所提出的预训练框架在面对新的或相近的行为数据集时,能够更好地进行预测。

编码器模块的框架如图 4-12 所示。

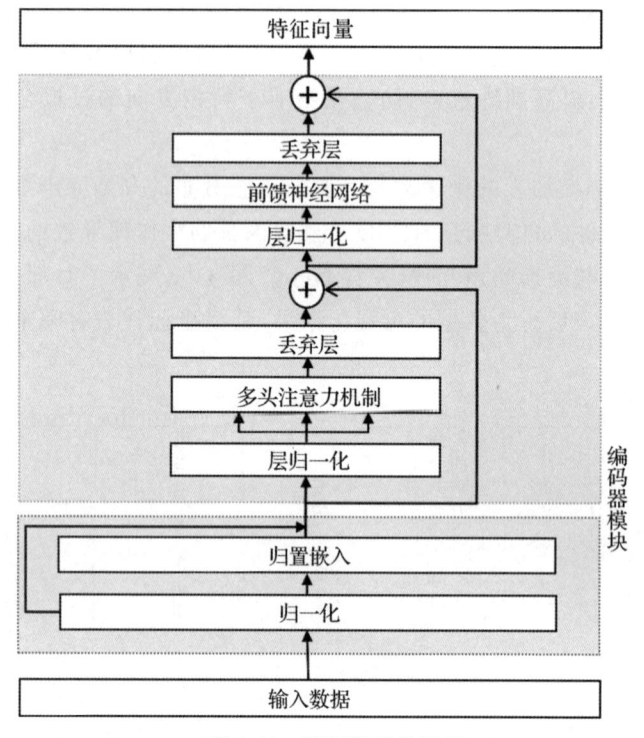

图 4-12 编码器模块框架

如图 4-12 所示,可以发现,编码器模块中最重要的两部分便是位置编码(position embedding)和多头注意力机制(multi-head attention)。接下来,本节将阐述这两部分内容的工作原理以及其在 RFID 人体行为识别中所发挥的作用。

(1)位置编码

位置编码是一种用于向输入序列中的每个位置添加位置信息的技术,最早由谷歌团队于 2017 年发表的"Attention Is All You Need"[28]一文中所提出。由于 Transformer 模型中不使用卷积或循环结构来处理序列数据,而是直接对所有输入位置进行注意力计算,因此需要将位置信息以某种方式传递给模型。

我们知道相同的单词在句子中出现的先后位置不同表示的意思可能是完全不同的,对于 RFID 行为数据来说也是如此,相同的接收信号强度指示值出现在不同的位置导致所表达出来的行为含义大不相同。本小节使用位置编码的目的是为行为序列中的每个元素添加一个位置向量,从而使模型能够区分不同位置的元素并捕捉顺序关系。通过将位置编码与输入序列的原始表示相加,行为识别模型可以在处理 RFID 行为序列数据时,同时考虑元素的内容和位置信息,从而提高行为识别准确率。

本书使用的是一种基于正弦和余弦函数的固定位置编码方法。这种方法能够生成独特的、连续的位置编码向量,同时还具有良好的泛化能力。其计算方法如式(4-9)和式(4-10)所示。

$$\mathrm{PE}(\mathrm{pos},2i) = \sin\left(\frac{\mathrm{pos}}{10000^{\frac{2i}{d_{\mathrm{model}}}}}\right) \tag{4-9}$$

$$\mathrm{PE}(\mathrm{pos},2i+1) = \cos\left(\frac{\mathrm{pos}}{10000^{\frac{2i}{d_{\mathrm{model}}}}}\right) \tag{4-10}$$

pos 表示人体行为在行为序列数据集合中的位置,i 表示维度序号,d_{model} 表示嵌入向量的维度。

(2)多头注意力机制

多头注意力机制是单头注意力机制的一种演化形式。在 RFID 人体行为识别的应用场景下,单头注意力机制存在一个缺陷:RFID 行为序列数据具有较为复杂的结构和关系,单头注意力机制的表达能力较弱,可能无法充分捕捉序列中的多样性。与单头注意力机制不同,多头注意力机制能够同时关注不同的位置信息,通过将查询矩阵、键矩阵和值矩阵分解为多组子注意力机制矩阵,分别在不同空间进行信息学习,提高模型对输入的 RFID 行为序列的表征能力。多头注意力机制可用式(4-11)和式(4-12)表示。

$$\mathrm{MultiHead}(\boldsymbol{Q},\boldsymbol{K},\boldsymbol{V}) = \mathrm{concat}(h_1,\cdots,h_h)\boldsymbol{W}^o \tag{4-11}$$

$$\mathrm{where} h_i = \mathrm{Attention}(\boldsymbol{QW}_i^Q,\boldsymbol{KW}_i^K,\boldsymbol{VW}_i^V) \tag{4-12}$$

图 4-13 展示了多头注意力机制的工作流程。首先与自注意力机制一样,行为数据经过线性变换后得到 Query、Key 和 Value 矩阵。随后,多头注意力机制将 Query、Key、Value 这三个矩阵拆分,对拆分后的子矩阵分别计算其注意力分数以得到各自的输出 h_i。最后,对所有子注意力机制的输出拼接后,再进行线性变换作为输出。

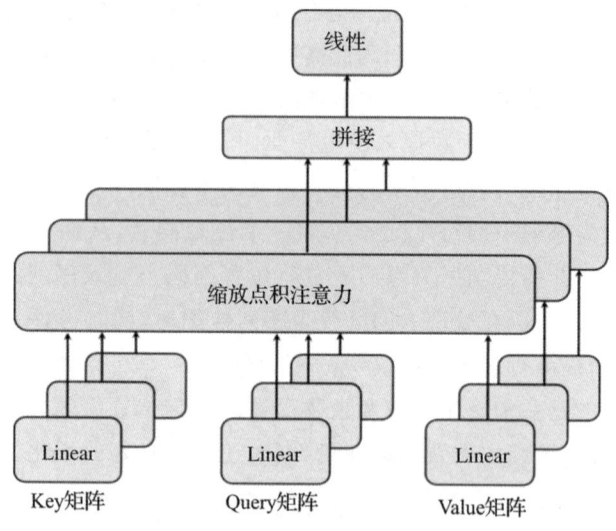

图 4-13 多头注意力机制工作流程

4.2.1.4 对比损失函数设计

预训练模型的主要目标是缩短正样本对的特征表示距离,拉大负样本对的特征表示距离,从而在无标签的条件下学习到具有区分性和鲁棒性的特征表示。即对于给定的大量 RFID 无标签行为数据集 X,其目标是学习得到一个具有良好特征提取能力的编码器 E,使得:

$$\text{Similarity}[E(X_t), E(X^+)] \gg \text{Similarity}[E(X_t), E(X^-)] \quad (4\text{-}13)$$

其中,X_t 表示 t 时刻下本小节实验所收集的行为数据序列 [rssi_1^t, $\text{rssi}_2^t, \cdots, \text{rssi}_{23}^t, \text{rssi}_{24}^t$],$X^+$ 是和 X_t 相似的正样本,X^- 是和 X 不相似的负样本,Similarity 是本节用来衡量正负 RFID 行为样本对之间相似度的余弦相似度函数。其计算方法如式(4-14)所示:

$$\text{Similarity}(X_t, X_t^{'}) = \frac{X_t^{\text{T}} X_t^{'}}{\|X_t\|_2 \|X_t^{'}\|_2} \quad (4\text{-}14)$$

其中,$\| \quad \|_2$ 代表 L2 正则化运算符。

不同于一般的损失函数设计,在预训练模型中,损失函数的设计初衷是优化编码器 E。因此,本小节提出的对比损失函数计算如下:

$$l_{\text{pretrain}} = -\sum_{i=1}^{N} \log \frac{\dfrac{\exp\{\text{Similarity}[E(X_i), E(X_j)]\}}{\tau}}{\dfrac{\sum\limits_{k=1[k\neq i]}^{2N} \exp\{\text{Similarity}[E(X_i), E(X_k)]\}}{\tau}} \quad (4\text{-}15)$$

N 代表一个 MiniBatch 中的 RFID 行为样本数，经过数据扩充模块便产生 $2N$ 个样本数量。根据图 4-10 所示，一个行为样本的加噪数据和翻转数据构成了一对正样本对，其余 $2N-2$ 个样本都被视作负样本对。τ 是温度系数，控制着预训练模型对负样本的区分度。在本实验中，τ 设置为固定的 0.05。式(4-15)中的 X_i 和 X_j 构成了正样本对，X_i 和 X_k 构成了负样本对。

4.2.2 基于 CLTrans 的室内人体行为识别模型设计和方法流程

4.2.2.1 CLTrans 模型概述

上文详细介绍了所提出的基于 RFID 室内人体行为识别的对比预训练模型，该预训练模型是 CLTrans 模型的重要组成部分。本小节将对 CLTrans 模型展开阐述。图 4-14 给出了 CLTrans 模型的基本框架。

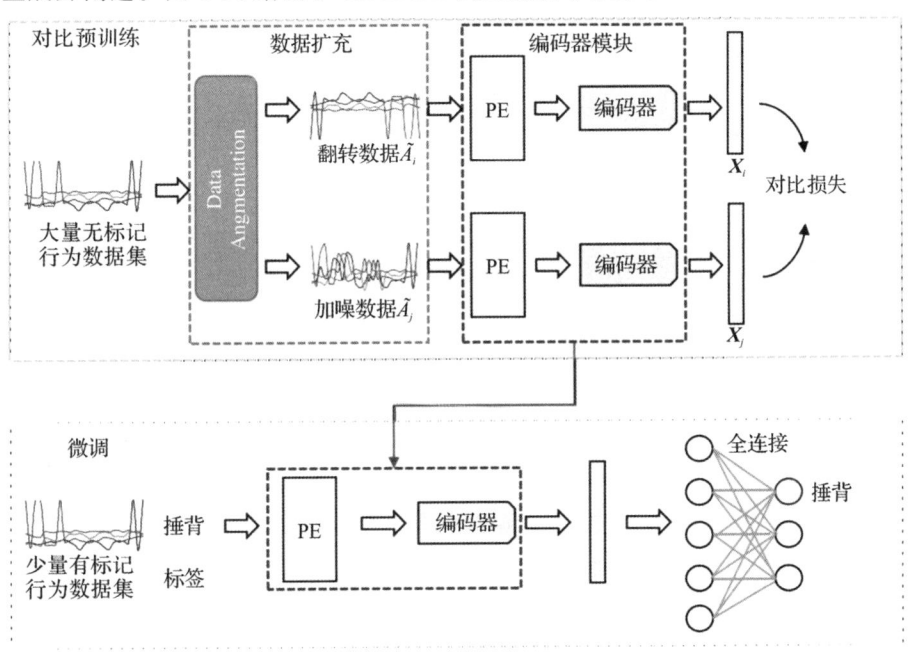

图 4-14　CLTrans 框架

如图 4-14 所示，CLTrans 框架主要由以下两部分组成：对比预训练模型和微调模型。在对比预训练阶段，CLTrans 模型使用对比学习从而得到无标签行为序列数据的表示。通过比较不同数据之间的相似性或差异性，CLTrans 模型可以学习到一种针对大量无标记行为数据集的通用表示，这种表示能够捕捉行为数据具有区分度部分的关键特征。在微调（fine-tuning）阶段，CLTrans 模型则使用有监督的方法对预训练阶段学到的特征提取层进行微调。真实场景下，在接收到少量 RFID 行为数据集后，将其作为微调阶段的输入数据，目的是以少量样本训练出用于 RFID 室内人体行为识别的分类器，即通过微调在预训练阶段中的编码器参数和微调模型中的分类层参数，从而提高模型在目标场景下人体行为识别的性能。

4.2.2.2 基于 CLTrans 的室内人体行为识别方法流程

结合前文提出的 CLTrans 模型，本书提出一个基于 CLTrans 的 RFID 室内人体行为识别技术方案，针对实际应用场景中的 RFID 行为数据集有效标记数据少而导致的识别准确率低问题，可以对 RFID 系统所采集的大量无标记行为序列数据进行特征提取，并实现高准确率的行为识别，其原理如图 4-15 所示。

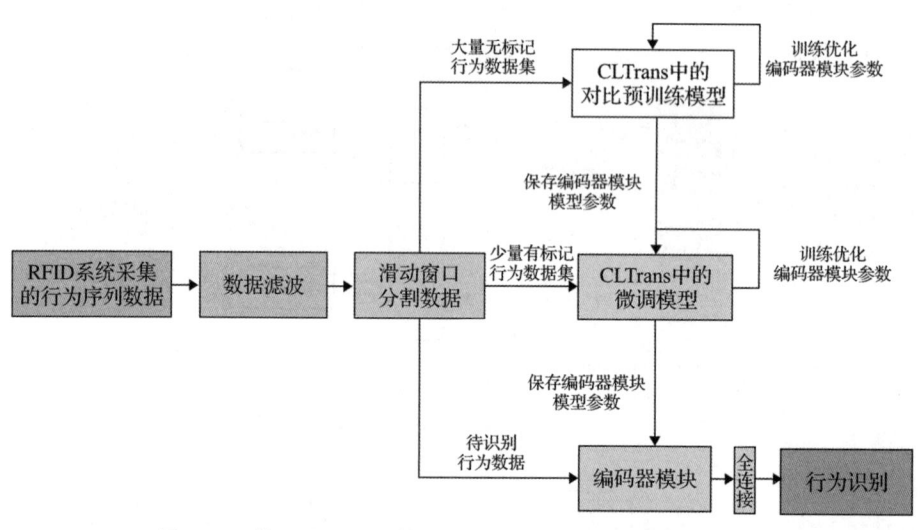

图 4-15 基于 CLTrans 的 RFID 室内人体行为识别方法原理

该方法的具体流程如下所示：

①数据滤波处理：将 RFID 系统收集到的行为序列数据输入滤波器，经过滤波处理，达到消除噪声和平滑数据的目的。

②通过滑动窗口方式对行为数据实现分段:本小节实验的滑动窗口尺寸大小统一设置为40。

③模型训练:在基于对比学习框架的行为识别方法中,模型训练可大致分为两个阶段。在第一阶段,对大量无标记的 RFID 数据集进行对比预训练,通过比较相似和不相似的数据并计算样本对之间的对比损失函数。随后,通过反向传播,不断缩短同一类别正样本对的特征表示距离,拉大不同类别负样本对的特征表示距离,获得最优行为特征提取的编码器模块参数。在第二阶段,将少量有标记行为数据集作为微调模型的输入数据,随后通过反向传播减少预测标签与真实标签的交叉熵损失函数值,对第一阶段中获取的编码器模块参数进行微调,使其更好适应特定的行为识别任务。最后,在模型达到预定迭代次数后,停止训练。此时,保存好编码器模块参数值,以便识别未知的 RFID 行为数据。

4.2.3 实验设计与结果分析

4.2.3.1 对比实验及结果分析

本小节设计如下两个对比实验。

①为验证 CLTrans 模型的识别性能,将其分别与传统的循环神经网络、长短期记忆神经网络、门控循环单元网络和时间卷积网络等基准模型进行对比实验,对比结果见表 4-3。

②为进一步验证本节所提出的对比预训练模型在面对小样本 RFID 行为数据集时的有效性,把基于对比学习的自监督预训练模型中的编码器模块替换为传统的长短期记忆神经网络、门控循环单元网络和时间卷积网络,构建改进的 LSTM(Pre-Train)、GRU(Pre-Train)、TCN(Pre-Train)模型并分别与原模型进行比对。对比结果见表 4-4。

表 4-3 小样本行为数据下行为识别模型对比实验结果

模型	准确率	宏平均精确率	宏平均召回率	宏平均 F1 分数
RNN	40.31%	38.89%	39.62%	38.69%
LSTM	56.07%	57.21%	56.02%	56.45%
GRU	59.77%	58.59%	59.54%	59.51%
TCN	52.23%	48.95%	50.21%	49.33%
CLTrans	94.82%	95.18%	95.24%	95.19%

表 4-4　改进的行为识别模型与 CLTrans 的对比实验结果

模型	准确率	宏平均精确率	宏平均召回率	宏平均 F1 分数
LSTM	56.07%	57.21%	56.02%	56.45%
LSTM(Pre-Train)	65.46%	66.92%	65.96%	66.08%
GRU	59.77%	58.59%	59.54%	59.51%
GRU(Pre-Train)	73.65%	72.94%	71.65%	71.96%
TCN	52.23%	48.94%	50.21%	49.33%
TCN(Pre-Train)	76.51%	74.95%	75.38%	75.29%
CLTrans	94.82%	95.18%	95.24%	95.19%

同时为直观展示实验结果，本小节对部分实验结果进行可视化。图 4-16 展示了 CLTrans 模型在训练过程不同阶段的分类结果图。

从表 4-3 中可以发现，CLTrans 模型在小样本 RFID 室内人体行为识别的六分类问题中准确率达到了 94.82%，相比于传统时序神经网络的人体行为识别模型高出了 35.05%～54.51%。同样，CLTrans 模型相比于基准模型，在宏平均精确率、宏平均召回率和宏平均 F1 分数上分别提高了 36.59%～56.29%、35.70%～55.62% 和 35.68%～56.50%。一方面，该实验结果表明面对小样本的数据集时，传统识别模型仍存在着一定程度欠拟合现象，导致行为识别性能的大幅下降；另一方面，也反映出 CLTrans 行为识别模型在面对小样本 RFID 室内人体行为识别问题中取得了极佳的识别效果，通过对比预训练所学习到的大量无标记行为数据集的通用表示，从而提高识别性能，是解决小样本 RFID 室内人体行为问题的有效手段。

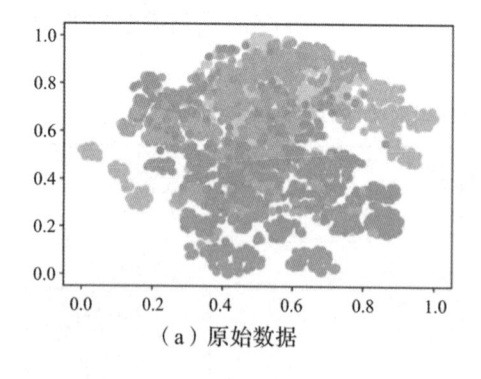

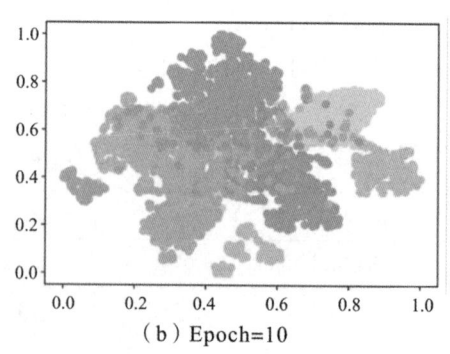

（a）原始数据　　　　　　　　（b）Epoch=10

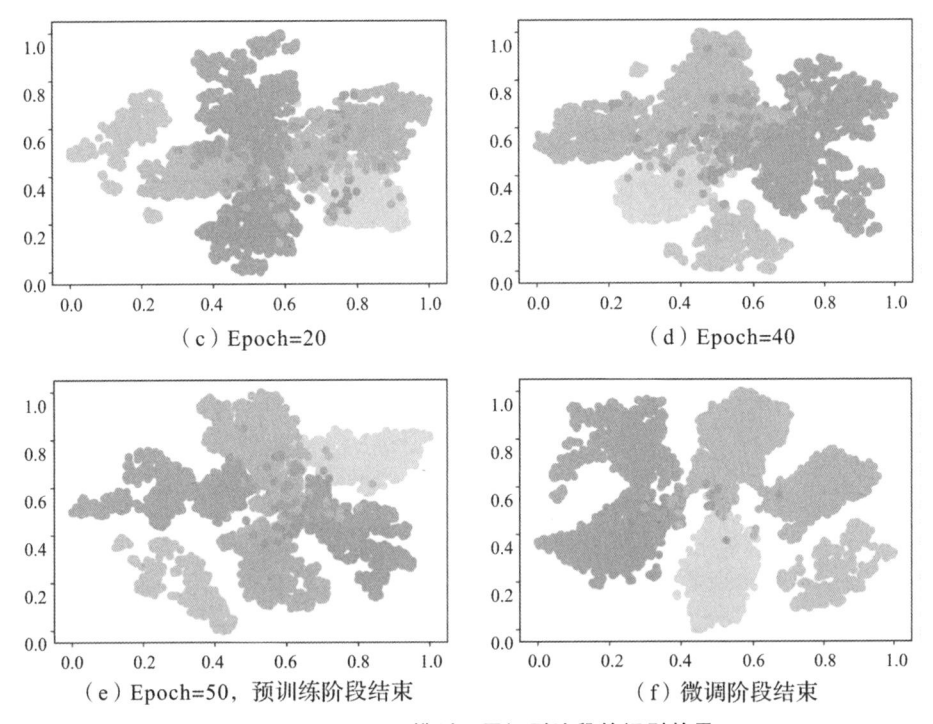

（c）Epoch=20　　　　　　　　　　（d）Epoch=40

（e）Epoch=50，预训练阶段结束　　　（f）微调阶段结束

图 4-16　CLTrans 模型不同识别阶段的识别效果

图 4-16 中不同灰度的点分别对应不同类别人体行为数据经过编码器模块提取的特征的二维可视化。该图展示了在 CLTrans 模型在预训练阶段中对无标签 RFID 行为数据集的分类组合能力。可以发现，原始行为数据样本非常混乱，CLTrans 模型通过反向传播不断优化对比损失函数，拉近正样本对之间的距离，拉远负样本之间的距离，经过 20 个 Epoch 之后，已基本学习具有一定区分度的特征提取参数；随着训练次数的增加，在第 50 次的迭代左右，CLTrans 已能实现对六种行为类别的较高精度分类；同时，利用有标签数据在微调阶段对模型编码器模块进一步的参数调整，行为识别的性能得到较好的提升。该实验结果进一步表明，即便是面对无标签数据集，CLTrans 依旧能取得极佳的行为识别效果。

如表 4-4 所示，针对小样本 RFID 行为识别问题，本节将 CLTrans 模型中的编码器模块替换为 LSTM、GRU 和 TCN 模型用于自监督对比预训练，相比于不经过预训练直接在小样本行为数据集中进行分类的结果，准确率分别提高了 9.39%、13.88% 和 24.28%，宏平均精确率分别提高了 9.71%、14.35% 和 26.01%，宏平均召回率分别提高了 9.94%、12.11% 和 25.17%，宏平均 F1 分数分别提高了 9.63%、12.45% 和 25.96%。实验结果表明,通过构建对比预训练框架,设计对比损失函数,利用比较行为样本间的相似度来区分不同类别的 RFID 行为样本是可行且高效准确的。该方法在低人工标注成本的基础上,有效提高了小样本 RFID 行为数据样本的识别准确率。同时,可以注意到,本书所提出的 CLTrans 模型在面对小样本行为数据集时,相比于改进的传统模型,在准确率上提高了 18.31%~29.36%,宏平均精确率提高了 20.23%~28.26%,宏平均召回率提高了 19.86%~29.28%,宏平均 F1 分数提高了 19.90%~29.11%,这表明本小节所使用的 Transformer 中的 Encoder 模块相比于基准模型,利用位置编码层,在使模型更好地捕获输入序列中的顺序信息基础上,又利用多头注意力机制对高价值的信息量进行关注,拥有更强的特征提取能力。

4.2.3.2 消融实验设计

为了更好体现本章所提出的微调模型对于小样本 RFID 行为数据识别结果的影响,以及多角度验证时序信息对于 RFID 室内人体行为识别的重要意义。本小节设计了如下两个消融实验。

① 本实验将经过预训练模型所得到的编码器参数进行冻结(freezing),在微调阶段,有标签 RFID 行为数据样本在进行训练时,仅仅对全连接层的网络参数进行调整,保持编码器参数不变,以验证微调阶段的重要性。

② 为了多角度验证时序信息在实现 RFID 数据行为识别中的重要性,本节从编码器模块中去除位置编码(position embedding)层,使得模型无法捕捉行为顺序关系,构建行为识别模型 CLTrans(No_PE)。

4.2.3.3 消融实验结果分析

消融实验的结果如表 4-5 所示。图 4-17 和图 4-18 分别展示了本书所提出的 CLTrans 模型和无编码器微调的 CLTrans(No_FineTune)、无位置编码 CLTrans(No_PE)的准确率变化曲线图。

表 4-5 消融实验结果

模型	准确率	宏平均精确率	宏平均召回率	宏平均F1分数
CLTrans(No_ FineTune)	88.26%	85.94%	87.82%	88.69%
CLTrans(No_PE)	84.56%	85.59%	85.52%	85.54%
CLTrans	94.82%	95.18%	95.24%	95.19%

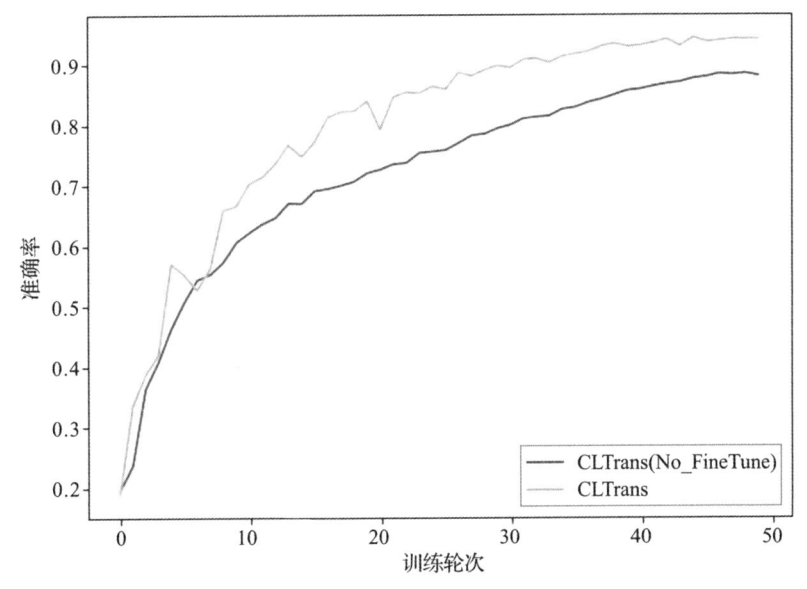

图 4-17 CLTrans 与 CLTrans(No_FineTune)的准确率曲线对比

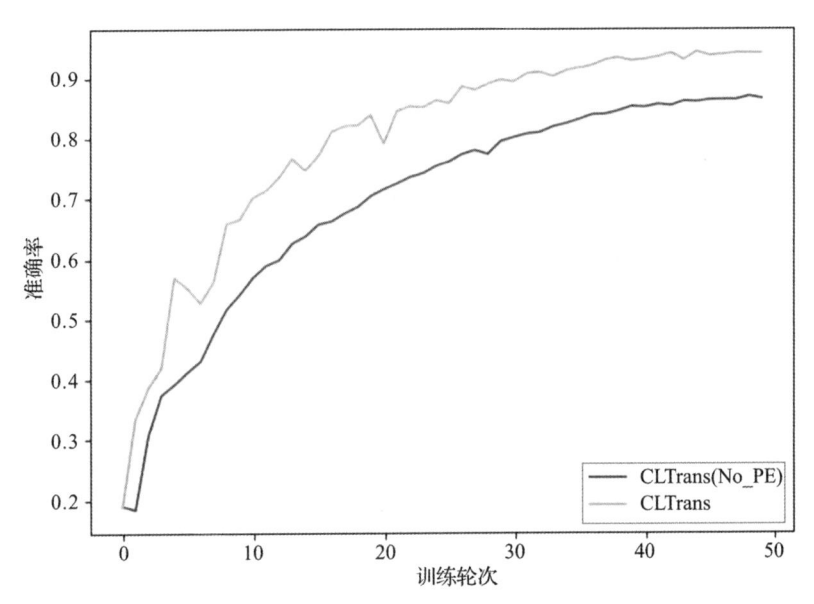

图 4-18 CLTrans 与 CLTrans(No_PE)的准确率曲线对比

结合以上图表可以看出,在面对小样本 RFID 行为数据集时,如果有标签样本仅仅用作对分类层网络参数进行调整,直接利用预训练阶段所获取的编码器参数作为特征提取层,准确率、宏平均精确率、宏平均召回率和宏平均 F1 分数分别下降了 6.56%、9.24%、7.42%、6.50%,这至少表明以下两点:一是对比预训练固然能够获得较好的行为识别能力,但是,如果有标签行为数据样本能够参与到特征提取层的训练,将进一步提升模型的行为识别性能,这也证明了本书所提出的微调阶段在 RFID 室内人体行为识别研究中的重要意义;二是在一定程度上证明了对于深度学习模型,有标签数据量尽可能地增多、质量尽可能地提升,将进一步提高模型的行为识别能力。

同时,通过比较 CLTrans(No_PE)与 CLTrans 的实验结果,可以发现准确率、宏平均精确率、宏平均召回率和宏平均 F1 分数分别下降了 10.26%、9.59%、9.72%、9.65%。这表明丢失位置编码层将会在相当大的程度上,致使模型失去捕获 RFID 行为序列数据中时序信息的能力,这导致了行为识别能力的下降。

4.3 本章小结

本章深入探讨了基于卷积网络和对比学习的 RFID 室内人体行为识别研究。首先提出了一个基于时域注意力卷积网络(TACN)的人体行为识别模型,该模型通过引入膨胀卷积技术和残差连接,有效地处理了 RFID 行为数据的时序性特征,并通过注意力机制关注高价值特征,以提高行为识别的准确率。实验结果表明,TACN 模型在处埋基于 RFID 的室内行为识别任务时,相比于传统机器学习算法和一些深度学习模型,展现出了显著的优势。

接着,针对实际应用中标记数据稀缺的问题,提出了一种基于对比学习框架的室内人体行为识别方法。该方法利用对比学习思想,通过构建预训练模型学习无标签数据的特征表示,然后使用少量有标记数据对模型进行微调,以实现高精度的行为识别。本章设计的 CLTrans 模型在无监督预训练阶段通过对比损失函数学习到了区分性的特征表示,在有监督微调阶段进一步提升了识别性能。实验结果验证了该方法在小样本 RFID 行为数据集上的有效性和优越性。

此外,还设计了一系列消融实验,以评估微调阶段和时序信息在行为识别中的重要性。实验结果表明,微调阶段对提升模型性能至关重要,同时时序信息的捕获对实现准确的 RFID 行为识别同样不可或缺。

总体而言,本章的研究工作不仅提出了有效的模型和方法来提高 RFID 室内人体行为识别的准确率,而且通过对比学习和微调策略,有效地解决了标记数据稀缺的问题,为实际应用中的人体行为识别提供了有价值的参考。未来可以进一步探索更复杂的网络结构和更高效的学习策略,以实现更加精准和鲁棒的行为识别。

第5章

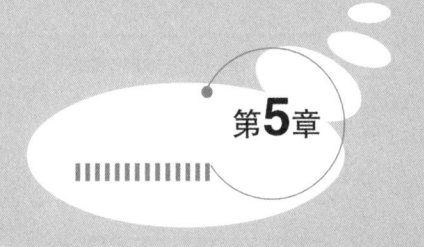

基于卷积神经网络和知识蒸馏的 RFID 室内人体行为识别研究

5.1 基于长短期记忆和时序卷积的室内人体行为识别研究

传统的机器学习方法过于依赖专家知识，无法充分利用现有的实验数据，对室内人体行为识别的准确度不高。随着深度学习的发展，出现了不少泛化能力强，可运用于多种场景的模型。但是，现有的基于深度学习的 RFID 室内人体行为识别研究仍存在无法充分提取人体行为数据中的时序数据问题。为此，本章提出了一个基于长短期记忆和时序卷积的室内人体行为识别模型。

5.1.1 LTNet 模型概述

针对传统模型无法充分提取 RFID 人体行为数据中的时序数据，本章提出了一个基于长短期记忆和时序卷积的室内人体行为识别模型，称为 LTNet。其通过长短期记忆模块捕捉长期依赖关系，再通过时序卷积模块进行高效的局部特征提取，能有效处理复杂的时间序列数据，为 RFID 室内人体行为识别提供一种创新方案。LTNet 模型框架如图 5-1 所示。

LTNet 模型巧妙融合长短期记忆模块和时序卷积模块，构成一个高效的室内人体行为识别模型。通过使用长短期记忆模块的门控机制，使模型能在长时间序列中保留关键信息，同时过滤无关的信号，克服传统的循环神经网络容易遇到的梯度消失和梯度爆炸问题。这使得 LTNet 模型能够对人体行为

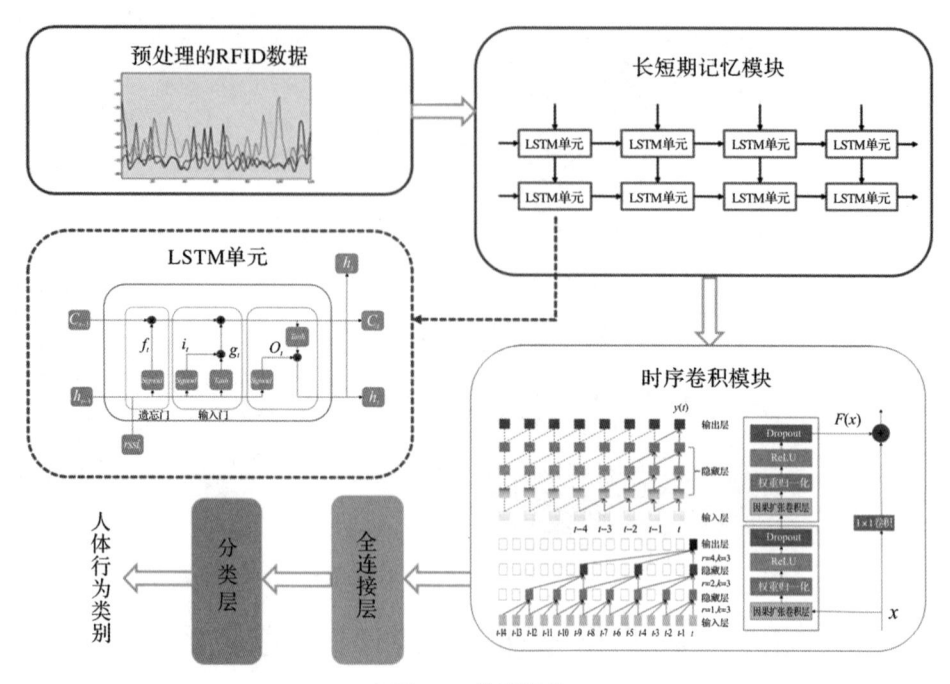

图 5-1 模型架构

中的关键事件进行持续追踪，确保在序列分析中不忽视长时间依赖性。时序卷积模块补充了长短期记忆模块的长时记忆，通过巧妙设计一维卷积层提取时间序列数据的局部特征，有效捕捉到行为模式的短期依赖，同时保持模型对历史和显示信息的敏感度，避免了未来信息的泄漏。时序卷积模块通过扩张卷积扩大感受野，而不牺牲模型的参数量和计算量。此外，时序卷积模块的并行处理能力显著提高 LTNet 模型对长序列数据的处理效率。LTNet 模型整合了长短期记忆和时序卷积这两种具有互补性的模块，在处理 RFID 室内人体行为识别任务时表现出色，有效解决了 RFID 信号因为多种因素（如 RFID 阅读器和标签之间的相对位置变化、信号遮挡或环境干扰）造成的不稳定性和噪声难题，进一步提升了 RFID 室内人体行为识别的准确率。

5.1.2 LTNet 模型设计

5.1.2.1 长短期记忆模块

长短期记忆网络的原型是循环神经网络。循环神经网络是一种用来处理序列数据的深度学习算法，其关键创新点是通过隐藏状态的循环传递机制，实现对序列数据的记忆。这一创新设计让循环神经网络在处理语言、声音和时间序列等数据时,能够考虑历史数据信息,在预测和生成任务中有显著效果。具体来说,RNN 通过对历史时刻信息编码为隐藏状态,同时把这个隐藏状态结合当前输入,实现在处理连续的数据流时,保持对历史数据信息的认知更新。RNN 凭借对序列数据的敏感性和能够有效处理不固定长序列数据的特性,在语法结构预测、机器翻译、视频内容分析和文本生成等场景中取得显著的成功,并得到广泛应用。

上述的 RNN 特性在 RFID 室内人体行为识别研究中可以得到有效发挥。在室内场景下,RFID 系统通过射频信号和行为人的身上或周围携带的电子标签进行通信,行为人的行为动作会影响射频信号的传播路径。RFID 阅读器通过接收信号,形成特定的信号模式。这些信号模式随时间变化,携带人体行为识别需要的关键信息。RNN 通过循环传递机制学习射频信号的强度,提取出人体行为动作产生的独特信号特征。例如,简单的行为如行走,复杂的动作如弯腰和摇头,都可以通过射频信号序列中产生的独特模式被 RNN 识别和分类。人体行为动作识别过程,不仅需要捕获瞬时射频信号,同时要理解预定义的人体行为的信号模式如何随时间演变,实现对人体行为的连贯识别和分类。对于实现实时监测和交互式应用,如智能家居控制、老年人跌倒检测和安全监控等需要高度的灵敏度和对动态变化的快速响应的应用场景,模型的时间处理能力十分重要。

RNN 的核心原理是在处理序列数据的每个时间步时,维持一个内部状态,该状态捕捉并编码序列中之前所有时间步的信息。在处理室内人体行为数据时,RNN 会对每一个时间步进行迭代。在每一个迭代过程中,会用当前时间步的输入和上一个时间步的隐藏状态更新当前的隐藏状态,实现信息在网络隐藏层的连续流动,并构建对人体行为数据的记忆模型,捕捉室内人体行为的动态变化。计算公式如式(5-1)、式(5-2)所示。

$$h_t = f(\boldsymbol{W}_{hh} \cdot h_{(t-1)} + \boldsymbol{W}_{xh} \cdot \text{rssi}_t + b_h) \tag{5-1}$$

$$y_t = \boldsymbol{W}_{hy} \cdot h_t + b_y \tag{5-2}$$

其中,h_t 是在时间 t 的隐藏状态,$h_{(t-1)}$ 是在时间 $t-1$ 的隐藏状态,rssi_t 是在时间 t 的输入,$\boldsymbol{W}_{hh}$ 是隐藏状态到隐藏状态的权重矩阵,$\boldsymbol{W}_{xh}$ 是隐藏状态到输出的权重矩阵,$\boldsymbol{W}_{hy}$ 是隐藏状态到输出的权重矩阵,b_h 和 b_y 分别是隐藏状态和输出的偏置项,f 是激活函数。

如图 5-2 所示,循环神经网络的基本构成单元是一个具有自反馈循环的隐藏层,每一个时间步的隐藏状态同时取决于之前时间步的隐藏状态和现有输入,其中 A 表示循环单元。

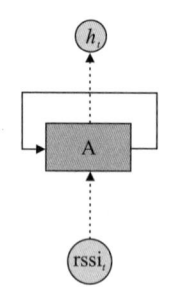

图 5-2　循环神经网络基本构成单元

图 5-3 所示为一个展开的循环神经网络。

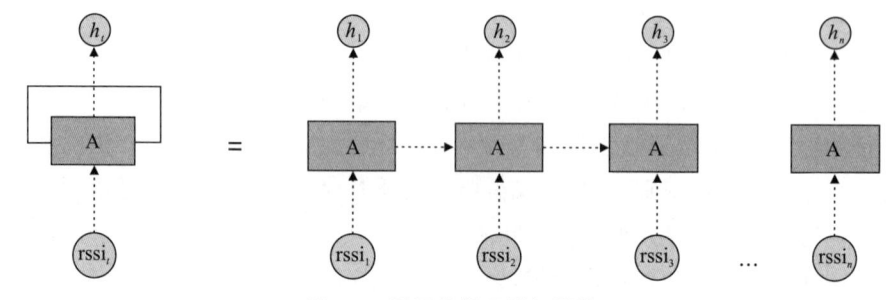

图 5-3　展开的循环神经网络

RNN 虽然可以捕捉任意长度人体行为序列的依赖关系,但是存在梯度消失或爆炸问题。实际应用中,一个标准的 RNN 无法有效捕捉长距离的依赖关系。为此,研究员对 RNN 进行改进,提出长短期记忆网络。长短期记忆网络通过引入"门控机制",减少标准 RNN 随时间出现梯度消失或梯度爆炸的风险,核心在于维持单元状态的细胞状态。细胞状态维持长序列中信息的流动。

在 RFID 室内人体行为识别中,通过长短期记忆模块的三个门协同处理分析 RFID 系统采集的时序信号数据,可以确保不丢失长期的信息和不受短期输入干扰,显著提升识别精度和鲁棒性。因为室内复杂环境的变化,如房间的大小、家具的摆放和活动噪声等因素,使得 RFID 系统采集的人体行为数据受到额外的环境噪声或由标签位置微小变动产生的信号差异的影响,导致人体行为动作模式呈现出高度的复杂时间依赖性。长短期记忆模块凭借对时间序列数据的高度敏感性,通过复杂的神经结构在内部状态中保存对先前行为的记忆优点,确保能够在接收和处理 RFID 信号时,提取出人体行为的动态特征序列。

长短期记忆模块的"门控机制"遗忘门、输入门和细胞状态、输出门四个模块。

(1) 遗忘门(forget gate)

通过 sigmoid 激活函数计算得到 f_t，决定过去的哪些信息需要从细胞状态中被忘记或保留，可以过滤人体行为识别数据的噪声和信号干扰等无关信息，保留重要的行为动作特征。当 RFID 信号数据显示行为人的某个行为模式已经完成，例如行为人完成从坐到站的动作，遗忘门可以决定减少之前与坐着状态相关的信息的重要程度。其计算公式见式(5-3)，图 5-4 所示为遗忘门。

$$f_t = \sigma(\boldsymbol{W}_f \cdot [h_{t-1}, \mathrm{rssi}_t] + b_f) \tag{5-3}$$

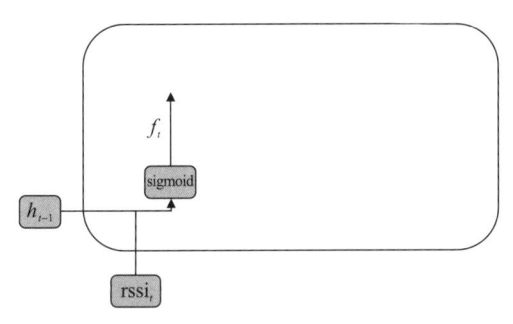

图 5-4　遗忘门

(2) 输入门(input gate)

通过输入门决定哪些新的信息是与当前识别到的人体行为模式相关。在人体行为动作发生时，RFID 信号会产生新的特征，输入门决定哪一些特征需要存储到细胞状态中。例如，当一个人开始行走时，RFID 信号的变化应该被模型注意到，同时更新到细胞状态中。输入门的计算公式见式(5-4)。$\widetilde{C}_t$ 表示可以添加到细胞状态中的信息，计算公式见式(5-5)。图 5-5 所示为输入门。

$$i_t = \sigma(\boldsymbol{W}_i \cdot [h_{t-1}, \mathrm{rssi}_t] + b_i) \tag{5-4}$$

$$\widetilde{C}_t = \tanh(\boldsymbol{W}_C \cdot [h_{t-1}, \mathrm{rssi}_t] + b_C) \tag{5-5}$$

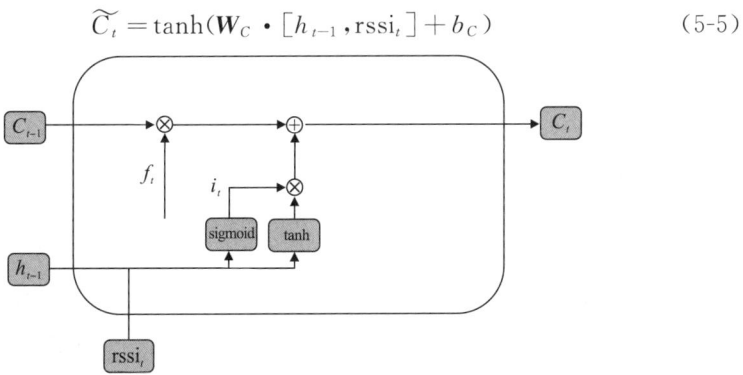

图 5-5　输入门

(3)细胞状态(cell state)

携带通过时间传递的相关信息,通过结合遗忘门和输入门的信息实现更新。在 RFID 人体行为识别中,细胞状态可以保存跨时间步的信息,如持续的动作模式或行为序列。其计算公式见式(5-6)。

$$C_t = f_t \cdot C_{t-1} + i_t \cdot \widetilde{C_t} \tag{5-6}$$

(4)输出门(output gate)

决定哪些信息将被用于当前时间步的输出,即行为的识别。输入门可以根据当前的输入和细胞状态中的信息,决定是否识别出一个行为模式。例如,RFID 信号变化表明行为人正在行走,输出门将帮助确定这一时间步是否应该输出"行走"的识别结果。其计算公式见式(5-7)、式(5-8),图 5-6 所示为输出门。

$$o_t = \sigma(\boldsymbol{W}_o \cdot [h_{t-1}, \text{rssi}_t] + b_o) \tag{5-7}$$

$$h_t = o_t \cdot \tanh(C_t) \tag{5-8}$$

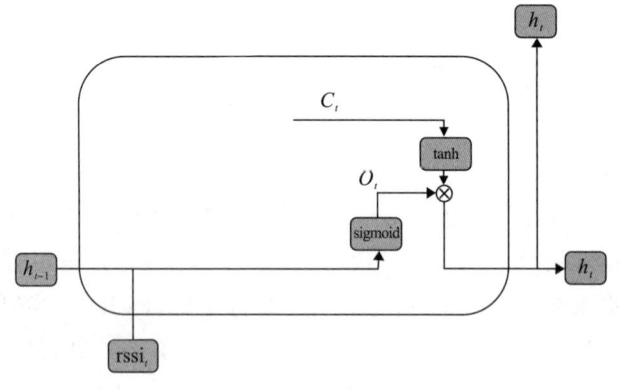

图 5-6 输出门

上述公式中,h_t 是时间 t 的隐藏状态,C_t 是在时间 t 的细胞状态,$\boldsymbol{W}$ 是权重矩阵,b 是偏置项,分别对应不同的门控制和状态更新,σ 表示 sigmoid 激活函数,用于门控制,输出值在 0 和 1 之间,tanh 是双曲正切激活函数,输出值在 -1 和 1 之间。

一个完整的长短期记忆模块如图 5-7 所示。

长短期记忆模块对于动态变化的输入序列长度的处理能力尤为重要,其不仅可以处理静态的单一行为,也可以识别和分析不同时间尺度的行为序列,使得模型能够识别从短暂快速的动作到长期持续的活动这整个行为谱系。例如,一个迅速的挥手反映在 RFID 信号中的模式和一个缓慢的站起动作反映在 RFID 信号中的模式,并不相同。长短期记忆模块通过在内部状态的更新

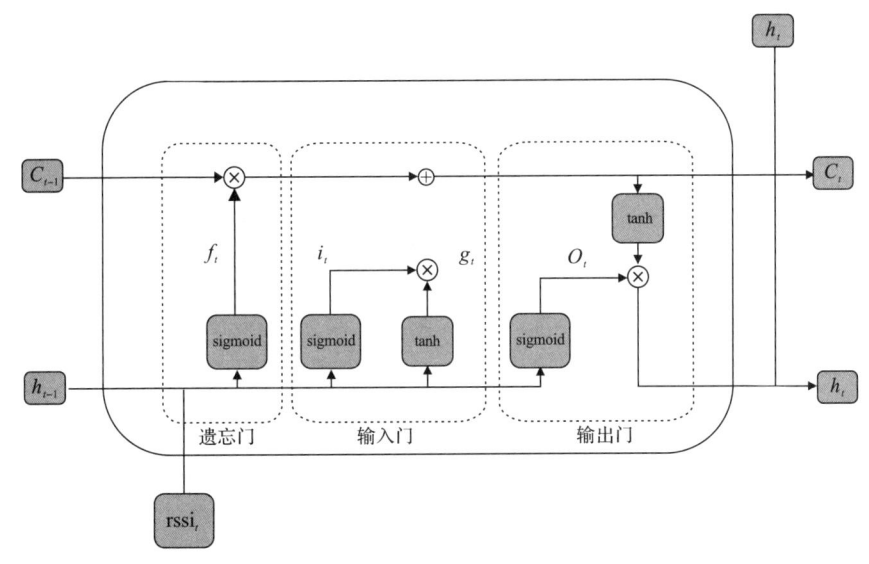

图 5-7 长短期记忆模块

中考虑时间差异,能够适应性地学习并识别这些行为的特定时间特征。因此,无论是持续时间短的人体行为动作,还是持续时间长的人体行为动作,长短期记忆模块都能够通过其内部的时间动态调节机制,实现准确的捕获和识别,维持对行为模式的高度敏感性。长短期记忆模块的这种灵活性和对时间的敏感性,确保行为识别过程中,不会受到预设的时间窗口限制,提升了模型对不同时间尺度行为特征的适应能力。

5.1.2.2 时序卷积模块

时序卷积模块在设计上,结合了卷积神经网络的强大能力和处理时间序列数据的针对性需求。与传统按序列顺序处理数据的循环神经网络不同,时序卷积模块能够在整个输入序列上进行并行计算,不仅能大幅提高模型的训练速度,而且能提升模型捕捉时间序列中长期依赖的能力。时序卷积模块使用卷积层,通过卷积层中的权重分布,直接反映模型如何处理不同时间尺度上的数据特征,使得模型的内部工作机制更易于分析和可视化。时序卷积模块利用扩张卷积间隔使用输入数据的特点,扩大了模型的感受野(输入数据的范围),有效捕捉重点信息,同时不增加模型的参数数量,保持模型的计算效率。时序卷积模块通过调整网络层数和扩张因子,调整感受野大小,适用于不同长度的时间序列,有效解决了循环神经网络因隐藏单元数量的限制,导致记忆能力受限的问题。这在处理具有长依赖结构的 RFID 室内人体行为数据特别重要。此外,时序卷积模块引入残差连接,通过在不同层之间创建直接的连接路径,进一步增强模型的学习能力,有效解决单一的长短期记忆模型在训练深层网络时遇到的梯度消失难题。

时序卷积模块的核心设计在于其三个关键部分:因果卷积、扩张卷积和残差模块,每个部分都提升了模型对时间序列数据的处理能力。

(1)因果卷积

因果卷积(causal convolution)是一种模拟自然界的因果关系的特殊卷积操作,能够保证在处理实验数据时,模型的预测结果仅仅依赖当前的时间序列数据和以前的时间序列数据,而不涉及任何未来的时间序列数据,一定程度上确保了模型预测结果的真实性和有效性。在 RFID 室内人体行为识别场景中,因果卷积能够确保在分析人体行为的时候,仅仅依赖已经观测到的行为数据。例如,某个志愿者正在室内做一套动作,能够在志愿者完成动作之前预测志愿者的最后动作。模型通过利用因果卷积,基于志愿者的前、中期动作,完成精准预测。

在 RFID 室内人体行为识别场景下,RFID 系统生成反映行为人在空间中的移动和交互的数据。这些数据是按照时间顺序排序的一维数组,因此使用一维结构的因果卷积核。为了实现因果卷积,需要对实验数据的开始部分进行单向的"零填充",确保因果卷积核的每一步只依赖当前和以前的数据。计算公式见式(5-9)。

$$y(t) = \sum_{i=0}^{k-1} w(i) \cdot \text{rssi}(t-i) \tag{5-9}$$

其中,$y(t)$ 是在时间点 t 的输出,$\text{rssi}(t)$ 是时间点 t 的 RSSI 值,$w(i)$ 是卷积核在滞后 i 处的权重,k 是卷积核的大小,是整个时间序列的共享值。

如图 5-8 所示,一维因果卷积在经过多层隐藏层堆叠之后,最后的输出 $y(t)$ 将受 $\text{rssi}(t-4)$,$\text{rssi}(t-3)$,$\text{rssi}(t-2)$,$\text{rssi}(t-1)$ 和 $\text{rssi}(t)$ 影响。这种设计可以模拟 RFID 信号数据,提高模型学习特征的能力。堆叠多个隐藏层之后的卷积网络的感受野虽然呈线性增长,但模型的参数量和计算量也将大幅增加,在行为数据量较小时可能出现过拟合。此外,线性增长的感受野较难捕捉时间序列的长期依赖,无法适用于长时间序列。为解决上述问题,本节引入扩张卷积。

图 5-8 因果卷积结构

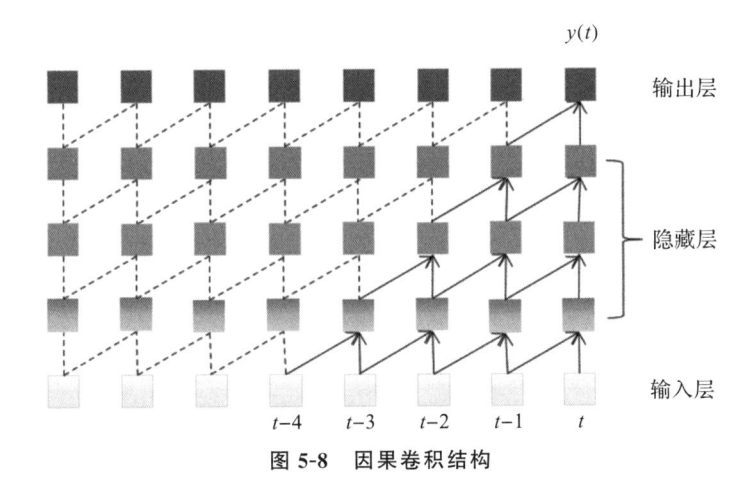

(2) 扩张卷积

扩张卷积(dilated convolution)是一种扩展普通卷积操作的技术。相较于普通卷积核的每个元素只和输入数据相邻元素相乘,扩张卷积通过引入参数"扩张率",使得较小的卷积核能够覆盖更大的输入范围。当扩张率为 1 的时候,扩张卷积就是一个普通的卷积;当扩张率大于 1 的时候,卷积核的元素之间将根据扩张率大小,进行空间跳跃。其计算公式见式(5-10)。

$$y[i] = \sum_{k=0}^{K-1} x[i+r \cdot k] \cdot w[k] \qquad (5-10)$$

其中,y 是输出数据,x 是输入数据,K 是卷积核的大小,r 是扩张率,i 是输入数据的索引,k 是卷积核的索引。

如图 5-9 所示,扩张率为 1、2、4,卷积核大小为 3。

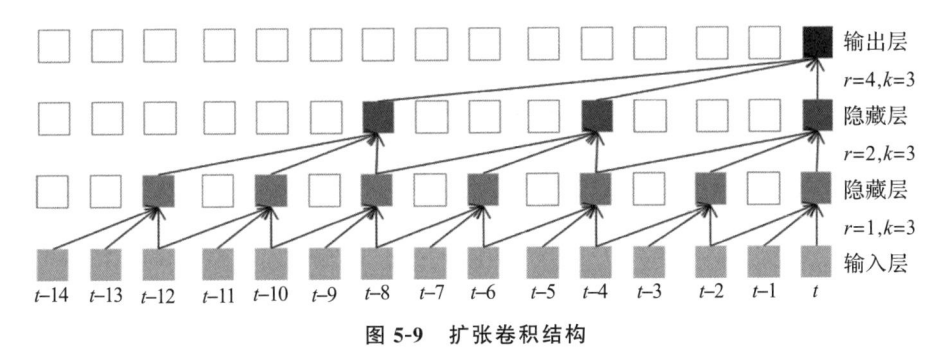

图 5-9 扩张卷积结构

在 RFID 室内人体行为识别中,使用扩张卷积,将通过扩大感受野、提高参数效率和捕捉长距离依赖三方面,进一步提高模型准确率。

（3）残差模块

残差模块（residual module）的核心思想是引入"跳跃连接"，允许深度网络在前向传播的过程中，某一层输出可以跳过几个中间层，直接加入后续层的输出。残差模块这一创新设计，提供了一种无须经过权重矩阵变换的直接路径。在处理大规模 RFID 人体行为时序数据时，残差模块可以有效减轻使用因果卷积和扩张卷积在学习过程中遇到的梯度衰减问题，帮助模型更好地从带有噪声和非线性信号的 RFID 数据中学习和提取有价值的信号特征，更加准确地识别人体行为类别。

残差模块通常由两个因果扩张卷积层和一个残差连接组成。其中，每个因果扩张卷积层之后会有一个非线性激活函数（如 ReLU）和一个正则化层（如 Dropout）。非线性激活函数用来增加模型的非线性处理能力，让网络能够学到更加复杂的数据表示；正则化层可以随机"扔掉"部分神经元的输出，有效地防止模型过拟合，增强泛化能力。作为残差模块的关键组成部分，残差连接将输入直接和卷积层的输出相加，必要时可以通过一个线性变换匹配维度。残差意在原始输入信号中加入一个修正项，完成直接相加。残差设计特点是简化学习目标，不用学习完整的输出，只需要学习输入的差异部分，实现模型训练速度和性能的提升。

残差模块结构如图 5-10 所示。

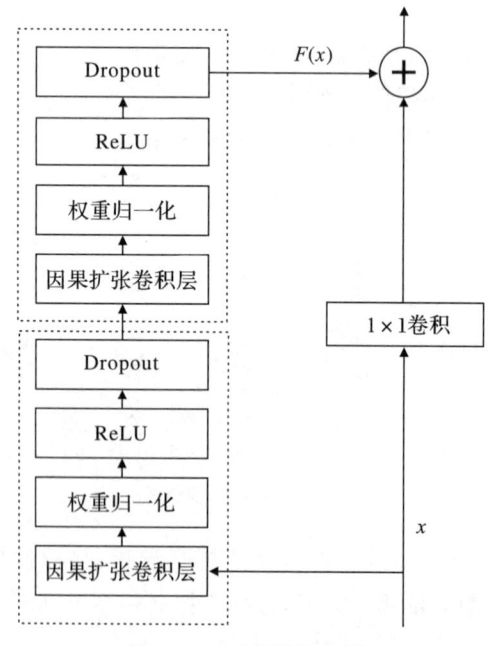

图 5-10 残差模块结构

残差模块的输出计算公式见式(5-11)。
$$y = \text{Activation}\{\mathscr{F}[x,(\boldsymbol{W}_i)] + \mathscr{G}(x)\} \quad (5\text{-}11)$$

其中，x 是输入，$\mathscr{F}$ 是残差函数（包含卷积层、激活函数和正则化层），$\boldsymbol{W}_i$ 是卷积层的权重，$\mathscr{G}$ 是输入的变换函数（可能是 1×1 卷积或恒等映射），y 是输出，Activation 是激活函数。

5.1.3 实验设计与分析

5.1.3.1 滑动窗口尺寸实验

在 RFID 室内人体行为识别研究中，合适的滑动窗口尺寸有助于优化模型，帮助模型更好地识别人体行为模式。本实验根据 RFID 系统每秒采集信号可生成 20 行数据，通过对比滑动窗口分割长度为 20、40 和 60 的 LTNet 模型准确率，确定后续实验的滑动窗口尺寸。

抽取 20% 的实验总数据集作为测试集样本，测试集的各行为类别的样本个数如表 5-1 所示。

表 5-1 测试集中各行为类别的样本个数

类别	样本个数	类别	样本个数
拿物	378	行走	352
静止	368	弯腰	378
跌倒	368		

滑动窗口尺寸为 20 的混淆矩阵见图 5-11。

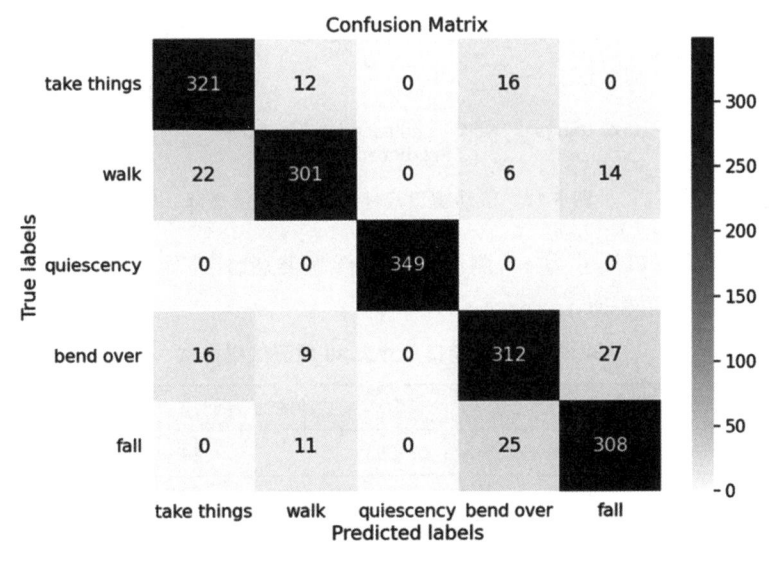

图 5-11 滑动窗口尺寸为 20 的混淆矩阵

设置滑动窗口尺寸为 20,测试集的各行为类别、样本个数、准确率、召回率和 F1 分数如表 5-2 所示。

表 5-2 滑动窗口尺寸为 20 的测试集样本

类别	样本个数	准确率	召回率	F1 分数
拿物	359	0.8942	0.9198	0.9068
行走	333	0.9039	0.8776	0.8905
静止	349	1.0000	1.0000	1.0000
弯腰	359	0.8691	0.8571	0.8631
跌倒	349	0.8825	0.8953	0.8889

滑动窗口尺寸为 40 的混淆矩阵见图 5-12。

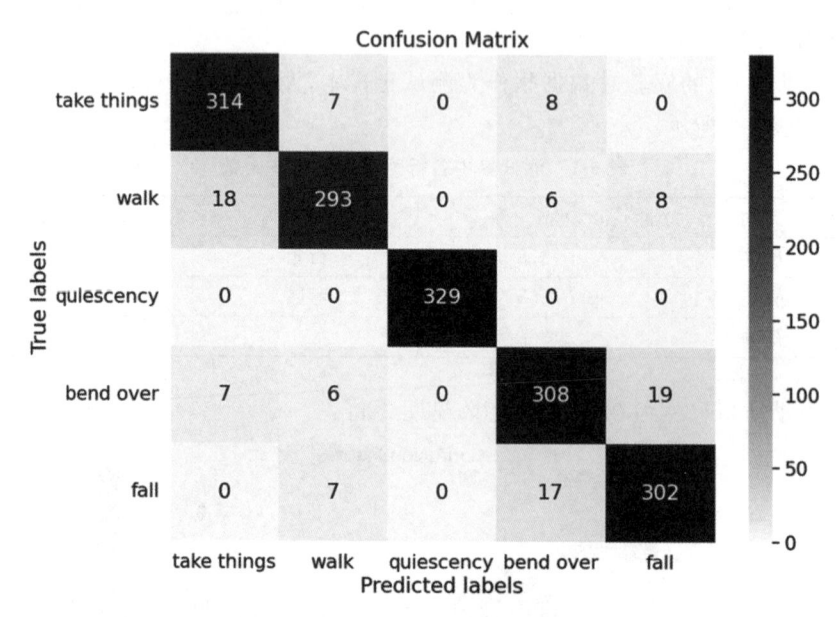

图 5-12 滑动窗口尺寸为 40 的混淆矩阵

设置滑动窗口尺寸为 40,测试集的各行为类别、样本个数、准确率、召回率和 F1 分数如表 5-3 所示。

表 5-3 滑动窗口尺寸为 40 的测试集样本

类别	样本个数	准确率	召回率	F1 分数
拿物	339	0.9263	0.9544	0.9401
行走	313	0.9361	0.9015	0.9185

续表

类别	样本个数	准确率	召回率	F1 分数
静止	329	1.0000	1.0000	1.0000
弯腰	339	0.9086	0.9059	0.9072
跌倒	329	0.9179	0.9264	0.9221

滑动窗口尺寸为 60 的混淆矩阵见图 5-13。

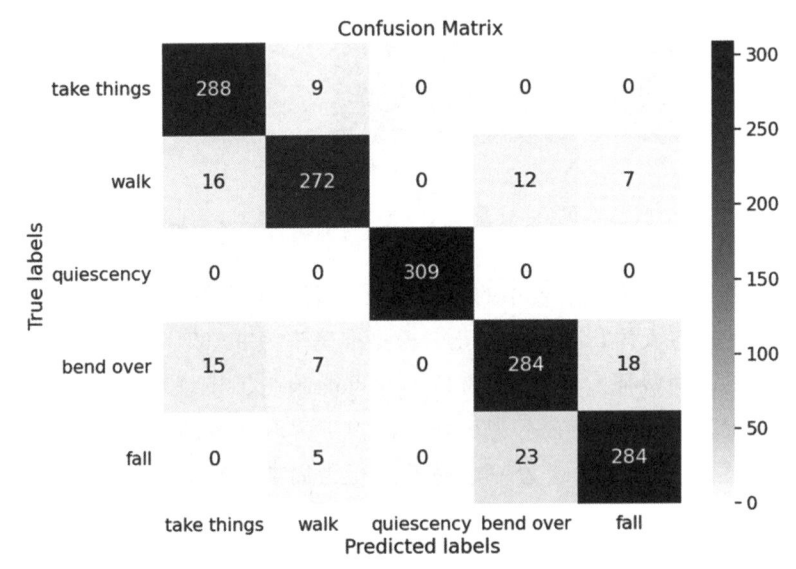

图 5-13 滑动窗口尺寸为 60 的混淆矩阵

设置滑动窗口尺寸为 60,测试集的各行为类别、样本个数、准确率、召回率和 F1 分数如表 5-4 所示。

表 5-4 滑动窗口尺寸为 60 的测试集样本

类别	样本个数	准确率	召回率	F1 分数
拿物	319	0.9028	0.9697	0.9351
行走	293	0.9283	0.8860	0.9067
静止	309	1.0000	1.0000	1.0000
弯腰	319	0.8903	0.8765	0.8834
跌倒	309	0.9191	0.9103	0.8834

如图 5-14 所示,LTNet 模型在滑动窗口尺寸为 20 时的准确率是 90.97%,在滑动窗口尺寸为 40 时的准确率是 93.75%,在滑动窗口尺寸为 60 时

的准确率是 92.77%。

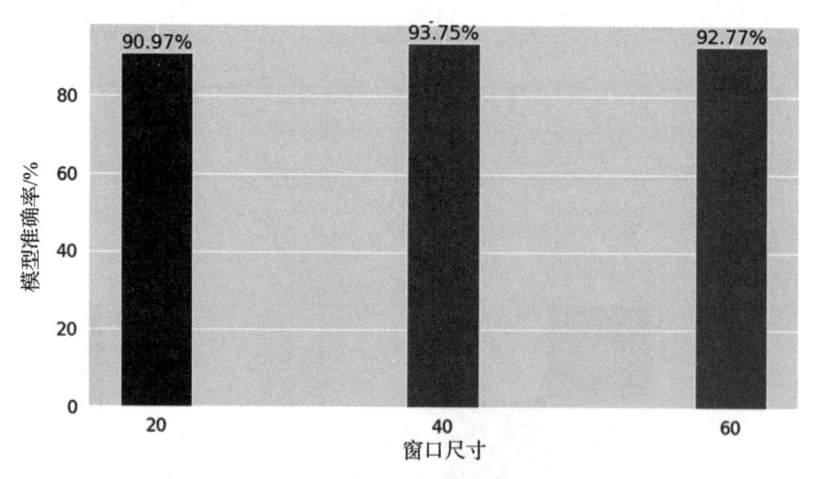

图 5-14　各个滑动窗口尺寸下 LTNet 模型的准确率

滑动窗口尺寸为 20：较小的窗口能够为模型提供较高的时间分辨率，允许模型快速适应人体行为模式变化。模型准确率为 90.97%，表明模型学习了一定程度的时间特征。但是，小窗口尺寸可能限制了模型对 RFID 信号时间特性的捕捉。RFID 系统在行为识别中依赖于读取标签的信号强度变化和模式，而较小窗口可能无法覆盖一个完整的行为周期。对那些行为动作较为缓慢或者持续时间较长的人体行为，较小窗口可能无法充分捕捉到长期的时间依赖性，导致模型误解信号中的短期变化，将噪声解释为行为特征。

滑动窗口尺寸为 40：在 RFID 数据流中，一个中等大小的窗口能够更全面地捕捉到人体行为动作产生的信号模式，为模型提取行为特征和保持较高时间分辨率提供最佳平衡。这个窗口尺寸可能刚好覆盖了人体行为引起的主要信号变化，不会引入过多的不相关信息，使得模型能够准确地从信号中提取出特定行为的特征，最终达到了最高的准确率 93.75%。

滑动窗口尺寸为 60：较大的窗口虽然可以捕捉到更长时间范围内的 RFID 信号变化，但是时间分辨率降低了，而且可能包含多个行为序列或者环境噪声，导致模型对某些细微行为变得不那么敏感，从而使得准确率略降至 92.77%。

综合以上分析，滑动窗口尺寸设为 40 能够为模型提供最高的行为识别准确率，同时保持较好的时间分辨率。滑动窗口尺寸设为 20 和滑动窗口设为 60 存在时间分辨率和人体行为信息的全面性的不足。因此，下一小节实验将统一设置滑动窗口尺寸为 40，让各个模型的性能达到最佳。

5.1.3.2 对比实验

本节通过设计 CNN、RNN、LSTM 和 TCN,与 LTNet 进行对比实验。

(1)CNN 模型设计

第一层输入层,时间步设为 40,特征维度是 RFID 人体行为数据维度特征,设为 20。第二层是卷积层 1,使用 32 个卷积核,每个卷积核的大小为 3,步长为 1,使用 ReLU 激活函数,学习时间步之间的局部模式。第三层是池化层 1,采用最大池化,大小为 2,步长为 2,降低时间维度上的维度和提取最重要的特征。第四层为卷积层 2,使用 64 个卷积核,每个卷积核的大小为 3,步长为 1,使用 ReLU 激活函数,进一步提取特征并捕捉更复杂的模式。第五层为池化层 2,采用最大池化,大小为 2,步长为 2,进一步降低特征的时间维度。第六层为 Flatten 层,将 3D 输出展平为 1D,以便可以将其输入全连接层。第七层为全连接层,有 128 个神经元,使用 ReLU 激活函数,学习全局模式。第八层 Dropout 层,丢弃率设为 50%,为模型提供正则化的效果。第九层为输出层,有 5 个神经元,分别对应五种行为类别,使用 softmax 激活函数来预测每种行为类别的概率。

(2)RNN 模型设计

第一层为输入层,时间步设为 40,特征维度是 RFID 人体行为数据维度特征,设为 20。第二层是 RNN 层 1,包含 64 个神经元,负责处理输入序列并提取时间特征。RNN 单元的当前时间步的输出取决于当前输入和前一时间步的隐藏状态,使得网络能够捕获时间序列中的依赖关系。第三层为 Dropout 层 1,丢弃率设为 40%,在训练过程中,每个时间步的 40% 神经元的激活将被随机置零,以此提高模型的泛化能力。第四层为 RNN 层 2,包含 64 个神经元,进一步处理来自第一个 RNN 层的输出,增强模型对更深层次时间依赖关系的学习,捕捉可能被第一个 RNN 层遗漏的复杂模式。第五层为 Dropout 层 2,丢弃率设为 50%,为模型提供正则化的效果。第六层为全连接层,节点数为 5,分别对应五种人体行为类别。使用 softmax 激活函数来预测每种行为类别的概率。

(3)LSTM 模型设计

第一层为输入层,时间步设为 40,特征维度是 RFID 人体行为数据维度特征,设为 20。第二层是 LSTM 层 1,包含 64 个单元,负责从 RFID 序列数据中提取长期时间依赖关系,并将这些信息编码成高级的特征表示。为了防止网络过拟合,第三层设置为 Dropout 层 1,丢弃率设为 40%,在训练过程中随机忽略掉 40% 的神经元。第四层为 LSTM 层 2，包含 64 个单元，进一步提高网络对时间序列数据中更深层次、更复杂关系的学习能力。第五层设置为 Dropout 层，丢弃率设为 50%，维持网络在处理复杂模型时的学习效率和泛化能力。第六层用一个全连接层作为网络的输出层，使用 softmax 激活函数来预测每种行为类别的概率，节点数设为 5，分别对应五种人体行为类别。

（4）TCN

第一层为输入层，时间步设为 40，特征维度是第 3 章采集的 RFID 人体行为数据维度特征，设为 20。第二层是一个一维卷积层，包含 64 个卷积核，通过使用因果卷积确保模型的预测仅依赖于历史信息，不受未来数据影响。第三层是扩张卷积层，同样有 64 个卷积核，设置卷积核来增加感受野和捕捉长期依赖关系，再在每个卷积块后面加入残差连接，加强学习能力。第四层是 Dropout 层，丢弃率设为 40%，防止过拟合。第五层是一维扩张卷积层，有 64 个卷积核，这层更加关注捕捉序列数据中的长期依赖，使用更大的扩张率来进一步扩大感受野。第六层是 Dropout 层，丢弃率为 50%，进一步通过在训练期间随机丢弃一半特征来提高模型的泛化性能。第七层是输出层，是一个全连接层，节点数为 5，分别代表五个行为类别，使用 softmax 激活函数来输出模型对每个类别的预测概率。

CNN、RNN、LSTM、TCN 和 LTNet 五种模型准确率分别为 57.62%、64.35%、76.57%、84.21% 和 93.75%，如图 5-15 所示。

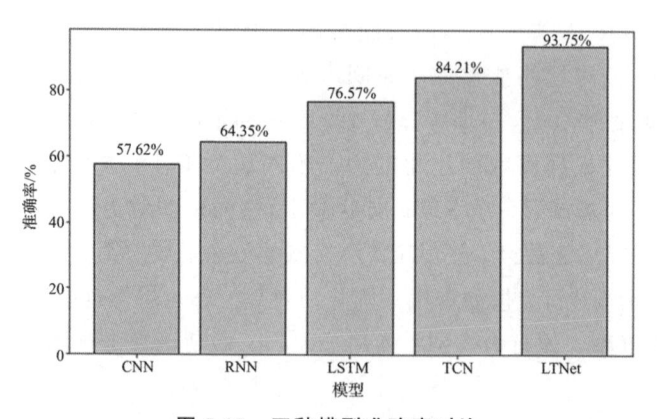

图 5-15 五种模型准确率对比

本实验中，CNN 模型在处理 RFID 信号数据时，可能无法捕捉到时间序列数据中的时序关系，效果与专门处理时间序列数据的模型无法相比，准确率是五种模型中最差的。RNN 模型可以处理序列数据，在理论上能捕获长期依赖关系。但在实验中，标准 RNN 模型面临梯度消失或梯度爆炸的问题，限制了它在长序列上的性能。虽然 RNN 模型的准确率比 CNN 模型高 6.73%，但它仍然未能充分捕获行为识别所需的所有时序特征。LSTM 模型作为 RNN 模型的改进模型，通过门控机制解决了梯度消失问题，更好地捕获了长期依赖关系，更有效地学习了实验数据中的人体行为模式，比 RNN 模型的准确率高 12.22%。TCN 模型结合了卷积网络在特征提取方面的优势和序列建模的能力，训练速度比 RNN 模型和 LSTM 模型的训练速度更高，模型准确率比 LSTM 模型高 7.64%。LTNet 模型在五种模型中表现最好，准确率高达 93.75%，比 LSTM 模型高 17.18%，比 TCN 模型高 9.54%。实验结果说明 LTNet 模型的长短期记忆模块有效捕捉长期依赖关系，时序卷积模块有效提取局部特征，通过组合学习更丰富的时间序列特征，能够更准确地识别和分类人体行为。

5.2 基于注意力机制和知识蒸馏的室内人体行为识别研究

在上一节中，详细介绍了一个基于长短期记忆和时序卷积的 RFID 室内人体行为识别模型（LTNet），并通过对比实验验证模型的准确性。本节将在 LTNet 模型的基础上，引入注意力模块，提出 LTA 模型。LTA 模型将更加关注人体行为识别的关键信息，进一步忽略噪声干扰。为了解决模型准确度提升带来的计算复杂度增加的问题，本节将引入知识蒸馏，提出一个混合蒸馏策略，减少模型的参数量和计算复杂度，实现模型轻量化，适用于资源受限的设备。

5.2.1 基于 LTA 的 RFID 室内人体行为识别模型设计

5.2.1.1 注意力模块

前文已经初步介绍了注意力机制在深度学习领域的重要性及其基本原理。它能够帮助模型聚焦关键信息，提高处理效率和准确性。而在当前 RFID 室内人体行为识别的特定任务下，注意力机制有着更为细致和独特的应用方式，下面将进一步深入探讨其在本任务中的具体实现和作用。

注意力机制有三个关键概念，分别是 Query(Q)、Key(K) 和 Value(V)。其中，Query 是模型当前的关注点或需要回应的问题。在 RFID 信号数据处理中，Query可以被认为是当前时间点或时间窗内，模型正在寻找的人体行为特征表示。例如，模型识别是否出现了"跌倒"行为，Query将会是对应"跌倒"行为可能特征的一组数值表示。Key是与Query匹配的特征表示。在处理RFID信号数据时，Key可以被视为一段时间内的RSSI信号特征，通过与Query匹配来判断相关性。Value在Key和Query匹配时提供需要关注的信息。在RFID处理信号数据时，它可能包含了与Key对应的RSSI信号在特定时间内的上下文信息，如均值、方差等统计数据，当Query与Key之间的匹配度较高时，Value会被赋予较大的权重，使模型更关注这部分信息。

计算Query和Key之间的相似度得分是RFID人体行为识别研究引入注意力模块的核心部分。计算相似度得分过程可以帮助模型确定给定的时间点哪些RFID信号对识别人体行为类别最为关键。在相似度计算过程中，首先需要将长短期记忆模块和时序卷积模块产生的特征向量转换，这些特征向量代表了时间序列中每个时间步的某种状态或者信息。接着，用模型上一个隐藏状态或现在的解码器的状态生成Query，代表当前模型所关注的目标和编码器部分输出Key，代表注意力模块的输入序列的不同部分。相似度得分计算方式有四种，第一种是"点积"方式，直接计算查询向量和键向量的点积；第二种是缩放"点积"相似度方式，可以有效防止"点积"的得分过大，导致Softmax函数处在梯度较小的区域；第三种是合并相似度方式，利用一个额外的神经网络来学习查询和键之间的相似度；第四种是余弦相似度方式，衡量两个向量的夹角，忽略它们的角度。

注意力模块计算相似度得分后，会使用Softmax函数将得分转换成概率分布（权重）。这些权重代表了RFID信号中不同时间步的重要性。模型通过加权平均所有时间步的值（V），根据其重要性生成一个上下文向量，这个向量随后被用于人体行为的识别和分类。通过上述的计算，注意力模块可以让模型对当前人体行为识别任务最为关键的RFID信号特征进行动态关注，而不是平等对待所有的时间步，提高了模型处理时间序列数据时的灵活性和准确性，特别是在背景噪声和干扰因素存在的室内复杂环境中。

假设某一系列时间步为 $rssi = rssi_1, rssi_2, \cdots, rssi_t$，每个时间步的读数表示为一个向量，这些向量构成了值 V，查询向量 Q 表示在特定时间步骤上模型正在尝试识别的行为。键 K 可以是与 V 相同的 RSSI 读数，也可以是经过某种变换的读数。注意力模块计算公式如下：

①计算查询 Q 与所有键 K 之间的相似度得分，计算公式见式(5-12)。

$$\text{Scores} = \boldsymbol{QK}^{\text{T}} \tag{5-12}$$

②将得分通过一个缩放因子进行缩放，d_k 表示键向量的维度。在 RFID 人体行为识别研究中，计算得分，计算公式见式(5-13)所示。

$$\text{Scaled Scores} = \frac{\text{Scores}}{\sqrt{d_k}} \tag{5-13}$$

③通过 softmax 函数得到每个时间步骤的权重，计算公式见式(5-14)。

$$\text{Weights} = \text{softmax}(\text{Scaled Scores}) \tag{5-14}$$

④把权重应用于相对应的值 **V**，得到加权后的输出，计算公式见式(5-15)。

$$\text{Output} = \text{Weights}\boldsymbol{V} \tag{5-15}$$

完整的表达式见式(5-16)。

$$\text{Attention}(\boldsymbol{Q},\boldsymbol{K},\boldsymbol{V}) = \text{softmax}\left(\frac{\boldsymbol{Q}\boldsymbol{K}^\text{T}}{\sqrt{d_k}}\right)\boldsymbol{V} \tag{5-16}$$

注意力模块结构如图 5-16 所示，其中，S 表示相似度得分，a 表示注意力权重。

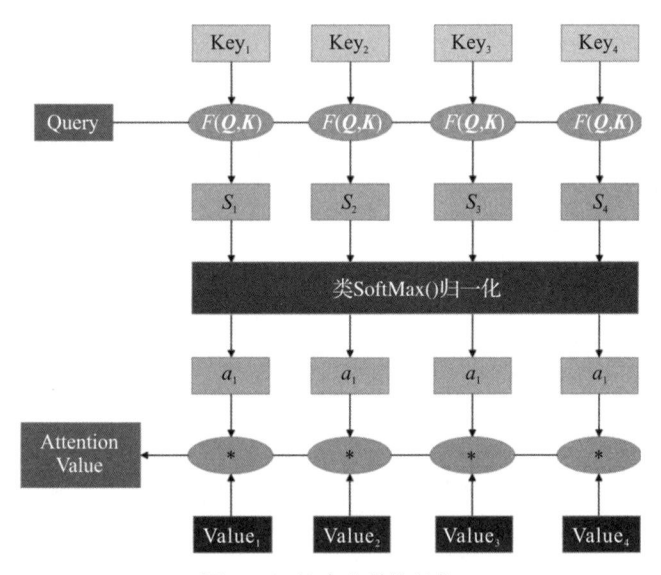

图 5-16　注意力模块结构

5.2.1.2　基于 LTA 的 RFID 室内人体行为识别模型

在 RFID 室内人体行为识别研究中，研究者通过多种方式提升模型的准确率和灵活性。然而，当模型精度超过 92% 的时候，提升模型精度就开始变得十分困难。第 4 章提出的 LTNet 模型通过结合长短期记忆模块和时序卷积模块，已经在捕捉时间序列数据的长期依赖方面表现出色，准确度达到了

93.75%。但是,LTNet 模型在识别复杂的人体行为模式的准确度上,仍有提升空间。

为了进一步优化 LTNet 模型的性能,本节将注意力模块融入 LTNet 模型中,让模型能够自动识别和提升特定行为最为关键的时间步和特征的权重,提出一个基于长短期记忆、时序卷积和注意力机制的 RFID 人体行为识别模型(LTA)。LTA 模型通过引入注意力模块,不仅可以加强模型对人体行为模式中微妙变化的敏感度,还可以强化对缓慢发生或持续时间长的行为序列的识别能力。通过将不同的权重分配给不同的时间步骤,LTA 模型不仅可以关注当前行为的特征,还可以预测人体行为模式的未来走向。注意力模块的权重调整机制,有效提高了模型在处理行为数据时的适应性和精准度,增加了模型决策过程的透明度,让研究者可以更加清晰地理解模型的内部运作机制,提高了模型的可解释性。LTA 模型架构如图 5-17 所示。

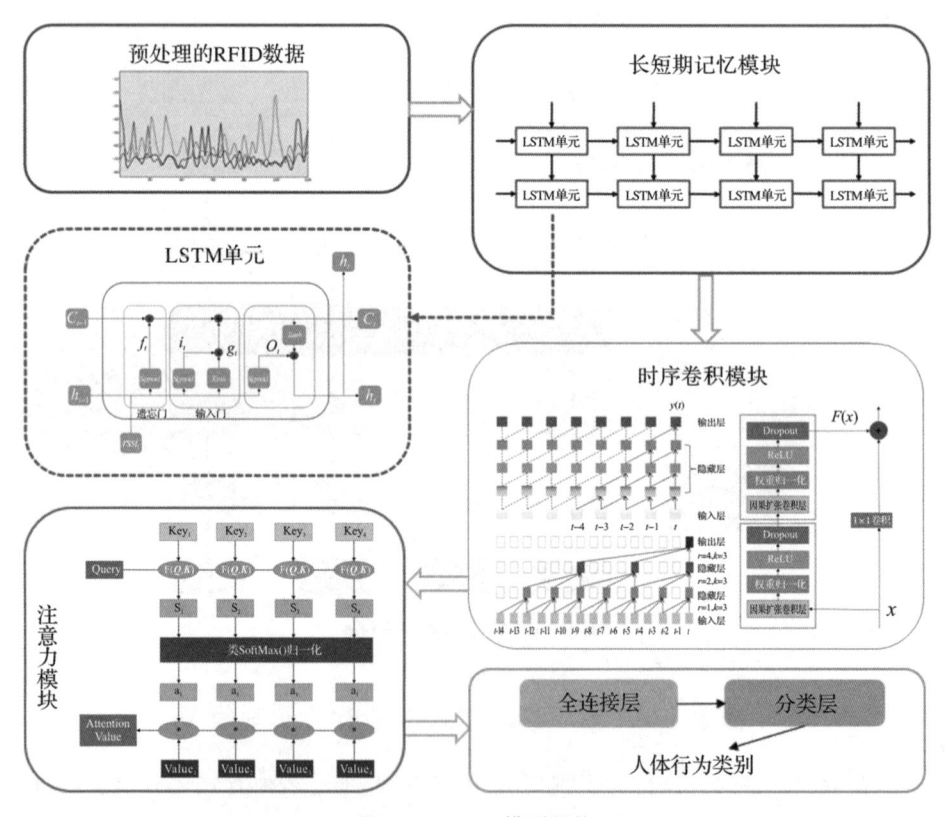

图 5-17 LTA 模型架构

5.2.2 基于知识蒸馏的 RFID 室内人体行为识别模型

5.2.2.1 模型压缩技术

随着深度学习的发展,在模型准确度提升的同时,模型的复杂度也与日俱增。例如,卷积神经网络、循环神经网络和大语言模型等模型,通过训练深层的神经网络,在各种任务中取得极高的准确性。但这些模型往往以计算资源为代价,存在推理速度慢和需要大额存储空间等缺陷,在计算能力有限的环境中的应用(如移动设备和嵌入式系统)受限。因此,模型的压缩和加速变得至关重要,以便将这些准确率高的模型部署到计算和存储资源有限的设备上。

目前,研究人员提出了多种模型压缩方法,实现模型大小和计算需求减少,同时能够保持高准确率。以下是一些主要的模型压缩技术:权重剪枝(weight pruning)通过移除神经网络中不重要的权重,实现模型大小和计算量的减少。减枝的方法一般分为结构化剪枝和非结构化剪枝。其中,结构化剪枝是按照某种固定结构剪枝,如整个过滤器或神经元;非结构化剪枝则是随机移除权重。剪枝后的模型需要通过重新训练才能恢复原有性能。量化(quantization)减少模型中权重和激活的位宽。例如,把 32 位浮点数转换为 8 位整数的表示。整数运算一般比浮点运算速度更快,所以量化不仅能够减少模型的存储需求,还能加速计算。低秩分解(low-rank factorization)通过矩阵分解技术,实现矩阵权重的分解,从而降低模型参数的数量。例如,一个大的权重矩阵在使用低秩分解之后,会被分解成两个或多个小的矩阵的乘积,这些矩阵的乘积可以近似等于原来那个大的矩阵。紧凑型卷积核(compact convolutional filters)针对卷积网络,设计特殊的紧凑型卷积核,如 1×1 卷积,深度可分离卷积,实现模型的参数数量和计算复杂度得到减少。网络架构搜索(neural architecture search, NAS)是一种自动化的方法,可以用来发现计算高效的网络架构,搜索在给定资源约束下性能最优的模型结构。知识蒸馏(knowledge distillation)是把一个大型模型的知识转移到一个小型模型,如同把教师模型的知识转移到学生模型。学生模型通过训练模仿教师模型的输出,保持良好的性能,实现更小、更高效的模型压缩目标。

基于长短期记忆和时序卷积的 RFID 室内人体行为识别模型(LTNet)引入注意力模块,提出基于长短期记忆、时序卷积和注意力机制的 RFID 室内人体行为识别模型(LTA)。LTA 模型能够提高对 RFID 信号中和人体行为相关的关键特征的关注度,在理论上提高模型识别的准确率(本章将验证实际应用中的情况),但因模型模块增加使网络变深,参数量和计算复杂度难以实现轻量化部署。为此,本节提出基于知识蒸馏的 RFID 室内人体行为识别模型。

5.2.2.2 知识蒸馏

"知识蒸馏"框架将知识从庞大的模型转移到可以在实际应用场景部署的较小模型,本质上是一种模型压缩技术。知识蒸馏由三部分组成,分别是知识、蒸馏算法和教师学生架构,见图 5-18 所示。

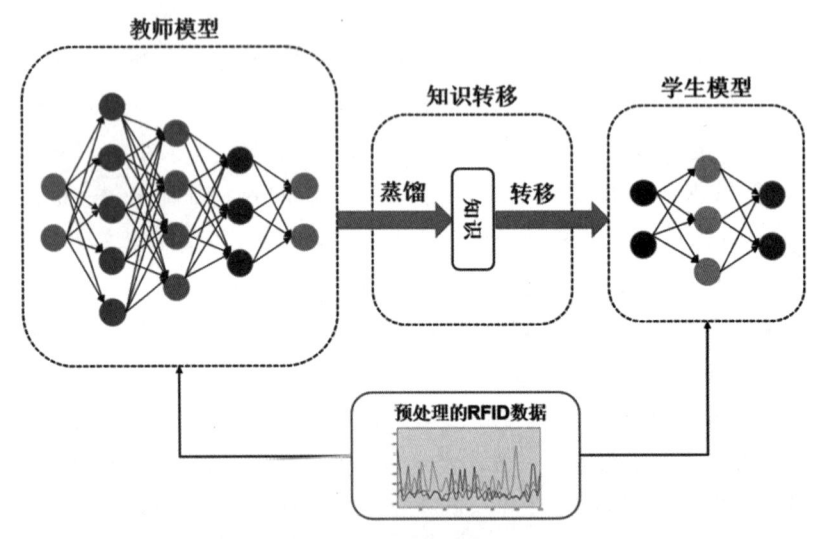

图 5-18 教师学生架构

在之前的知识蒸馏过程中,本书通过训练教师模型和准备学生模型,并设计合适的损失函数来传递知识。而在这个过程中,知识的具体形式和传递方式起着关键作用,接下来将详细介绍基于 RFID 人体行为识别的三种知识类型,即基于响应的知识蒸馏、基于特征的知识蒸馏和基于关系的知识蒸馏,它们在进一步优化模型性能方面有着独特的作用。三种知识类型如图 5-19 所示。

(1)基于响应的知识蒸馏

基于响应的知识蒸馏主要是关注模型的软标签(soft labels)。在 RFID 人体行为识别研究中,一个复杂的教师模型在最后的输出端,会输出人体行为类别的概率分布。这些概率分布不仅包含最终预测的人体行为类别,还会包含其他类别的概率信息。学生模型可以通过教师模型的这些概率信息,学习更精细化的数据特征表示。软标签可以反映模型对每个类别的置信度和类别差

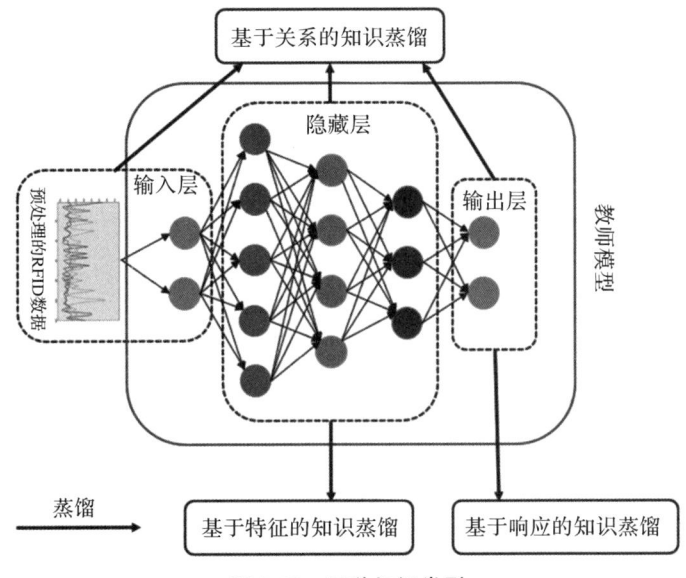

图 5-19　三种知识类型

异。例如，如果某个人体行为类别和其他行为类别十分相近，教师模型不会只给其中一个类别较高的概率值，而是对两个类别都给予较高的概率值，学生模型通过学习这种概率分布，学会区分行为之间的细微差别。基于响应的知识蒸馏的另一个重要参数是温度参数(T)，基于响应的知识蒸馏中的一个重要参数是温度参数(T)。通常，通过设置较高的温度值来平滑教师模型输出层的概率分布，这样使得模型输出的软标签不再仅仅反映单一行为类别的概率显著高于其他类别，而是能够体现更丰富的信息。这允许学生模型学习到不同行为类别之间的概率分布差异，从而更好地理解各类别之间的相对关系。基于响应的知识蒸馏使用两种损失函数，其一是硬目标损失，计算学生模型的预测结果和真实标签之间的差异；其二是软目标损失，计算学生模型的预测结果和教师模型的预测结果的损失，帮助学生模型学习到教师模型输出的知识。

(2)基于特征的知识蒸馏

基于特征的知识蒸馏同时关注模型的最终输出和模型的中间层(特征表示)响应，可以认为包含基于响应的知识蒸馏。在 RFID 人体行为识别研究的教师模型中，不同的中间层可以捕捉输入数据的不同层次的特征。这些特征包含人体行为动态、方位和移动速度等重要信息，帮助教师模型能够准确识别人体行为。基于特征的知识蒸馏能够让学生模型学习到这些对预测结果十分重要的特征表示。基于特征的知识蒸馏一般通过四个步骤实现：第一个步骤是选择特征层,通过选择教师模型中的一个中间层或者多个中间层,作为特征知识;第二个步骤是匹配特征维度,学生模型的结构和教师模型的结构不相同,导致教师模型的特征表示无法和学生模型相匹配,需要通过适配层来调整特征的维度,实现教师模型和学生模型的比较;第三个步骤是定义损失函数,通过均方误差或 L2 范数衡量教师模型特征表示和学生模型特征表示的距离;第四个步骤是联合训练,合并特征损失和基于响应的知识蒸馏的损失,形成联合的优化目标,学生模型在最小化联合目标的损失之后,可以同时学习教师模型的行为预测类别和关键的特征表示。

(3)基于关系的知识蒸馏

基于关系的知识蒸馏包含了基于响应的知识蒸馏和基于特征的知识蒸馏,同时关注教师模型中每个特征之间的关系。在序列处理中,不同特征之间的关系表示不同时间点的依赖关系。在 RFID 人体行为识别研究中,不同特征之间的关系可以表示不同信号模式之间的相互作用,模型依靠这种相互作用正确进行人体行为识别。基于关系的知识蒸馏分为四个步骤:第一个步骤是特征提取,分别从教师模型和学生模型的输出层和中间层提取特征;第二个步骤是关系建模,通过定义关系函数,计算特征之间的距离或向量点积等,帮助捕捉特征之间的依赖;第三个步骤是定义关系蒸馏损失,通过损失函数量化学生模型和教师模型之间的特征关系差异,通过训练,将这个差异最小化;第四个步骤是训练优化,结合使用关系蒸馏损失、特征蒸馏损失和响应蒸馏损失,让学生模型学习到教师模型的关系知识,完成学生模型的有效训练。

5.2.2.3 混合蒸馏策略

上一小节介绍了基于响应的知识蒸馏、基于特征的知识蒸馏和基于关系的知识蒸馏。针对 RFID 人体行为识别研究的特殊性,本小节将提出一个针对 RFID 人体行为识别特点的混合蒸馏策略,帮助学生模型在计算复杂度较低的情况下,学习到复杂的模式识别。

混合蒸馏策略核心是设计混合蒸馏损失函数,下面对其进行详细介绍:

(1)软目标蒸馏损失

将教师模型输出概率分布的平滑性传给学生模型,让其学到泛化信息。通过使用高温参数 T,让教师模型输出更为平滑,从而使得学生模型可以学到教师模型中关于类别相对关系的软信息。软目标蒸馏损失通过对教师模型和学生模型的输出概率分布的差异应用温度缩放的交叉熵损失函数实现计算。其计算公式见式(5-17)。

$$L_{\text{soft}} = \frac{1}{N}\sum_{i=1}^{N} \text{KL}\left(\frac{z_{T_i}}{T}, \frac{z_{S_i}}{T}\right) \tag{5-17}$$

其中，z_{T_i} 和 z_{S_i} 分别是教师模型和学生模型针对 RFID 信号 i 输出的 logits 向量，T 是温度参数用于平滑概率分布，KL 是 Kullback-Leibler 散度。

(2) 硬目标蒸馏损失

硬目标蒸馏损失使用交叉熵损失函数计算学生模型的人体行为类别预测结果和真实标签的差异，帮助学生模型在训练过程中不偏离实际任务目标。其计算公式见式(5-18)。

$$L_{\text{hard}} = \frac{1}{N}\sum_{i=1}^{N} H[y_i, \sigma(z_{S_i})] \tag{5-18}$$

其中，y_i 是 RFID 信号 i 对应的真实行为标签，σ 是 softmax 函数，将 logits z_{S_i} 转换为概率分布。

(3) 特征蒸馏损失

特征蒸馏损失可以减少教师模型和学生模型在中间层的特征表示上的差异，帮助学生模型捕捉到人体行为识别最有用的抽象特征和信息。其计算公式见式(5-19)。

$$L_{\text{feature}} = \frac{1}{N}\sum_{i=1}^{N}\sum_{l=1}^{L} \alpha_l \left| F_{T_i}^l - F_{S_i}^l \right|_2^2 \tag{5-19}$$

其中，$F_{T_i}^l$ 是教师模型在第 l 层的特征表示，$F_{S_i}^l$ 是教师模型在第 l 层的特征表示，α_l 是第 l 层的权重关系。

(4) 关系蒸馏损失

关系蒸馏损失能帮助学生模型学习教师模型的特征之间的关系。其计算公式见式(5-20)。

$$L_{\text{relational}} = \frac{1}{N^2}\sum_{i=1}^{N}\sum_{j=1}^{N} \beta \left| R(F_{T_i}, F_{T_j}) - R(F_{S_i}, F_{S_j}) \right|_2^2 \tag{5-20}$$

其中，β 是权重系数，R 是一个提取特征之间关系的函数。

(5) 混合蒸馏损失

混合蒸馏损失通过权衡不同类型的知识蒸馏策略的损失函数，调整学生模型学习的重点，以达到更好的蒸馏效果。其计算公式见式(5-21)。

$$L_{\text{hybrid}} = \gamma L_{\text{soft}} + (1-\gamma) L_{\text{hard}} + \lambda L_{\text{feature}} + \eta L_{\text{relational}} \tag{5-21}$$

其中，γ, λ, η 是超参数，用来平衡不同损失项的贡献。

通过使用混合知识蒸馏策略，对 LTA 进行知识蒸馏后的新模型 LTAS 将同时复现教师模型的决策过程和提取利用教师模型中的丰富信息，实现性能的提升。

5.2.2.4 基于混合蒸馏策略的 LTAS 模型实现

本节根据上一节提出的混合蒸馏策略，提出了一个基于知识蒸馏的 RFID 人体行为识别模型 LTAS。如图 5-20 所示，蒸馏模型的实现过程将有六个步骤：第一个步骤是使用处理好的 RFID 人体行为数据集，同时将 80％的总数据集作为训练集，将 20％的总数据集作为测试集；第二个步骤是使用 5.1 节提出的 LTA 模型，将其作为教师模型；第三个步骤是准备一个与教师模型结构相似的模型 LTAS；第四个步骤是将上一节的混合蒸馏损失函数作为蒸馏模型的损失函数；第五个步骤是训练学生模型 LTAS，让 LTAS 的人体行为识别准确率接近教师模型 LTA；第六个步骤是使用测试集，根据模型的总参数量、占比空间和预测耗时等指标，对学生模型 LTAS 评估调优。

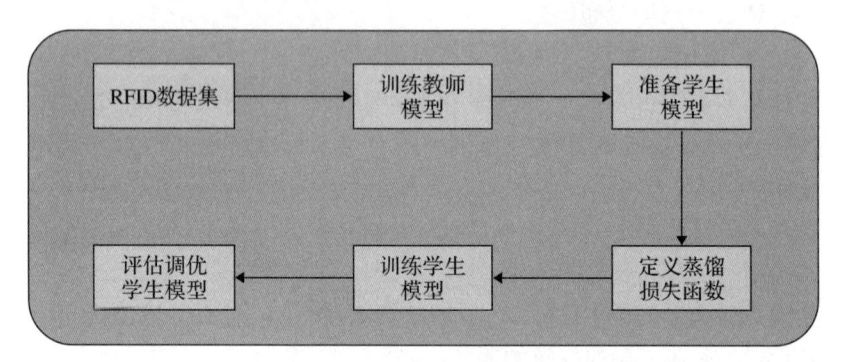

图 5-20 蒸馏模型实现过程

5.2.3 实验结果与分析

本节将进行两个实验，第一个实验是对比 CNN、RNN、LSTM、TCN、LTNet 和 LTA 模型的人体行为识别准确率，第二个实验是对比 LTNet、LTA 和 LTAS 模型的准确率、存储空间、预测耗时。

5.2.3.1 实验一

各模型准确率如图 5-21 所示，LTA 模型在六种模型中准确度最高，达到 94.87％，比 LTNet 模型高 1.12％。

实验证明，引入注意力模块之后，LTA 模型能够聚焦于 RFID 数据关键部分，进一步增强捕捉复杂特征的能力，实现对细微行为动作的识别，提高准确性。

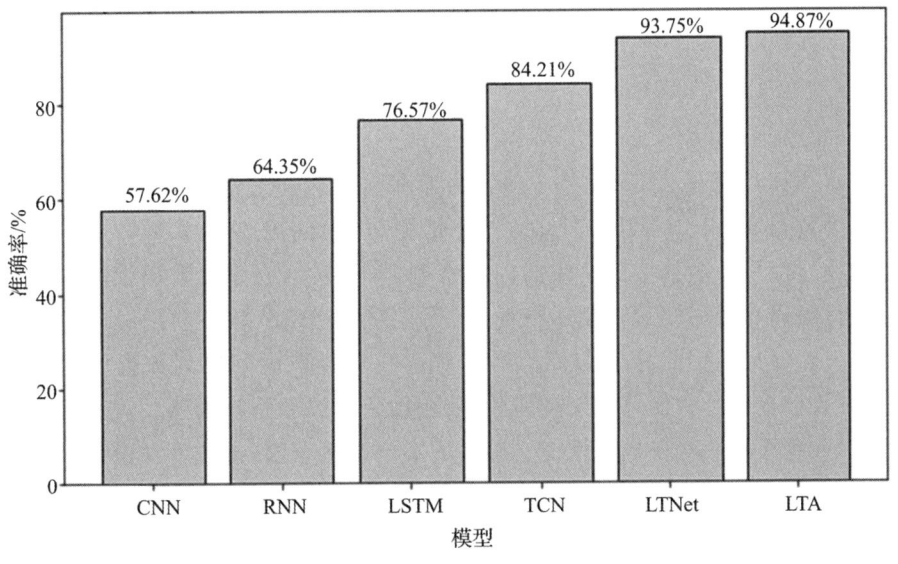

图 5-21 各模型准确率对比

5.2.3.2 实验二

表 5-5 展示了 LTNet、LTA 和 LTAS 模型的准确率和资源使用。LTAS 模型的准确率为 94.12%,虽然比 LTA 模型的准确率低 0.75%,但是总参数量比 LTA 模型下降 25.67%,减少 15787;存储空间比 LTA 模型下降 27.5%,减少 66 KB;预测耗时比 LTA 模型下降 14.81%,减少 61 ms。而且,LTAS 的准确率、总参数量、存储空间和预测耗时相比 LTNet 都得到了明显的提升。从表 5-5 中,我们可以看到 LTA 虽然准确率比 LTNet 高,但是这是在牺牲总参数量、存储空间和预测耗时情况下取得的效果,因此有必要使用知识蒸馏压缩模型,减少计算复杂度,让模型可以轻量化部署。

表 5-5 各模型准确率和资源使用

模型	准确率	总参数量	存储空间	预测耗时
LTNet	93.75%	53831	210 KB	387 ms
LTA	94.87%	61493	240 KB	412 ms
LTAS	94.12%	45706	174 KB	351 ms

5.3 本章小结

本章针对现有 RFID 室内人体行为识别模型无法充分提取人体行为数据的时序数据,提出了一个基于长短期记忆和时序卷积的室内人体行为识别模型。通过使用长短期记忆模块的门控机制,实现对行为序列数据中的关键事件进行编码和行为模式转换的特性,确保长期的时序依赖不会随时间的推移而消失。通过利用时序卷积模块的一维卷积层提取时间序列数据的局部特征,有效捕捉到行为模式的短期依赖,使用因果扩展卷积扩大感受野和并行处理,引入残差模块提升模型性能。最后的实验结果表明,最佳滑动窗口尺寸为 40,LTNet 模型的准确率远高于其他四种模型的准确率,达到 93.75%,验证了本章研究方法在 RFID 室内人体行为识别任务上的准确性和优越性。

本章还介绍了注意力模块,提出了一个结合注意力模块的室内人体行为识别模型,称作 LTA。通过增加注意力模块,提高模型对关键信息的关注,提升模型识别准确率。接着通过介绍模型压缩技术,分析知识蒸馏在 RFID 人体行为识别研究中的应用,提出了一种混合蒸馏策略,将混合蒸馏损失函数作为模型蒸馏过程中的损失函数。通过把 LTA 模型当成教师模型,训练学生模型 LTAS。对比实验证明,LTA 模型在准确度上比 LTNet 模型高,达到了 94.87%;LTAS 的准确度虽然比 LTA 模型低 0.75%,但是在总参数量、存储空间和预测耗时上得到了有效的提升,可以轻量化部署,成功实现引入知识蒸馏降低模型复杂度和保持高准确率的目标。

第6章

标签无附着和小样本场景下的 RFID 人体行为识别研究

6.1 标签无附着场景下的 RFID 人体行为识别研究

基于 RFID 的标签无附着场景下会带入大量的多路径噪声信息，因此在此场景下的行为识别目前存在的主要问题在于如何从复杂丰富的数据特征中提取有效的行为特征。使用传统机器学习研究时，通常需要设计人为的特征提取方法，这种方式需要对数据集的特性有足够深的了解。尽管经过了一系列数据预处理操作，但标签无附着场景下的信号特征仍很难通过先验经验去提取且这种人工提取的方式往往缺乏说服力[39]。

因此，本书通过使用深度学习模型来自动地提取有效特征。该领域现有的深度模型往往缺少忽略了频域特征对于行为识别的重要性，无法紧密地将时间域上的信号特征和频域上的信号特征进行结合，对于标签无附着场景下的识别准确率往往依赖于数据集的规模和质量，模型的识别性能和鲁棒性较差。且现有的深度学习模型对于不同重要程度的时序序列无法可选择性地进行算力分配，对于某些不那么重要的噪声序列仍投入等量的算力去计算，增加模型计算复杂度的同时也增加了模型的拟合难度。因此无法在相对较少的数据集上完成较高的识别准确率。

此外，目前市面上基于 RFID 的标签无附着识别模型在单一目标的场景下只有在大量数据集上才有较好的拟合效果，很难拓展到少量数据集下的非单一行为识别场景,这对现有的 RFID 模型来说是一个巨大的挑战。因此,本节的研究目标就是解决以上问题,设计出一个能在标签无附着的场景下完成非单一目标行为识别,且使用比目前市面上的模型更小的数据集进行训练。

本节提出了一个使用单一天线来实现人体行为的轻量化网络,为使网络更加轻便且便于从小量的训练样本中提取关键的信息,设计的网络使用特征金字塔结构的级联连接框架稀疏多个以稀疏化 ProbSparse 注意力机制为核心的 Transformer-Encoder 层,结合空洞卷积提取数据在时频域间的内在联系。

6.1.1 标签无附着场景下的 DeepMultiple 模型设计

本书将在标签无附着场景下的行为识别模型称为 DeepMultiple。如图 6-1 所示,模型主要由空洞卷积模块、特征融合模块、Transformer-Encoder 变体模块、输出模块四个模块组成。受 DeepSense[40] 的启发,模型在空洞卷积模块将本次使用到的 9 个标签信息按照时间序顺序排列,并在每个时间步内通过空洞卷积去提取特征的时频域特性。在特征融合模块将这 9 个标签提取出的特征进一步展平合并,通过多个二维卷积进一步融合其中特征。在 Transformer-Encoder 变体模块通过稀疏化 ProbSparse 注意力机制可选择性地选择更有效的特性并给予更高的权重,为简化传统的 Transformer-Encoder 的堆叠复杂性,在 DeepMultiple 模型中通过使用特征金字塔的级联堆叠方式[41]对其结构进行了简化。在输出模块中,使用线性层将按照时间序排布的特征进行线性变化后,通过 softmax 函数进行分类。

6.1.1.1 空洞卷积模块

由图 6-1 可知,每个时间戳内的空洞卷积层结构是一样的,因此本节仅关注到单个时间戳内的空洞卷积模块运作流程。

空洞卷积(dilated convolution)是一种扩展传统卷积神经网络(CNN)感受野的方法,用以提高模型对输入数据的空间分辨率理解[42]。它通过插入"空洞"(也称为"空间间隙")来扩展卷积核,从而在不增加计算成本和模型参数的情况下增加感受野。在标准卷积中,卷积核中的每个元素仅处理输入特征图上相邻的元素。空洞卷积引入了一个"扩张率"(dilation rate)的概念,它定义了卷积核中相邻元素之间的空间距离。扩张率为 1 时,空洞卷积等同于标准卷积。扩张率大于 1 时,卷积核"膨胀",元素之间的距离增大,卷积核覆盖的感受野随之扩大。空洞卷积首先在图像处理领域被提出,主要用于图像分割、

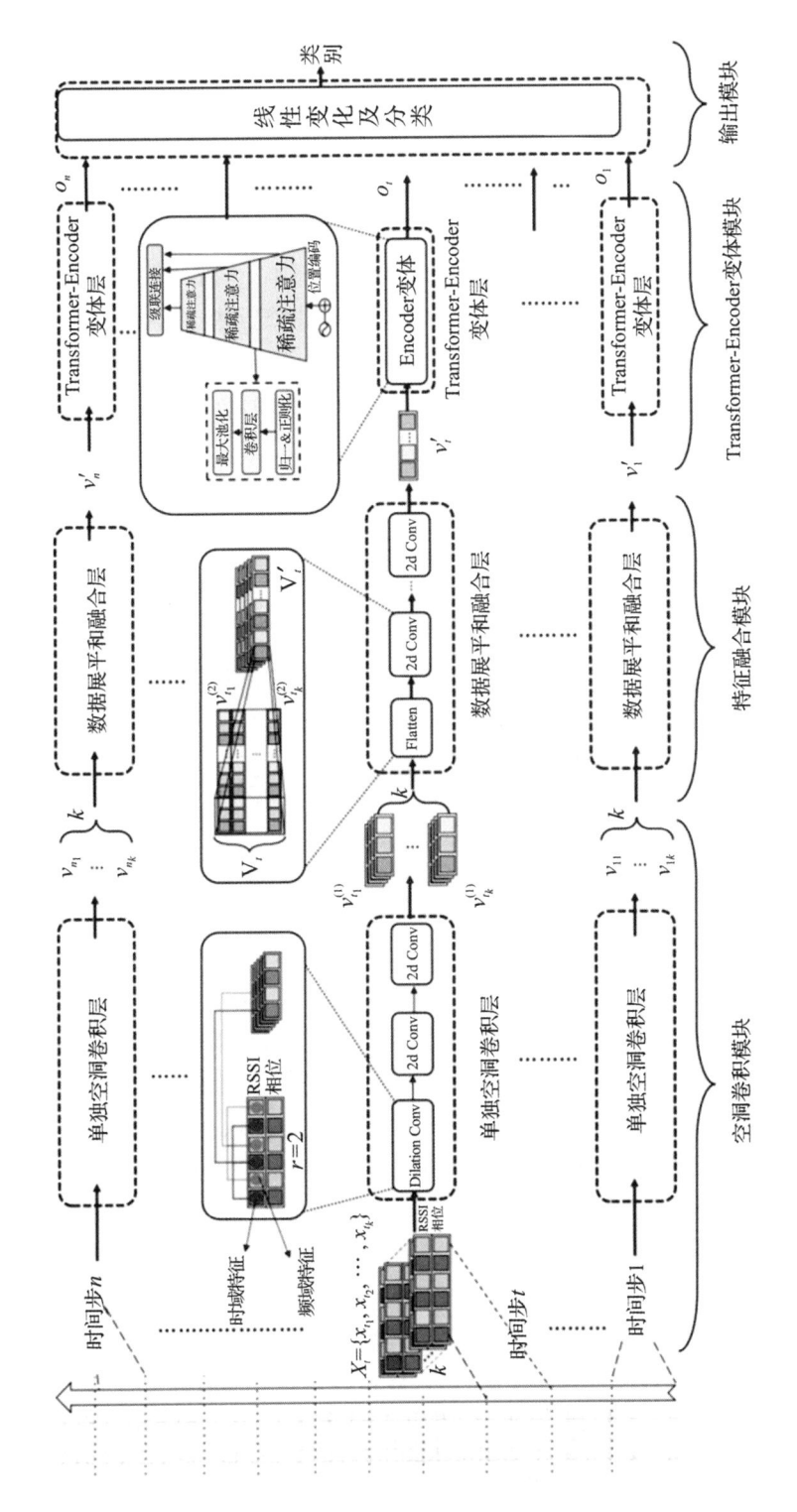

图6-1 DeepMultiple 模型架构

超分辨率等任务。而随着深度学习的进一步发展,空洞卷积同样被用于基于时序特性的数据特征提取中来,如自然语言处理中的长距离依赖关系。在本节任务中,将输入数据按照时间顺序进行排列,这可以类似地看作自然语言处理中的时序分布,因此空洞卷积同样适用于本次任务的特征提取。市面上较为流行的时域卷积网络为 TCN 网络,TCN 网络通过将因果卷积与空洞卷积相结合的方式,在时域上提高了感受野的同时也增加了对长距离时间序信息的依赖,其工作原理如图 6-2 所示。由图 6-2 可以发现,基于因果空洞卷积需要通过加入零填充来保证维度对齐,一定程度上为模型代入了无效的特征信息,在增加了计算量的同时无法保证其对于不同任务的适应性和迁移性。

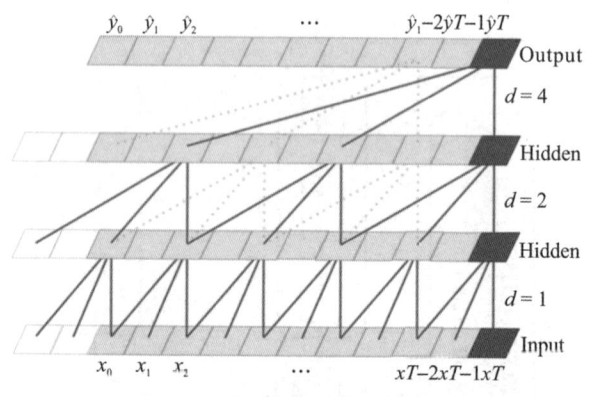

图 6-2 时域卷积模块工作原理

鉴于此,本节提出了一种更适合 RFID 行为识别的空洞卷积处理模块。该模块通过预处理手段优化空洞卷积的感受野,使其能够精准地从时频域特征中交错抽取信息,进而增强识别的准确性。此方法无须依靠零填充来对齐数据维度,而是采用两种二维卷积操作来进一步优化和整合数据特征。在 t 时刻下的空洞卷积模块运作流程,见图 6-3,K 个标签上的数据根据时间域和频率域交错排列的形式分布,通过设置扩张率为 2 跳跃地融合时频域上的 RSSI 和相位特征,避免因扩张率导致的"棋盘效应",更好地提取了时频域上的特征。此外该方法通过空洞卷积稀疏采样特征,允许模型有效捕捉更宽的上下文信息,同时避免了信息覆盖的不均匀性和特征信号的时频域分布不连续性的问题。经空洞卷积处理后的数据再进一步传入两个二维卷积,卷积核大小分别为(2,2)和(1,2)。在每一次卷积操作后,使用 ReLU 作为激活函数并应用批量归一化(batch normalization)进行归一处理。这样设计的好处在于,使用多个卷积层可以捕捉更加复杂的信号特征,使用 ReLU 激活函数可以提高网络的非线性能力,用批量归一化可以减少内部协变量偏移和梯度消失问题,从而提高网络的准确性。

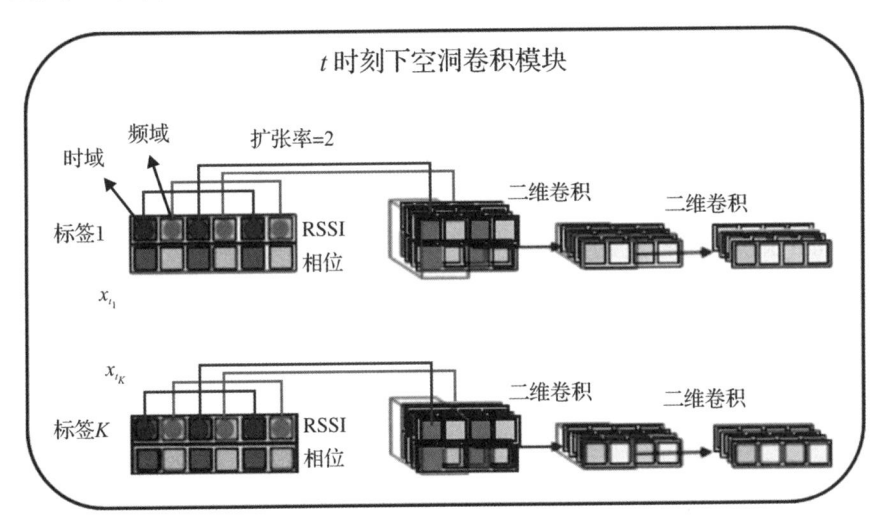

图 6-3 空洞卷积模块流程

6.1.1.2 特征融合模块

在特征融合模块中,将 K(本章 $K=9$)个标签的数据特征进行平铺展开,将 t 时刻下经空洞卷积处理后的数据定义为 $v_{t(1)}^1, v_{t(1)}^2, \cdots, v_{t(1)}^k$。如图 6-4 所示,首先将 K 个标签展平并重新连接得到 V_t。接着对特征向量进行两次二维卷积,卷积核分别为 $(K,3)$ 和 $(1,3)$,学习高纬空间特征得到 V_t'。此输出作为 Transformer-Encoder 变体模块的输入。每个卷积层后应用批量归一化和 ReLU 激活,最后用 stride=2 的 MaxPool2d 压缩维度。

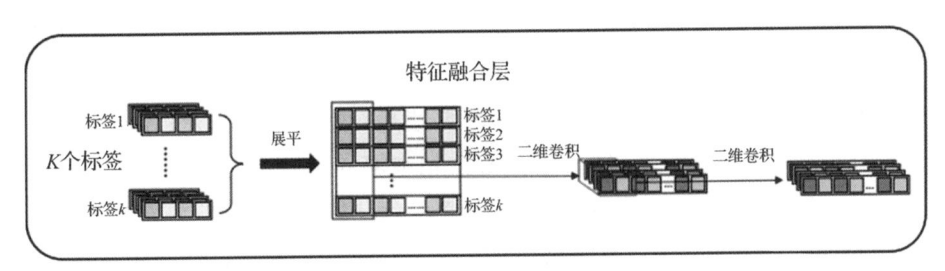

图 6-4 特征融合模块流程

6.1.1.3 Transformer-Encoder 变体模块

传统的 Transformer 结构是由 Vaswani 等人提出,主要用于解决序列到序列(Seq2Seq)的问题,如机器翻译、文本摘要和语言理解等[28]。这种结构完全基于注意力机制,摒弃了循环神经网络(RNN)和卷积神经网络(CNN)的常用结构。传统的 Transformer 主要结构包括编码器(encoder)和解码器(decoder)。

Transformer 模型的编码部分由 N 层相似的单元叠加构成,其中每层主要由两个核心组件组成:多头自注意力(multi-head self-attention)机制与前向馈神经网络(feed-forward neural network),两者周围均实施了残差连接(residual connection)后跟层级归一化(layer normalization)。解码器亦由 N 层相似的单元构成,每一层涵盖三个子模块:被遮蔽的多头自注意力机制、编码器—解码器注意力机制以及前向馈神经网络。这些子模块同样采用了残差连接和层级归一化处理。

尽管 Transformer 模型在自然语言处理(natural language processing, NLP)和计算机视觉(computer vision, CV)领域取得了巨大的成功,但将其应用于基于 RFID 的行为识别时仍存在一系列技术难点:①人体行为识别不仅需要考虑空间上的行为模式,还需要捕捉时间序列中的动态变化。RFID 信号反映了标签相对于读取器的移动情况,包含了丰富的时空信息。如何设计 Transformer 模型以有效融合这些时空特征,是实现准确行为识别的关键。这就需要对原始的 Transformer 的自注意力机制进行调整,使其能够更好地处理时序数据的特点。②RFID 系统可以在较长的时间内连续收集数据,产生大量的序列数据。处理这些大规模数据集,尤其是在实时或近实时应用场景中,对计算资源提出了高要求。而传统的 Transformer 架构较为复杂,需要大量的计算成本。因此,如何降低传统 Transformer 模型的复杂度,减少数据计算成本,是另一个技术挑战。在本书中,采用了 Transformer 架构的编码器(Encoder)部分,对人体行为识别任务进行了探索,并引入了特征金字塔结构以优化编码器层的传统堆叠方式。

本书的研究目标是通过这种创新的设计来降低模型的复杂性,同时保持或提升识别的准确性。此外,为了更有效地提取和融合 RFID 信号的时空特征,本节对标准的自注意力机制进行了改进,采用了可选择性自注意力机制(ProbSparse Attention)。该机制通过降低对低重要性特征的计算关注度,有效地减少了不必要的计算消耗,并在实验中显著地提高了行为识别的精度。接下来,本节将详细描述该 Transformer 编码器变体(Transformer-Encoder)的结构组成及其运作流程,包括对位置编码的解释、特征金字塔结构的集成方式以及选择性自注意力机制的具体实现细节。

(1) 基于时序数据的位置编码

位置编码(positional encoding)是在 Transformer 模型中用于赋予序列数据位置信息的一种技术。由于 Transformer 的自注意力机制并不固有地处理序列数据的顺序,位置编码成为提供序列中每个元素位置信息的关键手段。在自注意力机制中,输入元素的顺序是通过加入一些与位置相关的信息到输入特征中来体现的。这样,模型不仅能够学习元素之间的关系,还能够理解它们在序列中的位置。在本书中将位置编码应用于时间序列的表示中,类似于 Transformer 中用于 NLP 任务的位置编码,可以使用正弦和余弦函数来对每一个时间步的位置进行编码。这种方法在时间序列数据中同样有效,因为正弦和余弦波形的周期性能够模拟时间的循环性和周期性。位置编码的计算公式如下所示:

$$\mathrm{PE}_{(\mathrm{pos},2i)} = \sin\left(\frac{\mathrm{pos}}{10000^{\frac{2i}{d_{\mathrm{model}}}}}\right) \tag{6-1}$$

$$\mathrm{PE}_{(\mathrm{pos},2t+1)} = \cos\left(\frac{\mathrm{pos}}{10000^{\frac{2t}{d_{\mathrm{model}}}}}\right) \tag{6-2}$$

其中,pos 是位置,表示的是当前输入特征的时序顺序。i 是纬度,而 d_{model} 是模型的总体维度(本节设置为 512)。通过这种编码方式可以对每一个时间序列生成唯一的位置编码信息。

(2) 特征金字塔结构

特征金字塔结构是计算机视觉中用于多尺度信息提取的框架,灵感来自自然视觉系统的多尺度处理。它通过不同分辨率的图像或特征图捕捉细粒度到粗粒度的信息。在基于 RFID 的人体行为识别中,特征金字塔适应时间维度,捕获行为动态模式。本书的 Transformer-Encoder 变体使用特征金字塔在不同时间尺度上提取 RFID 时空域行为特征,提供全面识别能力。从第 n 层到 $n+1$ 层的蒸馏步骤如下:

$$\mathrm{Input}_{n+1} = \mathrm{MaxPool}(\mathrm{RELU}\{\mathrm{Conv1d}[(\mathrm{Input}_n)_P]\}) \tag{6-3}$$

本章采用传透机制[43]获取早期编码器层的特征图,并与最终特征图合并,以增强细粒度信息。输入长度为 L,模型堆叠 n 个编码器,每个编码器生成特征图,特征图长度随编码器层数递减。如图 6-5 所示,通过传透机制拼接 n 个特征图,拼接后特征图长度为 $(2^{n-1})L/2^{(j-1)}$。使用 Transition 层调整拼接特征图维度,确保数据对齐和特征融合。Transition 层通过最大池化进行下采样,降低了模型复杂性和内存需求。

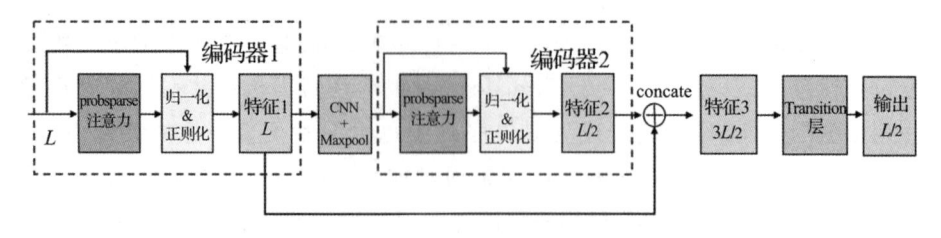

图 6-5 特征金字塔结构

(3) 可选择的注意力机制

在本书中使用的可选择的注意力机制被称为 ProbSparse 注意力机制[44]。ProbSparse 注意力机制是自注意力的一个变体,旨在减少计算资源消耗而不牺牲性能。与传统自注意力相比,它通过稀疏化注意力矩阵降低复杂度,特别是处理长序列时。ProbSparse 机制的核心是仅让每个查询与部分键交互,基于概率分布和稀疏性的假设,注意力集中在少数键上。通过预测子集来决定交互键,使用采样和点积计算近似注意力分布。概率基于键的顶部相关查询的平均注意力权重计算。这种机制将传统注意力的 $O(L^2)$ 时间复杂度和空间复杂度降低到 $O[L\log(L)]$。

基于 ProbSparse 注意力机制的算法流程如下:

$$A(\boldsymbol{Q},\boldsymbol{K},\boldsymbol{V}) = \text{softmax}\left(\frac{\widetilde{\boldsymbol{Q}}\boldsymbol{K}^T}{\sqrt{d_k}}\right)\boldsymbol{V} \tag{6-4}$$

在该模型中,$\widetilde{Q}$ 是一个与查询矩阵 Q 尺寸相同的稀疏矩阵,包含根据稀疏度度量 $M(Q,K)$ 筛选的关键查询项。稀疏度度量由采样因子 c 调节,设定 $u = c \cdot \ln L_Q$ 执行概率分布操作。ProbSparse 自注意力机制对每个"查询—键对"进行 $O(\ln L_Q)$ 次点积计算,内存使用量为 $O(L_K \ln L_Q)$。多头注意力中每个头有独立的稀疏"查询—键对",避免信息损失。L_Q 为查询矩阵长度,$M(\boldsymbol{q},\boldsymbol{K})$ 的计算公式如下:

$$M(\boldsymbol{q}_i,\boldsymbol{K}) = \max_j\left(\frac{\boldsymbol{q}_{ik}^{\mathrm{T}}}{\sqrt{d_k}} - \frac{1}{L_K}\sum_{j=1}^{L_K}\frac{\boldsymbol{q}_{ik}^{\mathrm{T}}}{\sqrt{d_k}}\right) \tag{6-5}$$

在长尾分布的假设下,通过随机抽取样本 $U = L_K \ln L_Q$ 的点积对来计算 $M(\boldsymbol{q}_i,\boldsymbol{K})$。然后,从中选出 Top-N 作为 $\widetilde{Q}$,确保了整体了 ProbSparse 自注意力机的时间复杂度和空间复杂度是 $O(L\log L)$,因而上述注意力机制可进一步转换为如下公式:

$$A(\boldsymbol{q}_i,\boldsymbol{K},\boldsymbol{V}) = \sum_j k(\boldsymbol{q}_i,\boldsymbol{k}_j)\sum_l (\boldsymbol{q}_i,\boldsymbol{k}_l)\boldsymbol{V}_j = E_p(\boldsymbol{k}_j|\boldsymbol{q}_i)[\boldsymbol{V}_j] \tag{6-6}$$

(4)工作流程

图 6-6 展示了 Transformer-Encoder 变体层的工作流程。输入是数据展平和融合后的特征向量 v',代表 n 个时间戳的数据特征,按时间顺序排列。首先应用位置编码引入时间步间相对顺序概念,学习高纬关联和时间位置信息。利用前述公式选择 Top-N 重要时间序,计算注意力得分。注意力计算后,通过归一化、正则化处理特征,并通过卷积层和池化层降纬。使用特征金字塔堆叠多个编码器,结合穿透机制连接不同纬度的特征图。最终输出为 $O = \{o_1, o_2, \cdots, o_n\}$。

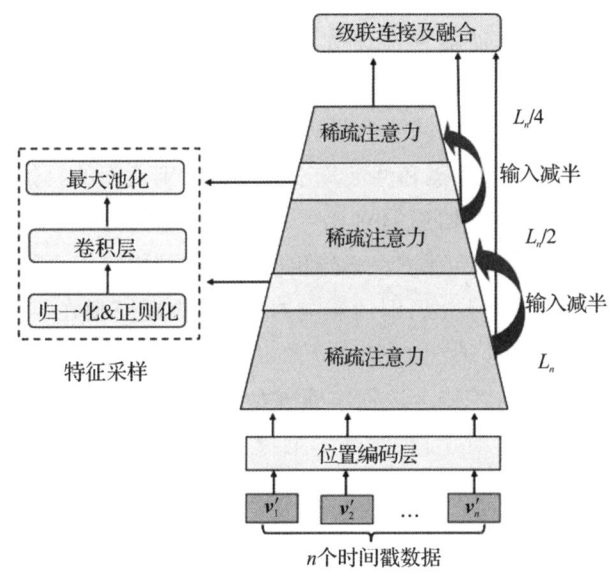

图 6-6 Transformer-Encoder 变体层的工作流程

6.1.1.4 输出层

Transformer-Encoder 变体层输出结果为 $O = \{o_1, o_2, \cdots, o_n\}$,用于行为识别任务预测活动类别。输出层通过线性变换 $\hat{y}_c = OA^T + b$ 将 O 映射到预测向量 $c(c \in C, C$ 为行为类别集合)。之后,应用 softmax 函数标准化,选择最高概率类别作为最终预测。此过程可以表示为:

$$P = \underset{c \in C}{\operatorname{argmax}}[\operatorname{softmax}(\hat{y}_c)] \tag{6-7}$$

为了训练 Deep multiple 模型,采用交叉熵损失函数,它在多分类任务中被广泛认为是一种有效的损失函数。其数学表达式如下:

$$\mathcal{L} = -\sum_{i=1}^{N} y_i \log(P_i) \qquad (6\text{-}8)$$

其中,i 为整数索引,表示第 i 个类别。

6.1.2 实验设计与分析

6.1.2.1 实验设计

为更好验证预处理阶段滤波算法的效果、时间间隔选取对模型的影响、所提出创新点的贡献等,本实验共设置了如下五种实验方案。

①时间间隔宽度和滤波器预处理对行为识别的影响对比:为探究不同时间间隔及滤波预处理方法对行为识别准确性的影响,本方案采用了不同的时间间隔滑动窗口技术对数据信号进行分割,并利用多种滤波算法进行了数据预处理,以评估不同的时间间隔和滤波算法对模型识别效率的具体影响。

②相位矫正对行为识别的影响对比:为验证相位矫正对行为识别准确率的影响,本方案对比了经相位矫正及不经相位矫正下的模型识别准确率。

③不同用户及场景对行为识别的影响对比:为验证模型在不同用户和场景下的识别性能,本方案在不同的多径场景(简单多径环境和复杂多径环境)下对不同的测试用户进行了行为识别准确率对比。

④不同模型识别性能对比:为验证本书提出的 DeepMultiple 性能的优越性,本方案将 DeepMultiple 模型与 CNN、DeepConv[45]、CNN-GRU、TagFree[46]、CNN-BiLSTM[47] 及传感器领域较为主流的模型 Attnsense[48] 和 TranSen[49] 进行了行为识别性能的对比(包括对模型训练效率及预测效率的对比)。此外,为进一步验证 DeepMultiple 能在不同滤波器下拥有较好的识别准确率,本方案中在经不同滤波算法处理的数据集(D1:不经滤波预处理的数据集;D2:经 Hampel 滤波预处理的数据集;D3:经高斯滤波预处理的数据集;D4:经卡尔曼滤波预处理的数据集;D5:经中值滤波预处理的数据集;D6:经均值滤波预处理的数据集)上进行了行为准确率对比。

⑤消融实验对比:为验证本节提出的不同模块对行为识别准确率的影响,本方案进行了消融实验以验证不同模块对行为识别准确率的贡献。

6.1.2.2 实验分析

(1)时间间隔和滤波器预处理效果分析

如图 6-7 所示,实验结果表明,时间序列数据处理对行为识别任务至关重要。0.5 s 的时间间隔宽度在 Weighted-F1 得分上表现最佳,可能因为它能捕捉关键时序特征,平衡信息量和噪声。卡尔曼滤波在相同时间间隔下表现出色,Weighted-F1 得分高达 0.981,优于其他滤波器,暗示其在噪声处理和状态预测方面的优势,有效提取行为特征。即便是性能最低的均值滤波,得分也有 0.967,说明基本滤波技术也能提升识别准确性。这些结果证明所提模型具有高准确率。因此,除非特别说明,后续实验将采用 0.5 s 时间间隔和卡尔曼滤波作为预处理标准。

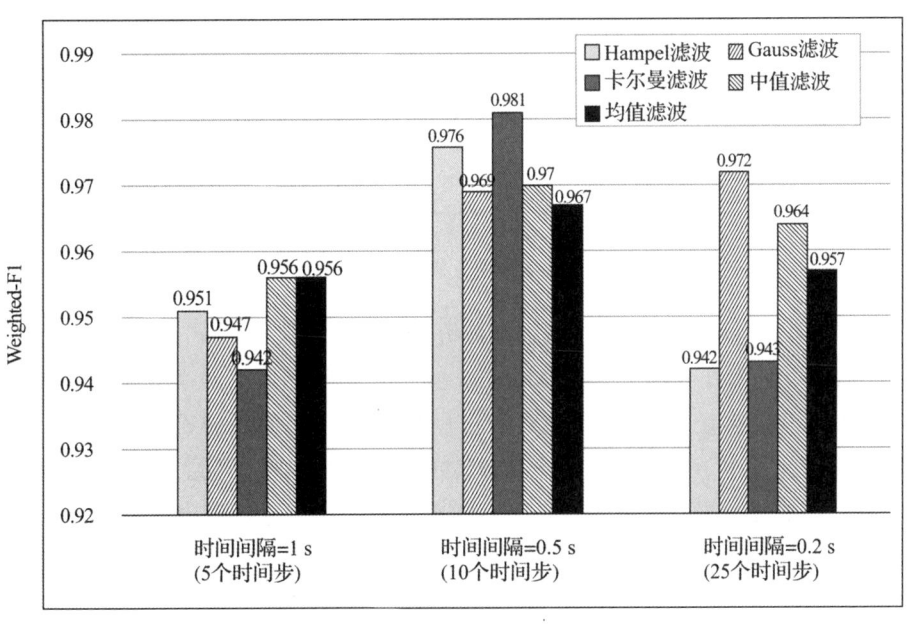

图 6-7 时间间隔及滤波算法的影响

(2)相位矫正对识别性能的影响分析

为了验证相位 unwrapping 算法和相位平滑处理在提高活动识别准确性方面的重要性,本节在两个用户场景中对相位校准和未校准情况下的模型性能进行了对比评估。从图 6-8 可以发现,通过校准后的模型在十类活动的识别准确率上获得了更高的提升,这直接证明了相位校准技术的有效性。本书认为,校准过程显著地减少了相位的偏差和噪声,从而为活动识别带来了更高的稳定性和可靠性。

图 6-8 相位矫正的影响

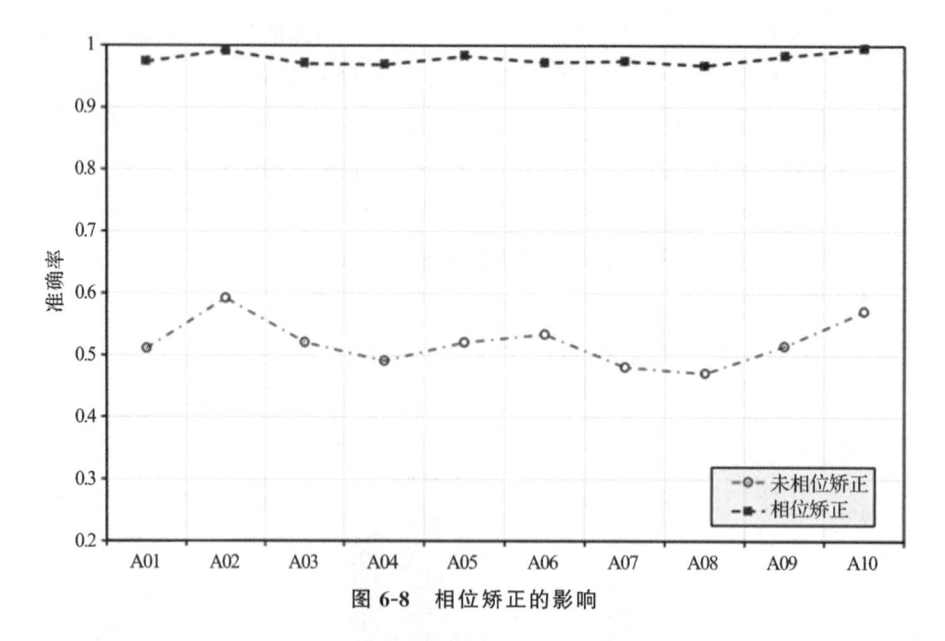

(3) 用户与场景差异性对识别性能分析

图 6-9 的数据证明了 DeepMultiple 模型在多径环境下的高适应性。在简单多径和复杂多径场景中，模型对所有用户保持了超 95% 的识别准确率。性别差异可能是由于标签位置与身高导致的反向信号角度不同。简单多径环境中准确率的轻微提升表明多径信号对模型影响有限。分析得出，DeepMultiple 具有鲁棒性，能在不同用户上保持高准确率，并能克服多径效应的噪声影响。

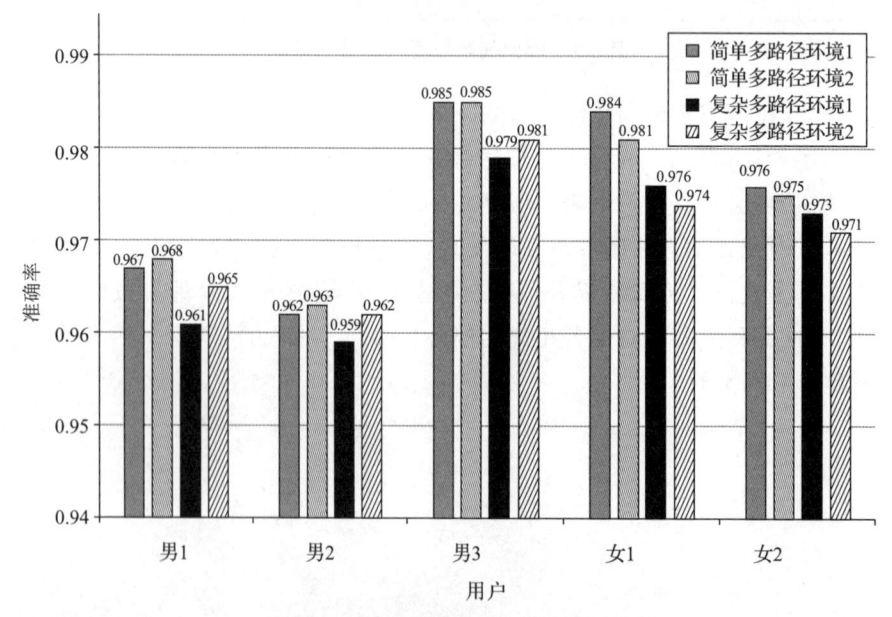

图 6-9 不同多径环境及用户的影响

(4) 不同模型性能比较分析

如表 6-1 所示，不同模型性能比较分析显示，滤波处理后所有模型的识别精度提高，凸显滤波在降噪和特征增强中的重要性。DeepMultiple 在所有情况下均获得最高的 Weighted-F1 得分，展现了其鲁棒性和泛化能力。这一表现表明 DeepMultiple 的架构，包括先进的可选择性注意力机制和特征提取能力，能有效应对复杂多径环境。未经滤波的基线模型在多目标活动识别上表现不佳，表明现有模型的准确率提升依赖于数据质量而非模型设计。DeepMultiple 的设计被认为优于市面上的常用模型，能处理更复杂和困难的识别任务。

表 6-1 不同模型的 Weighted-F1 得分结果

模型	D1	D2	D3	D4	D5	D6
DeepMultiple	0.941	0.976	0.968	0.979	0.973	0.962
CNN	0.448	0.728	0.742	0.756	0.770	0.759
DeepConv	0.509	0.790	0.834	0.867	0.796	0.851
CNN-GRU	0.520	0.848	0.892	0.900	0.890	0.906
TagFree	0.562	0.829	0.890	0.909	0.878	0.889
AttnSense	0.659	0.848	0.861	0.895	0.836	0.871
TranSend	0.713	0.862	0.873	0.905	0.893	0.882
CNN-BiLSTM	0.524	0.823	0.834	0.875	0.896	0.867

(5) 消融实验结果分析

消融实验结果分析表明，DeepMultiple 模型的不同组成部分对其性能有显著贡献：

① w/o ProbSparse 注意力机制：替代为传统注意力机制后，显示 ProbSparse 机制在提高准确率、召回率和 Weighted-F1 得分方面起到了关键作用。

② w/o 空洞卷积（Dilated CNN）：移除空洞卷积后，模型精度下降了 4.7%，说明空洞卷积在时频域特征提取中有助于避免信息碎片化，对多目标特征的整合至关重要。

③ w/o 特征金字塔（Feature Pyramid）：去除特征金字塔和传透机制后，虽然对多目标识别性能有轻微影响，但该结构的主要贡献在于优化了模型的计算和空间复杂度。

表 6-2 的对比结果进一步证实了 ProbSparse 注意力机制对性能提升的重要性。总体而言,消融实验揭示了 DeepMultiple 模型中关键组件的作用,验证了模型设计的有效性,并指出了进一步优化的方向。

表 6-2 消融实验结果

模型	Precision	Recall	Weighted-F1
Baseline	0.979	0.977	0.976
w/o ProbSparse	0.706	0.725	0.715
w/o Dilated CNN	0.934	0.908	0.923
w/o Feature Pyramid	0.975	0.955	0.966

6.2 小样本场景下的 RFID 人体行为识别研究

随着深度学习技术的日渐成熟,模型在新的数据领域或任务中的快速适应能力受到了研究界的广泛关注。一方面,研究者致力于优化模型参数,从而使得深度神经网络在面对不同数据源时展现出强大的自适应能力。最直接的策略便是利用来自多个数据领域的大量数据集进行模型的综合训练。然而,这种方法在实现跨领域泛化性时,要求训练数据必须广泛覆盖多个领域,这无疑增加了获取大量标注数据的成本。为了克服这一挑战,先前的研究者提出了利用对抗学习策略,借助生成对抗网络(GAN)在有限的数据领域内提升模型的自适应性[50]。通过域鉴别器来引导网络损失函数,模型可以减少对特定数据领域特征的依赖。这一策略的优势在于模型能够直接迁移到新的数据领域,无须重新进行大规模训练。但是,这种方法在只面对一组特定的已知数据领域时,可能无法充分优化模型参数。

基于此,越来越多的研究者将目标转向基于元学习的模型初始化思想。基于元学习的模型思想在新数据领域中对网络进行精细的微调,可以解决模型适应新环境的需求。这不仅仅是为了解决数据分布发散导致的模型泛化问题,而且是依靠新领域中的额外数据进行定向优化。其核心思想是在预训练阶段为网络参数设定一个良好的初始状态,随后利用新领域中少量的数据进行快速的微调操作。此方法确保了网络能够在新领域中迅速适应,且只需极少量的数据就能显著提升模型性能,大大降低了对海量标注数据的依赖,提高了模型在实际应用中的灵活性和实用性。

因此，本节将元学习算法应用于先前提出的 DeepMultiple 模型上以保证模型在小样本条件下的识别准确性。元学习，或称为"学习如何学习"的过程，旨在培养模型以较少的数据完成新任务的能力，类似于人类如何将过往经验迅速应用到新情境中的学习机制。具体到实际的应用场景，即如何让模型在只有少量新环境数据的支持下，快速调整其参数，保持甚至提升识别精度，减少对大量训练数据的依赖。通过这种方法，模型能在只接触到少量新环境数据的情况下，迅速学习并保持其高准确率，减少了对大量标注数据的依赖。然而，在基于 RFID 的非附着行为识别场景下，多样性域数据集较难构建，往往需要根据所选择的环境进行新的部署，部署难度较高，而对于元学习算法来说，缺乏多样性数据域既不利于模型的训练拟合，也不能使模型快速适应新的环境。

基于以上问题，本节通过在 DeepMultiple 上引入模型无关的元学习算法构成 Meta-DeepMultiple 模型，使用几个已知环境中采样的有限数量的训练数据集来预训练原先的 DeepMultiple 模型，通过基于 Reptile[51] 和 Meta-SGD[52] 的高效初始化策略对 DeepMultiple 进行参数初始化，利用少量标记样本进行微调，并引入跨域融合技术融合多个域特征信息，为模型预训练产生更多复合训练数据域，使得训练出来的模型可以更快速地适应新的环境，拥有更强的模型泛化性。

6.2.1 小样本场景下的 Meta-DeepMultiple 模型设计

如图 6-10 所示，是 Meta-DeepMultiple 训练过程的总体结构，其中包含对新域上的网络初始和微调操作。DeepMultiple 模型首先使用在不同环境下采集到的行为识别初始数据集 E 进行域融合，用融合的新域进行预训练操作。

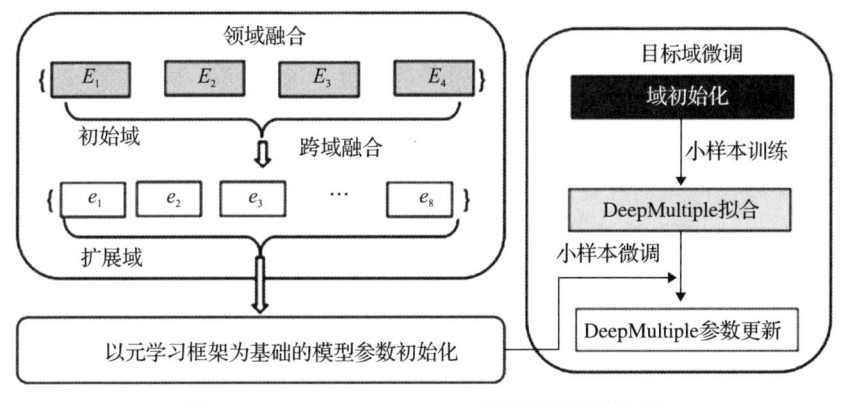

图 6-10 Meta-DeepMultiple 的元学习训练框架

该网络使用两种不同的元学习算法来进行预训练。分别是 Meta-SGD 和 Reptile。模型无关的元学习算法（Model-Agnostic Meta-Learning，简称 MAML）作为元学习领域的一个重要算法，其主要目的是发现一种模型参数的优良初始状态，使得模型能够通过有限的后续微调步骤迅速适应新任务[53]，而 Meta-SGD 是由 Li 等人[52]提出的 MAML 随机梯度下降版本。另一种算法 Reptile，同样致力于模型预训练的领域，以较低的计算开销实现与 MAML 相媲美的性能。本书在 Meta-DeepMultiple 中利用这两种算法，通过使用少量新的训练数据进行微调，帮助模型适应新的未知环境。在 Meta-DeepMultiple 系统中，本书为网络初始化实现了两种元学习算法（Reptile 和 Meta-SGD），然后仅使用少量数据示例对预训练网络进行微调，以适应新的数据域。这三个关键环节将在本节的其余部分中详细进行介绍。

6.2.1.1 领域融合框架

元学习的目标是通过网络初始化确定满意的初始模型参数，以便利用少量训练样本迅速适应新的数据领域。如果初始参数经过适当训练，那么在对新数据领域上进行少数步骤的微调之后，网络的损失应该最小化。因此，网络初始化的优化问题可以表述为，寻找最佳的起始参数，使模型在后续任务上能够快速有效地学习，其数学化表达如下：

$$\text{Target} \rightarrow \min_{x} \mathbb{D}_E \{L[U_E^k(X)]\} \tag{6-9}$$

其中，$L()$ 表示对网络的损失函数计算，$U_E^k(X)$ 表示使用从数据域 E 中采集的数据来对初始变量 X 进行 k 次的梯度下降更新操作，在本节使用 Adam 优化器进行函数优化。

式(6-9)表明元学习算法将梯度下降过程视为优化的目标。因此，与基于损失函数 $\Delta L(X)$ 的正常训练过程不同，元学习在每次训练步骤中都会计算梯度下降 $\Delta L(U_E^k(X))$。从方程中可以看出，元学习的性能可以受 E 中训练数据域的数量影响。然而，在本节模型所处的基于 RFID 的标签无附着场景下，直接从多个数据域采集大量行为识别数据的成本非常高。因此，本节使用一种基于域融合的元学习算法来进行模型预训练过程。在本节中，域融合算法从四个已知域（两个简单多路径环境域及两个复杂多路径环境域）中随机选择样本来形成新的域，以增加预训练的已知域数量。

如图 6-10 中融合模块所示，深度学习模型首先使用来自四个已知数据域的数据集进行预训练，这些数据集是由被测主体在四个不同多径环境下的行为组成的。由于二阶梯度 $\Delta L[U_E^k(X)]$ 在实践中很难计算，本节利用一阶近似算法来简化计算。

6.2.1.2 基于 Reptile 的网络初始化

Reptile 是一种简单有效的元学习算法,它能快速适应新任务,特别是在仅有少量数据时。Reptile 算法的核心思想是通过梯度下降找到一个良好的参数初始化,这个初始化可以让模型迅速在新任务上取得优异的性能。Reptile 的工作方式类似于 MAML 算法,但它更简单、更高效。对于 MAML 算法,本章通过交替进行内循环(适应每个任务的梯度下降步骤)和外循环(更新模型的初始参数以优化在多个任务上的性能)来训练模型。而 Reptile 则是在多个任务上简单地进行一系列的梯度下降,然后将更新后的参数平均,以此作为模型的新初始参数。多次重复这样的过程,目的是找到一个良好的初始参数,使得模型能够更快地适应新任务。

在基于 Reptile 的算法中,首先将四个已知数据域 $\{E_1, E_2, E_3, E_4\}$ 融合成更大数据量的融合数据域 $\{e_1, e_2, \cdots, e_n\}$,在本节中 $n=8$。具体来说,每个数据域 e_i 包含了从 $\{E_1, E_2, E_3, E_4\}$ 中随机采样到的 N 个数据批次。为了优化式(6-9),需要找到任意融合数据域的梯度 $\Delta L(U_e^k(\boldsymbol{X}))$,因此梯度下降算法可以通过递归更新找到新的参数变量 $\boldsymbol{X}$。在使用 Reptile 学习算法时,应首先计算内循环中每次迭代的 $\Delta L(U_{e_i}^1(\boldsymbol{X}))$,其数学表达式如下:

$$\Delta L[U_{e_i}^1(\boldsymbol{X}_{\text{in}})] = U_{e_i}^1(\boldsymbol{X}_{\text{in}}) - \boldsymbol{X}_{\text{in}} = \boldsymbol{X}_{\text{in}}' - \boldsymbol{X}_{\text{in}} \tag{6-10}$$

其中 $\boldsymbol{X}_{\text{in}}$ 是内循环中使用的变量集合。将单步梯度 $\Delta L[U_{e_i}^1(\boldsymbol{X}_{\text{in}})]$ 记为 $\boldsymbol{W}_j$。经过 k 次迭代后的总梯度计算如下:

$$\Delta L[U_{e_i}^k(\boldsymbol{X})] = \sum_{j=1}^{k} \boldsymbol{W}_j \tag{6-11}$$

将每个数据域 e_i 下的 $\Delta L[U_{e_i}^k(\boldsymbol{X})]$ 记为 $\widetilde{\boldsymbol{W}}_i$。在本书提出的 Meta-DeepMultiple 模型下的 Reptile 元学习框架下,将 k 设置为 8。在每个经域融合的数据集 $\{e_1, e_2, \cdots, e_n\}$ 上进行有效的训练,使用梯度 $\boldsymbol{W}_l$,通过外部循环迭代解决全局参数初始化最优问题,计算公式如下:

$$\boldsymbol{X} \leftarrow \boldsymbol{X} + \epsilon \widetilde{\boldsymbol{W}}_i \tag{6-12}$$

其中 ϵ 是学习率,在本节中设置为 0.01。重复上述更新过程以最终得到满足式(6-9)的最初初始化网络训练需求。

6.2.1.3 基于 Meta-SGD 的网络初始化

Meta-SGD 是对 MAML 方法的一种扩展,它不仅可以学习网络初始化的参数，还可以学习优化过程中的学习率和更新方向。常见的优化器如 SGD、Adam 等通常依赖手工设置的学习率和基于梯度的更新方向（例如，SGD 直接沿损失函数的梯度下降）。然而，从优化理论的角度来看，梯度方向并不一定是最优的搜索方向。在这种情况下，Meta-SGD 提供了一种更自适应的策略，不是人为选择一个固定的优化方法，而是通过元学习让模型自主学习确定其优化路径，这种自我调节的优化策略有潜力实现更加有效和稳健的学习过程。

Meta-SGD 在 MAML 的基础上对于学习率的自动学习机制。除了找到一个好的参数初始化 θ 外，Meta-SGD 还试图找到每个参数的最优学习率 α，即会对每个参数的学习率进行优化。Meta-SGD 的优化问题可以表述为：

$$\min_{\theta,\alpha} \sum_{\tau} L_{\tau}(\theta'_{\tau}) \tag{6-13}$$

其中，

$$\theta'_{\tau} = \theta - \boldsymbol{\alpha} * \nabla_{\theta} L_{\tau}(\theta) \tag{6-14}$$

在这里，$\boldsymbol{\alpha}$ 不是一个固定的值，而是一个参数向量，每个元素对应 θ 中的一个参数的学习率，它同样需要通过训练来确定。

在使用 Meta-SGD 进行网络初始化的过程中，利用相同的方法生成融合数据域 d_i 用于每一次迭代的外部循环。不同于 Reptile 算法，$\Delta L(U_E^k(X))$ 通过两步训练来近似拟合，因此对于每次迭代，首先从融合数据域 e_i 中抽取两批数据 B_1 和 B_2，并且使用批数据 B_1 通过梯度下降更新变量 X_i 以获得 X'_{in}。内外部循环梯度可以近似为：

$$\Delta L[U_{e_i}(\boldsymbol{X}_{in})] = U_{e_i}(\boldsymbol{X}'_{in}) - \boldsymbol{X}'_{in} \tag{6-15}$$

接下来，使用另外一批数据 B_2 进行深度的梯度下降来更新 $\boldsymbol{X}'_{in}$，并生成 $\boldsymbol{X}'_{in} = U_{e_i}(\boldsymbol{X}'_{in})$。因此，外部循环梯度作为第二步训练的梯度估算，计算为 $\boldsymbol{X}''_{in} - \boldsymbol{X}'_{in}$。通过基于 Meta-SGD 的算法找到外部循环梯度，通过递归更新进行训练变量 X 的初始化操作。在外部循环同样使用 Reptile 结构上的公式进行更新，其中学习率 θ 设置为 0.01。在这样的初始化训练后，通过多次迭代更新网络变量，网络能够快速使用少量新数据域进行微调。

6.2.1.4 小样本微调

在对训练变量 X 进行适当的初始化后，微调过程只需要使用来自新数据域上非常小的数据集进行调整，在本节的任务中微调数据集包括对经 FFT 和数据滤波处理过的 RSSI 和相位信息。使用滑动窗口将连续数据按照 5 s 的长度进行采用，每个分割的小段按照 0.5 s 的时间间隔划分为 10 个时间序。将这样一条 5 s 的数据序列看作 Meta-DeepMultiple 中的一个样本,再在新数据上使用尽可能少的样本对原始 DeepMultiple 进行微调。

6.2.2 实验设计与分析

6.2.2.1 实验设计

为验证本书所设计的基于元学习的 Meta-DeepMultiple 模型的有效性,本次实验共设置了以下四种实验方案对模型进行全方位比较。

①基于 Meta-SGD 和 Reptile 的微调性能对比:为了确定基于 Meta-SGD 和 Reptile 算法的最佳微调策略,根据不同的训练样本数(shot)对 Meta-DeepMultiple 模型进行细致微调。该实验旨在比较两种元学习算法下,哪一种训练样本数量能够达到最优的微调效果。

②传统预训练模式与元学习的对比:在此实验方案中,将探索元学习概念下的 Meta-DeepMultiple 模型与传统预训练方法之间的性能差异。模型在特征空间上通过 Accuracy 进行评价,其中,无论是传统的预训练模型还是基于元学习的模型,均仅在 Support Set 上完成预训练步骤。此后,模型将在整体特征空间上接受评估,以便深入分析和比较其在已知领域与未见领域中的行为识别表现。

③不同模型的性能对比:将先前章节提出的 CNN、DeepConv、CNN-GRU、TagFree、CNN-BiLSTM 及 Attnsense 和 TranSend 模型分别使用传统预训练方式和基于元学习的初始化训练思想进行重新训练。将前述模型与 Meta-DeepMultiple 进行比较,突出 Meta-DeepMultiple 的有效性。

④消融实验:为了揭示领域融合操作对提高行为识别准确性的实际影响,本方案进行了消融实验,对比了采用领域融合技术的元学习算法与常规元学习算法在性能上的差异。实验的目的是量化领域融合在行为识别任务中所能带来的贡献度。

6.2.2.2 实验分析

(1)基于 Meta-SGD 和 Reptile 的微调性能分析

图 6-11 和图 6-12 展示了使用 Meta-SGD 和 Reptile 这两种网络初始化策略在 4 组新的数据域下对行为识别的准确率。两种初始化策略下,经过五次微调都可以达到最高的准确率,且随着微调数量的增加,各个新数据域下的识别性能都得到了提升。使用 Meta-SGD 策略在 e_6 数据域下经 5 次微调后准确

率达到 81.57%。使用 Reptile 策略在 e_8 数据域下经 5 次微调准确率达到最高,为 83.65%。从中可以发现,在此场景下基于 Reptile 初始化策略的整体效果略优。此外,虽然二者在四个新的数据域场景下最终的准确率各有优劣,但

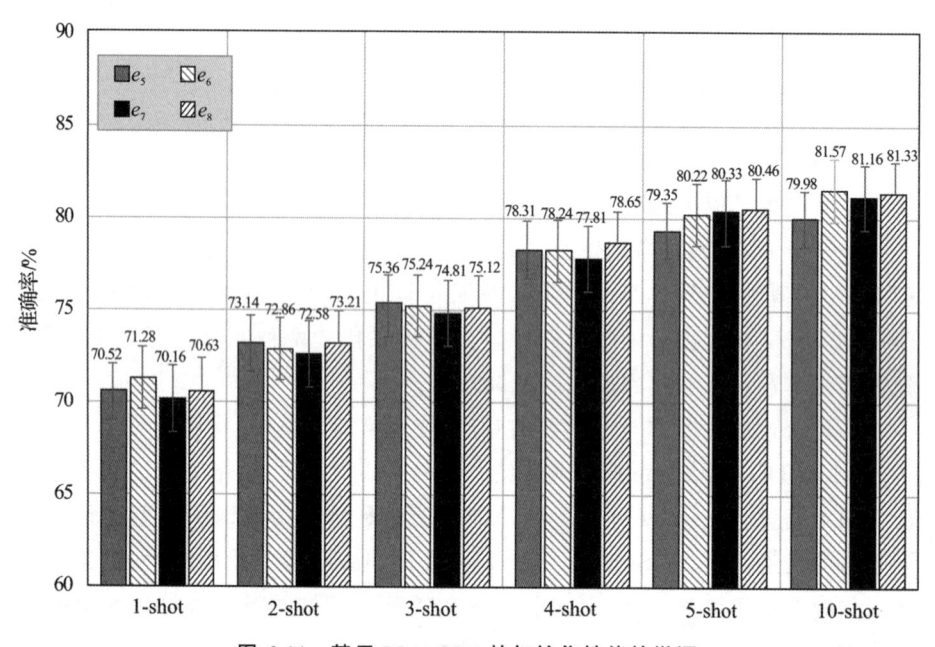

图 6-11 基于 Meta-SGD 的初始化性能的微调

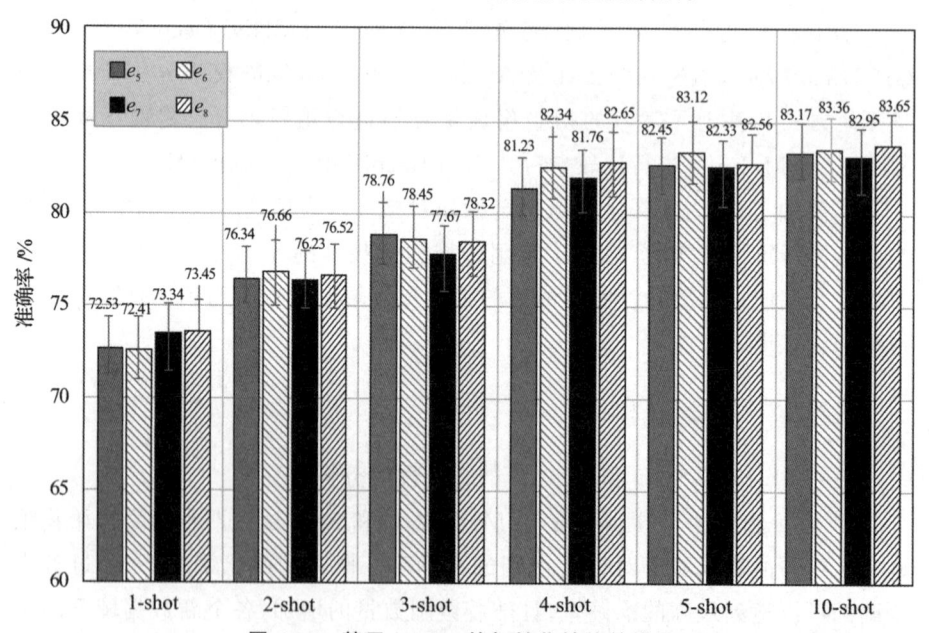

图 6-12 基于 Reptile 的初始化性能的微调

随着使用更多的数据样本进行微调,微调的性能一般都会得到提高。不过,尽管两种算法的最优性能都是在 10 个样本微调后才得到,但相较于经过 5 个样本微调后的效果,其性能提升并不显著。因此,如无特别说明,在后续实验中,Meta-DeepMultiple 模型转移新域时,默认采用五次微调的 Reptile 优化策略。

(2)传统预训练模型与元学习的对比

本节使用经 Reptile 初始化策略的 5 次样本微调 Meta-DeepMultiple 模型与传统预训练模式下的 DeepMultiple 模型在数据域上进行比较。结果如图 6-13 所示,可以发现传统预训练方式在预训练过上的数据域上比基于元学习策略的微调模型表现得更好,在 e_4 数据域下可以达到 97.93% 的准确率,与此同时,经 Reptile 在 5 个样本微调下的准确率仅为 83.28%。但在新的数据域下,经传统预训练的模型识别性能大幅下降,最高准确率为 e_6 域中的 42.34%。相较于传统预训练模型,使用元学习策略的 Meta-DeepMultiple 性能则未出现明显波动,整个识别性能较为稳定。这说明预训练模型可以在已知训练的数据分布下快速找到让所有任务受益的特征,而元学习旨在寻找一个最合适开始的训练参数,让模型学会学习。因此在一个全新的样本稀缺的数据域上,元学习仍能快速达到不错的识别性能,而基于预训练策略的模型则缺少相应的泛化能力。本实验证明了 Meta-DeepMultiple 的高适应性。

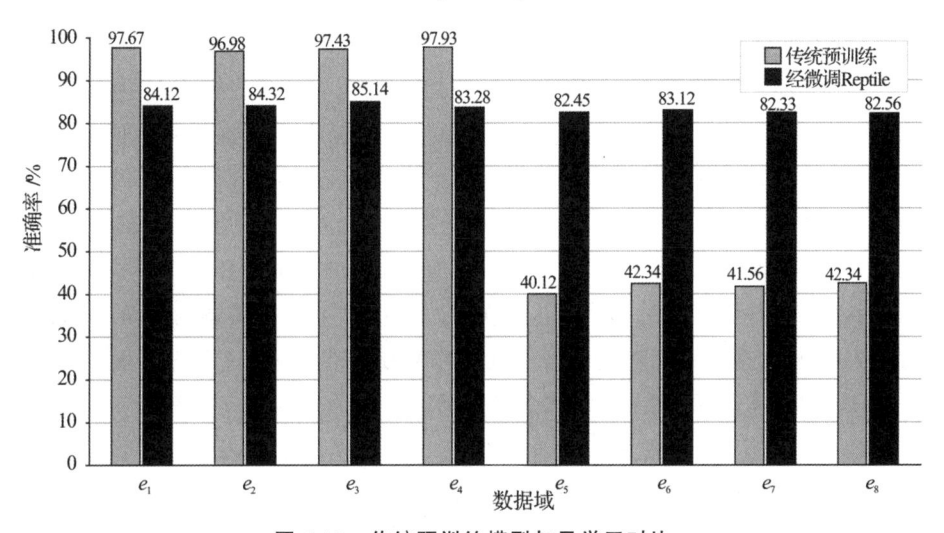

图 6-13 传统预训练模型与元学习对比

为进一步探究预训练模型在不同样本规模下的微调效果,我们采用了不同数量的数据样本对预训练模型进行微调。结果如图 6-14 所示,在 $e_5, e_6, e_7,$ e_8 数据域中,即使经过 1000 个样本的微调,基于预训练模型的训练方式仍然无法达到仅使用少量样本（例如 500 个样本）进行微调所能达到的识别性能。这一训练数据量的巨大差异表明，Meta-DeepMultiple 方法显著降低了模型适应新环境时所需的训练成本。

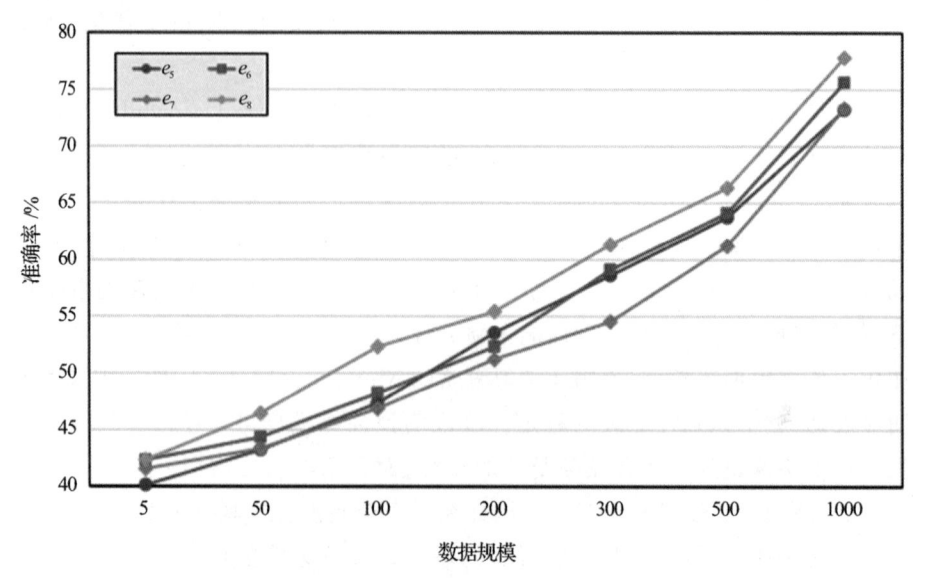

图 6-14　不同数据量规模下的预训练性能

(3) 不同模型性能对比分析

将 Reptile 和 Meta-SGD 优化算法应用于前文中的基线模型并重新训练，对 Meta-DeepMultiple 模型进行了效能评估。根据表 6-3，在采用不同的优化策略时，基于 DeepMultiple 构建的模型始终展现出最高的识别准确率。具体而言，采用 Reptile 优化算法时，准确率可高达 83.12%，而在应用 Meta-SGD 策略时，准确率也能达到 80.46%。这一结果虽然与在全新环境下进行全面重新训练的模型相比存在一定差距，但在只以五次样本进行微调的情境下，其表现已经颇为出色。尽管基线模型的准确率有所降低，但基于元学习框架的小样本学习方法仍然能够在新领域中迅速适应。这凸显了基于域融合元学习策略的实际应用价值，体现了域融合元学习方法在小样本学习领域中的应用潜力，为实现快速且高效的跨域模型适应提供了有力证据。

表 6-3　元学习框架下不同模型性能对比分析

模型	e_5 数据域	e_6 数据域	e_7 数据域	e_8 数据域
基于 Reptile 优化（准确率/%）			
Meta-DeepMultiple	82.45	83.12	82.33	82.56

续表

模型	e_5 数据域	e_6 数据域	e_7 数据域	e_8 数据域
CNN	69.42	65.63	67.57	66.18
DeepConv	75.32	73.42	74.31	73.56
CNN-GRU	76.12	75.32	74.93	75.12
TagFree	74.28	75.19	73.98	74.63
AttnSense	73.82	74.13	73.76	73.92
TranSend	76.45	75.23	75.13	74.90
CNN-BiLSTM	73.41	72.34	74.30	73.25
基于 Meta-SGD 优化（准确率/%）				
Meta-DeepMultiple	79.35	80.22	80.33	80.46
CNN	68.12	63.45	64.62	65.17
DeepConv	72.33	71.56	71.21	72.48
CNN-GRU	73.23	72.78	71.89	72.34
TagFree	71.63	72.43	71.87	72.58
AttnSense	71.34	72.76	73.22	72.12
TranSend	74.12	73.24	74.03	72.89
CNN-BiLSTM	71.86	72.14	72.35	71.28

(4) 消融实验分析

为证明域融合算法的有效性，本节在 Reptile 算法和 Meta-SGD 算法下分别进行实验，考虑了以下两种变体：①Reptile w/o 域融合；②Meta-SGD w/o 域融合。在这两个变体模型中，采用原先设定的数据域 $\{E_1, E_2, E_3, E_4\}$ 训练，舍弃在域融合算法生成的新数据域 $\{e_1, e_2, \cdots, e_8\}$。

如图 6-15 所示，消融实验结果展现了不使用域融合算法时，识别准确率的最高值为 76.33%，而结合域融合算法之后的最高准确率能达到 83.12%。这表明，在 Reptile 和 Meta-SGD 这两种元学习算法的任一种初始化环境下，域融合算法均能显著提高模型的识别性能。不仅每个数据域上准确率的提升幅度都超过 5%，在特定数据域 e_6 中应用 Reptile 算法时，甚至达到了 6.97% 的显著提升。这一发现强调了域融合策略对增强模型的预训练效果及减少训练数据需求的重要性。由此可见，域融合算法可以有效增强模型预训练，降低训练数据的获取成本。

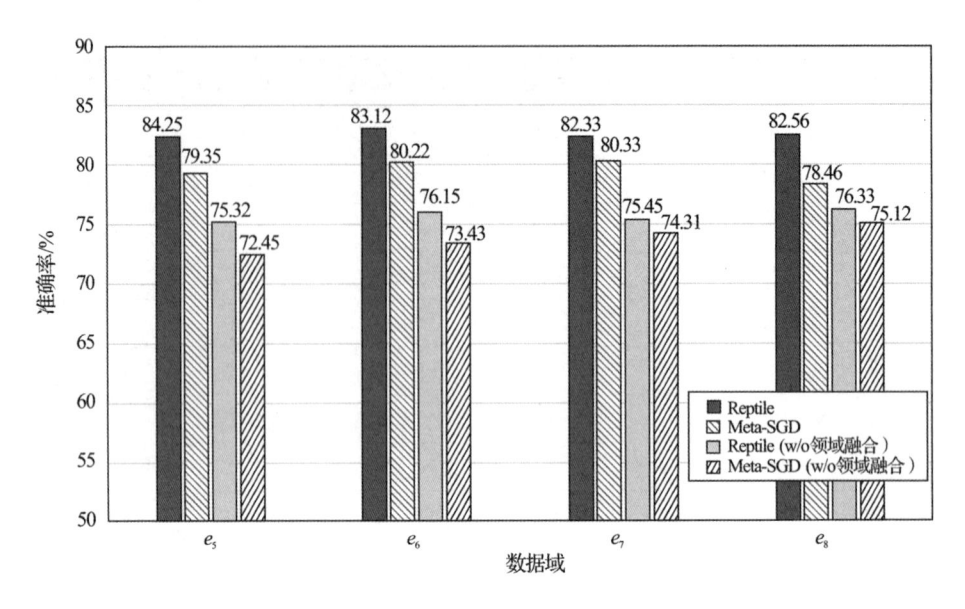

图 6-15 域融合算法消融实验结果

6.3 本章小结

本章针对标签无附着和小样本场景下的 RFID 人体行为识别问题进行了深入研究,并提出了相应的解决方案。在标签无附着场景中,面临的主要挑战是如何从复杂的多路径噪声信息中提取有效的行为特征。传统的机器学习方法依赖于人为设计的特征提取,这不仅需要对数据集有深入的了解,而且效率低下,难以适应多变的实际环境。为了解决这些问题,本章提出了基于深度学习的模型——DeepMultiple,该模型能够自动提取特征,并通过特征金字塔结构和稀疏化 ProbSparse 注意力机制,有效地结合了时域和频域的信号特征,提高了识别的准确性和模型的鲁棒性。

在小样本场景下,探讨了如何利用元学习算法来提升模型在新数据领域的快速适应能力。我们设计了 Meta-DeepMultiple 模型,该模型采用 Meta-SGD 和 Reptile 算法进行网络初始化,并通过领域融合技术生成复合训练数据域,以增强模型的泛化性。实验结果表明,Meta-DeepMultiple 模型在小样本条件下仍能保持较高的识别准确率,验证了元学习策略在处理小样本问题上的有效性。

此外,本章还通过一系列实验对所提出模型的性能进行了全面评估。实验结果证实了 DeepMultiple 和 Meta-DeepMultiple 模型在不同场景下的有效性和优越性。与传统预训练模型相比，基于元学习的模型展现出更好的适应性和泛化能力，尤其是在样本稀缺的环境中。消融实验进一步揭示了模型中关键组件的作用，证明了领域融合和稀疏化注意力机制对提升识别性能的重要性。

总体而言，本章的研究不仅为标签无附着和小样本场景下的 RFID 人体行为识别提供了有效的解决方案，而且为深度学习模型在类似复杂场景下的应用提供了有价值的参考。未来的工作将集中在进一步优化模型结构，提高识别速度，以及探索更多实际场景中的应用。

第7章

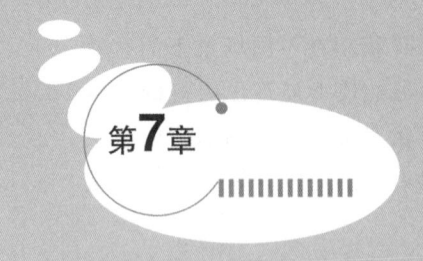

基于生成对抗网络和大语言模型的 RFID 手指轨迹识别研究

7.1 基于生成对抗网络的 RFID 手指轨迹识别研究

本章旨在探究基于无线射频识别(RFID)技术的手指轨迹识别方法,所涉及的数据均来源于 RFID 设备的采集工作。RFID 技术通过无线电波的形式自动读取标签信息,实现了数据的快速采集与高效处理,不仅显著提升了数据处理的速度,还确保了数据的高度精确和可信度。在本书中,数据采集与处理构成了研究工作的基础环节,涵盖了手指影响的理论建模、信号干扰的有效消除、数据的精确读取和处理等关键步骤,这些步骤对确保数据的高质量以及深入挖掘手指轨迹特征发挥着至关重要的作用。

本书聚焦于智能家居、虚拟现实交互和隔空输入的实际应用场景,因此在选择预定义的动作类型时,重点考虑了手写内容和常用的交互动作。对现有手写识别研究的调研发现,小写英文字母在此类研究中应用最为广泛。鉴于此,本书挑选了 26 个小写英文字母中的 12 个字母(a,b,c,d,e,f,u,v,w,x,y,z)作为手写内容的识别目标。同时,在交互动作的挑选上,本研究选取了四种最常见的动作指示,即左箭头(←)、右箭头(→)、上箭头(↑)和下箭头(↓),以满足日常交互需求。

7.1.1 手指特征的可视化

理论上,通过计算皮尔逊相关技术就能得到每个时刻手指的可能位置,但由于多径效应的干扰,定位结果可能会偏离真实值,鉴于手指连续移动,本书先剔除上一采样时刻远离当前可能位置的坐标,再从皮尔逊相关系数最大的 K 个坐标点中采用 K-最近邻(KNN)[54]方法估计 t 时刻的手指位置。在估计出各个采样时刻手指的坐标后,理论上,如果依照采样顺序将这些坐标连续串联,便能够构建出手指的运动轨迹。然而,实际情况中,由于多径效应、手指微小的抖动以及其他多种因素的干扰,某些时刻所估计的坐标位置可能并不准确。若将这些坐标直接相连,所得到的轨迹图与实际手指运动轨迹之间将存在显著偏差,无法准确地反映手指的真实运动路径。为了有效消除这些干扰,本研究采用卡尔曼滤波器对手指运动的轨迹进行平滑处理。

卡尔曼滤波器作为一种高效的递推式滤波方法,通过对过程状态的预测来最小化估计误差的协方差。它主要用于线性动态系统在存在噪声的情况下,对系统状态进行估计。对于平滑轨迹,其基本原理可以简述为以下3步。

① 初始化:给定状态估计的初始值及其误差协方差。

② 预测:利用系统的动态模型,从当前状态预测下一状态。例如,如果当前位置和速度已知,可以预测下一时刻的位置。

$$\hat{\boldsymbol{x}}_{k|k-1} = \boldsymbol{F}_k \hat{\boldsymbol{x}}_{k-1|k-1} + \boldsymbol{B}_k \boldsymbol{u}_k \tag{7-1}$$

其中,$\hat{\boldsymbol{x}}_{k|k-1}$ 表示在时刻 $k-1$ 的信息基础上预测时刻 k 的状态,$\boldsymbol{F}_k$ 是状态转移矩阵,$\hat{\boldsymbol{x}}_{k-1|k-1}$ 是上一时刻的状态估计,$\boldsymbol{B}_k$ 是控制输入模型,$\boldsymbol{U}_k$ 是控制输入。

③ 更新:当获取新的测量信息时,结合预测和实际测量值来更新状态估计,以及使用误差协方差估计的不确定性。

$$\hat{\boldsymbol{x}}_{k|k} = \hat{\boldsymbol{x}}_{k|k-1} + \boldsymbol{K}_k(\boldsymbol{z}_k - \boldsymbol{H}_k \hat{\boldsymbol{x}}_{k|k-1}) \tag{7-2}$$

其中,$\boldsymbol{z}_k$ 是时刻 k 的实际测量值,$\boldsymbol{H}_k$ 是观测模型矩阵,$\boldsymbol{K}_k$ 是卡尔曼增益,用于权衡预测和测量值。

卡尔曼增益 $\boldsymbol{K}_k$ 的计算核心在于估计误差协方差的更新,它依赖于预测的误差协方差和测量噪声:

$$\boldsymbol{K}_k = \boldsymbol{P}_{k|k-1} \boldsymbol{H}_k^{\mathrm{T}} (\boldsymbol{H}_k \boldsymbol{P}_{k|k-1} \boldsymbol{H}_k^{\mathrm{T}} + \boldsymbol{R}_k)^{-1} \tag{7-3}$$

其中,$\boldsymbol{P}_{k|k-1}$ 是预测的误差协方差,$\boldsymbol{R}_k$ 是测量噪声协方差。本研究参考卡尔曼滤波器公式提出了一个基于速度模型的状态转移函数:

$$F(t) = F(t-1) + v(t-1) * \Delta t \qquad (7\text{-}4)$$

其中,$v(t)$为移动速度,Δt为采样间隙。本研究利用式(7-4)借助卡尔曼滤波器迁移 KNN 定位中的误差,以提供来自速度模型的平滑轨迹。图 7-1 所示为使用卡尔曼滤波可视化后的部分手指轨迹图。

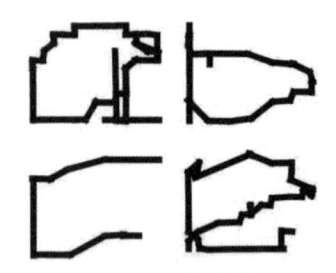

图 7-1 手指轨迹可视化示例

7.1.2　DS-GAN:深度软阈值生成对抗网络

在得到手指轨迹的可视化图像之后,本书提出了 ARFG 的核心识别模块:DS-GAN(deep soft-thresholding generative adversarial network),一种结合了半监督学习算法进行全监督分类的生成对抗网络,其特点在于内嵌软阈值化技术,有效解决了传统生成对抗网络在处理低质量图像时训练效果不佳的问题。本节将详细介绍 DS-GAN 的设计与实现。

7.1.2.1　生成对抗网络概述

生成对抗网络(GAN)是一种由 Goodfellow 等人在 2014 年提出的深度学习模型架构[16],它在无监督学习领域尤其引人注目。如图 7-2 所示,GAN 的基本构想是通过两个神经网络之间的对抗过程来生成与真实数据几乎无法区分的新数据,这两个网络分别是生成器(generator)和判别器(discriminator)。生成器的任务是学习如何产生看起来真实的虚拟数据。它接受一个随机噪声作为输入,利用此噪声来产生数据,其目的在于生成足够逼真的数据以误导判别器,令判别器误认为这些数据是真实的。判别器的职责在于识别输入数据是源自实际数据集还是由生成器所产生的模拟数据。

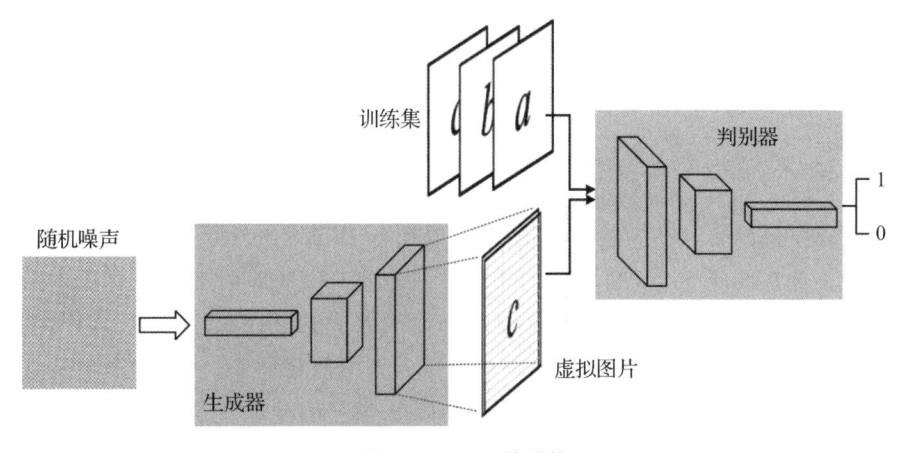

图 7-2 GAN 的结构

GAN 的训练过程可以看作一个最小化最大化问题(minimax game),其中生成器试图最小化某种损失函数,而判别器试图最大化它。这个过程可以用式(7-5)表示:

$$\min_G \max_D V(D,G) = \boldsymbol{E}_{x \sim p_{\text{data}}(x)}[\log D(x)] + \boldsymbol{E}_{z \sim p_z(z)}(\log\{1 - D[G(z)]\}) \tag{7-5}$$

其中,$D(x)$ 为判别器对数据 x 的判断结果,即数据 x 来自真实数据集的可能性。$G(z)$ 则是生成器基于噪声输入 z 产生的数据输出。第一项 $\boldsymbol{E}_{x \sim p_{\text{data}}(x)}[\log D(x)]$ 表示对于真实数据,判别器尝试将其识别为真实的(接近 1 的概率)。第二项 $\boldsymbol{E}_{z \sim p_z(z)}[\log(1 - D(G(z)))]$ 表示对于生成数据,判别器试图将其识别为假的(即接近 0 的概率),而生成器 G 则试图欺骗判别器,让 $D(G(z))$ 接近 1。

但传统 GAN 面临着训练难度大、训练过程容易出现振荡和崩溃现象的挑战,为了克服这些困难,研究人员引入深度卷积网络(CNN),提出了 DC-GAN (deep convolutional generative adversarial network)[55]。DC-GAN 在生成器和判别器中都使用了深度卷积网络,这使得模型能够更好地捕捉图像的层次结构和复杂性。在传统的卷积神经网络中,池化层用于降维和特征提取。然而,在 DC-GAN 中,池化层被去除,取而代之的是在判别器中使用步长卷积 (strided convolutions)进行下采样,在生成器中使用分数步长卷积(fractional-strided convolutions,又称为转置卷积)进行上采样。除此之外,DC-GAN 在生成器和判别器中使用批量归一化,这有助于稳定训练过程,防止模型在训练初期出现梯度消失或梯度爆炸的问题。最后,在生成器的结构中,输出层采用

Tanh 激活函数,而其他层级则统一应用 ReLU 激活函数。对于判别器而言,为了增强模型的非线性处理能力及训练过程的稳定性,其全部层级均选用 LeakyReLU 激活函数。

7.1.2.2　DS-GAN 架构

生成对抗网络(GAN)除了在图像生成任务中的应用外,还可应用于图像分类任务。在此场景中,判别器配备两个独立的"头"(末端层),一层负责分类,另一层负责判别。分类器头输出的是关于 K 个类别的概率分布,而判别器头的输出则是第 $K+1$ 个输出,表示图像为真或假的概率。然而,本研究认为,同时进行判别和分类两项任务可能会降低各自的性能。这一现象的根本原因在于,当这两项任务需要共享同一架构时,尽管假定它们之间存在一定的相似性,但实际上,分类任务与判别任务所学习到的特征可能会有所不同,共享架构并非最佳选择。因此,本书提出了一种具有不同架构的判别器与分类器的生成对抗网络模型:DS-GAN。

DS-GAN 由三个独立模型构成:生成器、鉴别器和分类器。在训练过程的每一次迭代中,生成器根据随机向量产生虚拟的图像,紧接着对鉴别器进行更新,目的是提高其在区别真实与虚拟样本方面的准确性。同时,独立架构的分类器在完全标记但样本量较少的真实数据及其标签上进行常规训练。此外,本项研究在训练阶段引入了无标签生成图像以辅助分类任务,这是一种半监督学习方式,为给这些生成图像进行标注,本研究采用伪标签策略,根据分类器当前状态预测最可能的类别作为生成图像的标签。仅当模型以高于某阈值的置信度预测样本类别时,才采用生成的图像及其标签[56]。在训练过程中,每个小批量都会产生新的图像,且立即被输入分类器,因此不会保存任何生成的图像。在计算训练损失时,引入超参数 λ 来调节生成数据相对于真实样本在训练过程中的重要性。

值得一提的是,不同于大多数基于生成对抗网络(GAN)的分类方法采取的共享鉴别器与分类器的架构,DS-GAN 为分类器配备了一个独立的网络架构,而不是与鉴别器共享。这种独立架构的分类器在性能上已被证实优于共享架构模式。DS-GAN 的架构如图 7-3 所示。

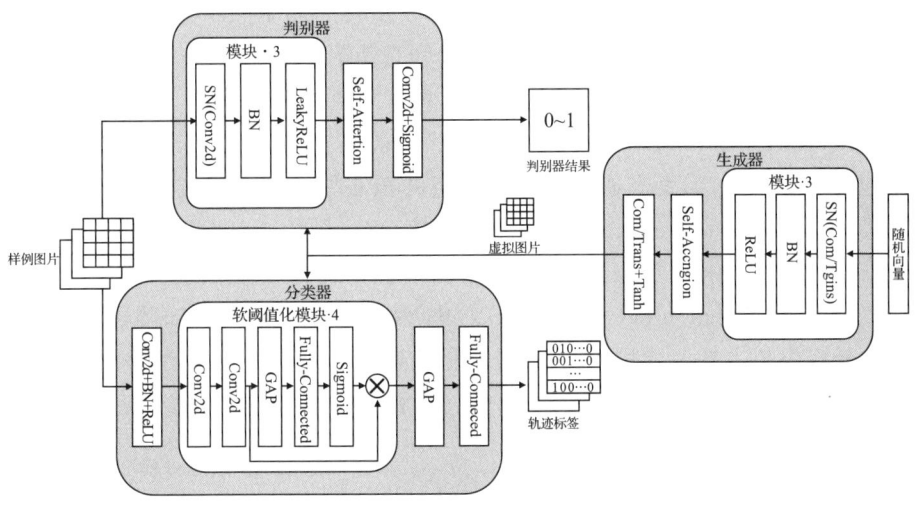

图 7-3　DS-GAN 的架构

  DS-GAN 的生成器使用四层转置卷积,核大小为 4,逐步将输入重塑为尺寸为 3×32×32 的虚拟 RFID 轨迹图,这一过程让较低维度的噪声分布生成了复杂的数据结构。在前三层之后,生成器应用了批量归一化和嵌入了谱归一化的修正线性单元(ReLU)激活函数。批量归一化的目的是减少内部协变量偏移,提高训练的稳定性和速度;而谱归一化的嵌入目的是控制每一层的权重,防止生成过程中的梯度爆炸,从而维持训练过程的稳定性。ReLU 激活函数的应用旨在增加网络的非线性能力,有助于捕获输入数据的复杂特征。为了将输出值规范化到[−1,1]的范围内,与生成虚拟 RFID 轨迹图的数据分布相匹配,最后一层将 ReLU 替换为双曲正切(Tanh)激活函数,并省略了批量归一化。此外,在第三个 ReLU 激活函数后添加了一个自注意力层,其目的是增强网络对输入数据的全局依赖能力,通过关注数据的长距离依赖关系来提升特征表示的能力。

  判别器的关键任务是对生成器生成的图像进行评估。在 DS-GAN 架构中,判别器的设计与生成器有所类似,主要区别在于使用了步幅卷积而非转置卷积。步幅卷积能够逐步降低图像的空间维度,有效提取和压缩图像中的特征信息,这对准确判断图像的真实性至关重要。同时,判别器的激活函数从 ReLU 变为 LeakyReLU,这一改变有助于避免训练过程中的梯度消失问题,因为 LeakyReLU 允许负值的梯度传递,保持网络的梯度流动,从而提高模型的训练稳定性。而在输出层,判别器采用 sigmoid 激活函数,目的是将判断结果压缩到 0 至 1 的概率值,更直观地表示图像为真实图像的概率。在训练过程中，它接收由生成器模块生成的虚拟图像以及真实的 RFID 特征图。通过分析和学习这些图像的差异，逐渐提升其辨别真伪图像的能力。

DS-GAN 分类器组件采用具有通道共享阈值的深度残差收缩网络（deep residual shrinkage network with channel-shared threshold，DRSN-CS），而其中包含的软阈值化，是本研究选取该网络的核心原因。在稀疏表示和压缩感知理论（compressed sensing，CS）中，软阈值化（soft thresholding）是一种重要的非线性操作，用于实现信号的稀疏性增强。在深度重构稀疏网络（deep reconstruction sparse network，DRSN）中，特别是结合压缩感知的场景，软阈值化操作发挥着核心作用，旨在通过优化处理过程中的稀疏表示，以提高重构质量和效率。软阈值化操作定义为一个元素级的函数，对于输入信号的每个元素，该操作可以表示为：

$$y = \text{soft}(x,\lambda) = \text{sign}(x)\max(|x|-\lambda, 0) \tag{7-6}$$

其中，x 是输入信号，λ 是阈值参数，sign() 是符号函数，而 $\max(|x|-\lambda, 0)$ 确保了只有当 x 的绝对值大于 λ 时，输出 y 才不为零。该操作的本质是减小信号的小值（绝对值小于 λ 的成分）至零，而保留并相对减小大值的幅度，从而增强信号的稀疏性。在 DRSN-CS 网络中，软阈值化不仅作为单独的稀疏增强步骤，而且往往与其他操作（如卷积、池化等）结合，在网络的不同层次中被利用，以促进更高效的信号或图像重构。

如图 7-3 所示，DRSN 是对常规残差网络的一个改良，其核心创新在于加入了一个自适应阈值设置的子网络。该子网络的工作流程如下：首先，对输入特征图中的所有特征进行绝对值处理。随后，通过全局均值池化操作对这些绝对值特征进行平均处理，得到一个代表特征图整体特性的数值 A。与此同时，在另一个路径上，特征图经过全局均值池化处理后，被输入至一个紧凑型全连接层网络，其中网络的输出经过 sigmoid 函数进行归一化处理，产生一个介于 0 到 1 之间的系数 α。得到最终的阈值表达式为 $\alpha \times A$。这一设计不仅确保了阈值始终为正且大小合适，而且具备了为不同样本动态调整不同阈值的功能，这在一定程度上可被认为是一种独特的注意力机制，即通过软阈值化过程，将与当前任务无关的特征置零，而将与任务相关的特征予以保留。这种机制有效地强调了对当前任务有益的信息，从而提升了网络处理任务的能力。

在分类器中采用软阈值技术消除生成虚拟图像中的噪声信息，然后使用伪标签技术根据分类器当前的能力为生成的图像分配最可能标签的损失函数可以定义为：

$$L_c(T_p, t_v) = \text{CE}[C(T_p), t_v] + \lambda \text{CE}\{C[G(v)]\}, \arg\max\{C[G(v)]\} \geqslant \xi \tag{7-7}$$

其中，λ 表示对抗性权重，它是一个调节生成数据与真实数据相对重要性的参数。CE 代表交叉熵损失函数，C 表示分类器，ξ 是伪标签的阈值。该分类器损失由两部分组成：第一部分是采用真实数据及其对应真实标签的标准交叉熵损失，属于有监督损失；第二部分是无监督损失，计算的是生成数据及其假设标签之间的交叉熵。λ 作为一种无监督学习的权重，其既可以视作正则化参数，用于控制正则化程度，也被称为对抗性权重。引入 λ 的主要目的是考虑到生成的图像仅用于辅助监督分类任务，因此在计算损失及更新模型参数时，应当给予较低的权重。特别是在未标记数据集数量远大于已标记数据集的情况下，未经加权的模型可能性能不佳，因为它从有标记的真实数据中学习到的信息较少。

7.1.3 实验分析

7.1.3.1 基线

本节将 ARFG 与四种识别方案进行比较，分别是 RandomForest、CNN、ResNet[57]和 Triple-GAN[58]。

RandomForest：随机森林属于集成学习方法中的一种，通过结合多个决策树的预测来增强模型的准确度与稳定性。它属于装袋方法的一种，每棵树都从数据集中随机抽取样本建立，采用抽样放回的方式，并在每个分裂节点随机选择一组特征。这种随机性的引入旨在减少模型的方差，从而减少过拟合，提升模型对未见数据的泛化能力。随机森林可以自动处理缺失值，适用于分类和回归任务，并能够提供对特征重要性的估计。尽管它的训练和预测速度可能不如某些简化模型，但其优异的性能和易于使用性使其成为数据科学领域内广泛应用的工具之一。

CNN：卷积神经网络（CNN）是一种深度学习架构，广泛应用于图像和视频识别、图像分类、图像分割以及自然语言处理等多个领域。CNN 模拟人类视觉系统识别和处理图像中层次化信息的机制，对图像进行识别和处理。其核心理念在于采用卷积层自动提取输入数据的特征，并通过池化层降低特征的空间维度，以减少所需的计算量。CNN 的结构一般包含输入层、卷积层、激活层、池化层、全连接层以及输出层。其中，卷积层负责提取输入数据中的局部特征；激活层引入非线性以增强网络的表达能力；池化层旨在降低特征的维度并防止模型过拟合；全连接层将卷积与池化层的特征输出进行汇总，完成分类或回归任务。CNN 通过利用反向传播算法训练模型，并优化损失函数，实现从原始数据到期望输出结果的映射学习。

ResNet：ResNet 的设计初衷在于解决深度神经网络训练过程中遇到的梯度消失和梯度爆炸的问题，使得网络架构能够更加深入。ResNet 通过引入残差学习机制，有效促进了深层网络的训练效率。该机制建立跨层连接，直接将输入信息传送至后续层，进而实现梯度的直接流动。具体而言，ResNet 的核心组成部分为残差块，此类块包含了两层或更多层的卷积层，并在卷积层的输入与输出间加入了跳跃连接（也称作短路连接）。这种设计允许网络学习输入和输出之间的残差映射，而非原始输出映射，提升了训练深层网络的效率和可行性。在多项标准数据集及比赛中，ResNet 展现了卓越的性能，尤其在图像识别和分类任务方面，通过采用更深且效率更高的网络结构，显著提高了识别的准确率。

Triple-GAN：Triple-GAN 是一种利用生成对抗网络（GAN）进行分类的框架，由 Liu 等人在 2016 年提出[58]。为了解决当鉴别器同时承担分类和鉴别两个不兼容任务时，整个网络性能下降的问题，Triple-GAN 引入了第三个网络——分类器，用于半监督分类任务。在此框架中，鉴别器的唯一任务是识别假的图像-标签对。生成器与分类器各自构造人工的图像-标签对；生成器负责生成带有特定条件标签的虚假图像，而分类器则为训练集中的未标记数据生成伪标签。随后，鉴别器需判断一个给定的对是否包含人工成分，并识别出人工成分所在的具体部分。通过此设计，Triple-GAN 提升了生成对抗网络在分类任务中的应用效果，特别是在半监督学习环境中，通过精准生成图像及其对应标签来优化分类准确性。

7.1.3.2 实验结果分析

实验结果展示在表 7-1 和图 7-4～图 7-8 中。

表 7-1 五种模型在手指轨迹上的准确率和宏 F1 得分

模型	准确率/%	宏 F1 得分/%
RandomForest	77.11	77.28
CNN	83.09	83.21
ResNet	88.44	88.53
Triple-GAN	92.11	92.15
ARFG	93.52	93.56

实验结果表明，ARFG 在识别准确率和宏 F1 得分方面优于 Random 连接符 Forest、CNN、ResNet 和 Triple-GAN。具体来说，ARFG 在 16 种手指轨迹的识别准确率达到了 93.52%，宏 F1 得分为 93.56%，所有轨迹的识别准确率均超过 91%，特别是在识别字母"c"时准确率更是高达 96.25%。在字母"f"和符号"→"的识别上，ARFG 与其他模型相比至少有 2% 的明显优势。即便面对容易混淆的字母对，如"a"与"d"，"v"与"u"，ARFG 依然展现出较高的识别准确率。这些结果表明，即使在样本有限的情况下，ARFG 也能准确预测多种动作对应的标签。

这证明了 ARFG 不仅有效克服了 RandomForest 和 CNN 在小样本数据集上准确率不足的问题，同时也解决了 ResNet 在识别速度上的缓慢难题。此外，通过引入软阈值方法，ARFG 成功克服了 Triple-GAN 在处理低质量、含噪声虚拟图像时学习有效特征的挑战。因此，ARFG 在 RFID 手指轨迹识别的小样本场景中具有强大的适用性，能够提供准确且高效的识别能力。

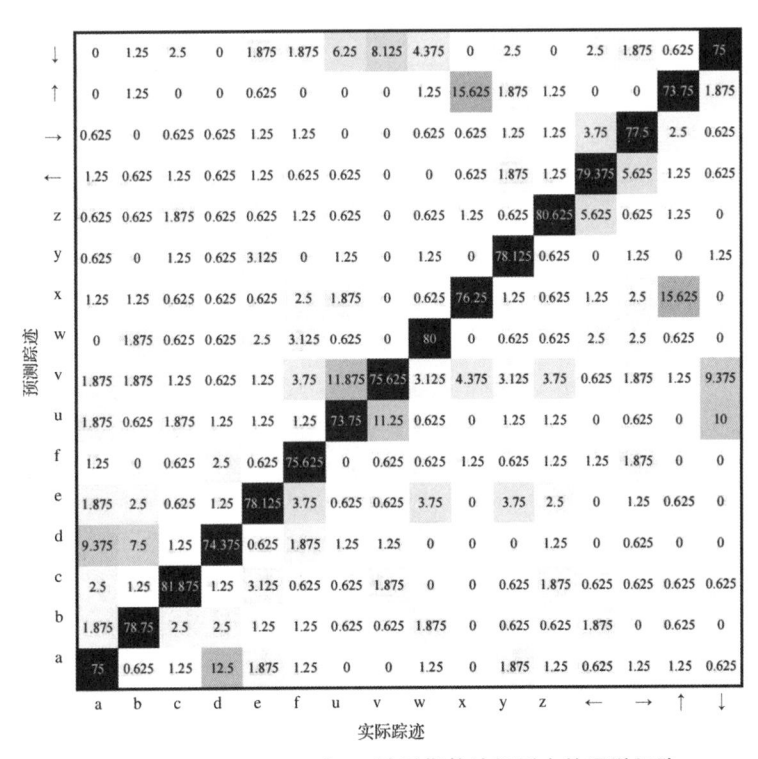

图 7-4 RandomForest 在 16 种手指轨迹识别中的混淆矩阵

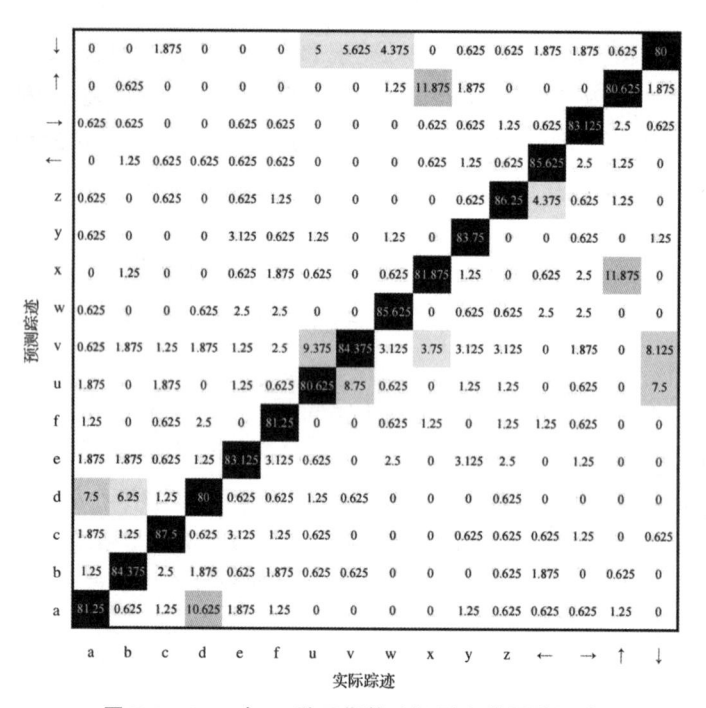

图 7-5 CNN 在 16 种手指轨迹识别中的混淆矩阵

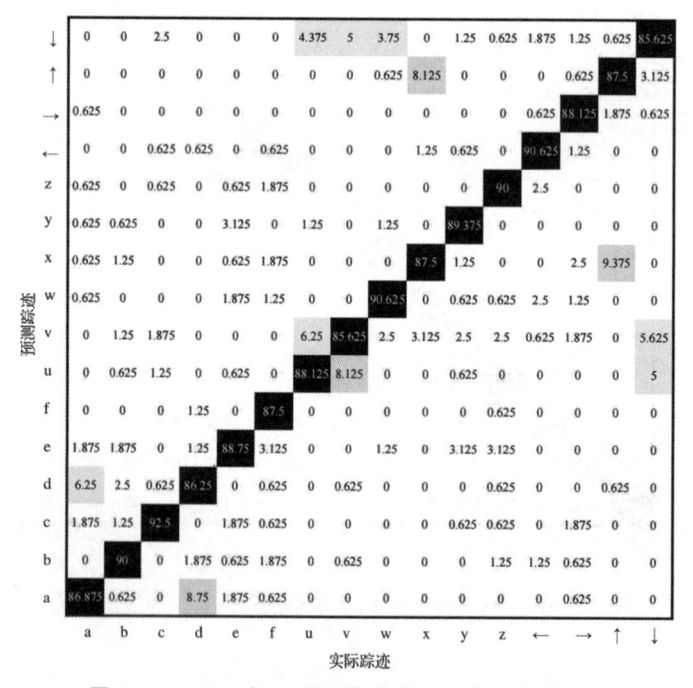

图 7-6 ResNet 在 16 种手指轨迹识别中的混淆矩阵

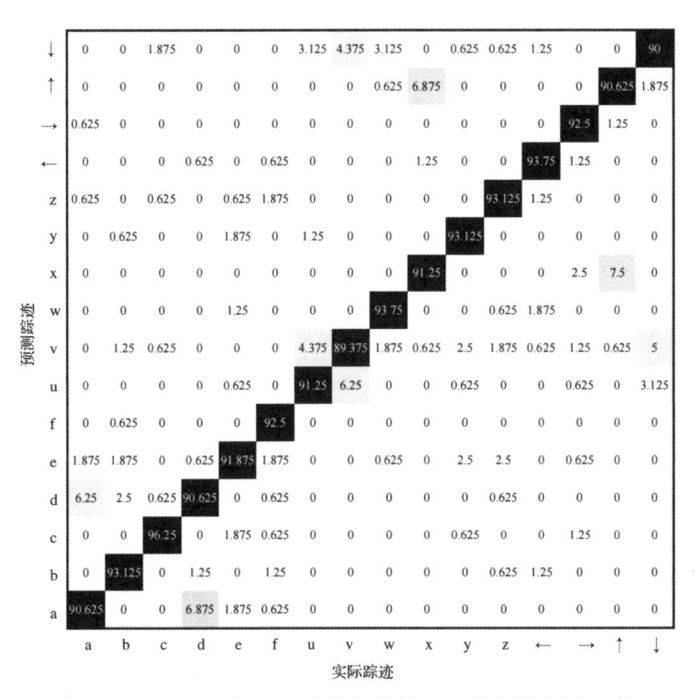

图 7-7　Triple-GAN 在 16 种手指轨迹识别中的混淆矩阵

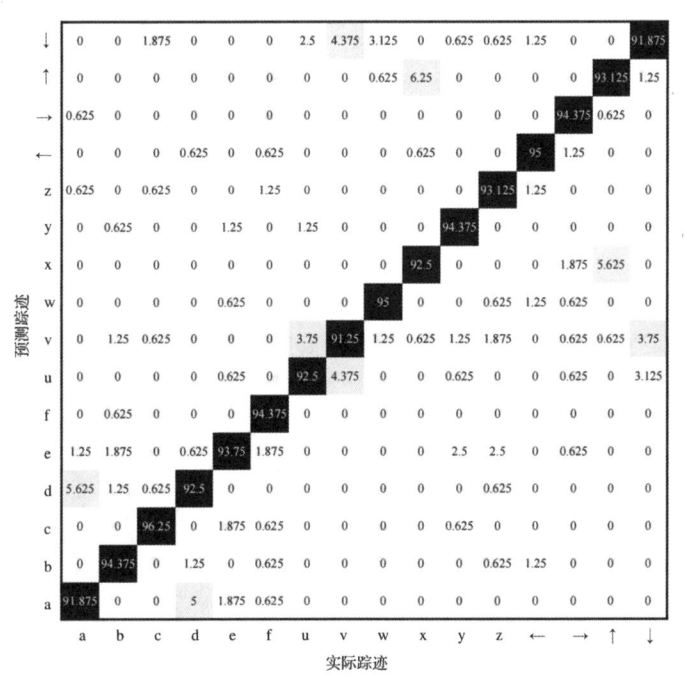

图 7-8　ARFG 在 16 种手指轨迹识别中的混淆矩阵

7.1.3.3　不同用户的评估

本研究通过比较 ARFG 模型在 10 名志愿者上的手指轨迹识别准确率来评估其性能，具体结果展示于图 7-9(a)。分析结果表明，所有志愿者的识别准确率均超过了 89.5%，其中编号为 7 的志愿者展现了最高的识别准确率，达到了 97.66%，而编号为 4 的志愿者（一名女性）的识别准确率相对较低，为 89.84%。研究初步推断，这一现象可能与女性较为纤细的手指特征有关，手指的细小可能会影响反射信号的稳定性，进而影响识别效果。实验结果揭示了手指的物理特性，如尺寸与形状，在与 RFID 标签阵列互动时可能扮演重要角色。尤其是对于细小或形态各异的手指，信号反射的变化可能导致识别准确率的波动。尽管存在这些差异，研究结果仍旧验证了 ARFG 在识别不同人群手指动作方面的优秀性能和广泛适用性。

(a) 不同志愿者的识别准确率

(b) 不同手指运动速度的识别准确率

(c) 跨环境下的识别准确率

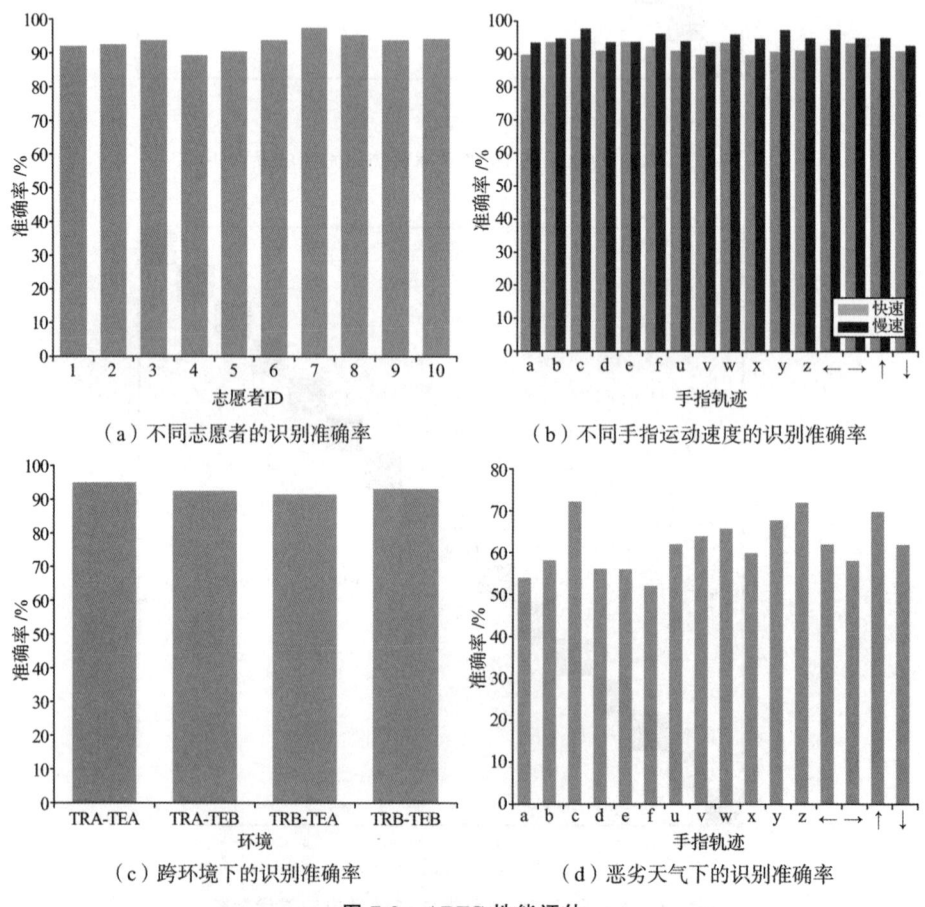

(d) 恶劣天气下的识别准确率

图 7-9　ARFG 性能评估

7.1.3.4 不同手指速度的评估

图 7-9(b)展示了 ARFG 在处理不同手指移动速度时的性能表现。在手指快速移动的条件下,部分轨迹的识别准确率达到 93.75%,而在手指缓慢移动时,部分轨迹,例如字母"c"、"y"和符号"←"的识别准确率高达 97.50%。实验数据揭示,不论手指移动速度快慢,ARFG 系统的识别准确率均维持在较高水平,其中快速移动轨迹的准确率超过 90.00%,慢速移动轨迹的准确率超过 93.00%。这一结果表明,手指移动速度对 ARFG 系统的影响甚微,证明了 ARFG 在不同手指移动速度条件下均能保持稳定的识别性能。

7.1.3.5 跨环境能力的评估

为了评估 ARFG 在不同环境下的应用能力及其鲁棒性,本书设计实验,探讨 ARFG 在一个环境内完成训练之后,转移到另一环境时能否保持较高的识别准确率。具体来说,本书在两个独立的环境下收集了两组数据集,分别命名为 TRA 和 TRB,用作训练集;同时,将另外两组数据集命名为 TEA 和 TEB,用作测试集。利用这四组数据集,模拟了 ARFG 在实际应用中可能面临的跨环境挑战,进而验证其在不同环境转换中的适应性和准确性。实验结果如图 7-9(c)所示,其中包括了两种不同的训练测试配对方式。第一种配对方式是在 TRA 数据集上进行训练,然后在 TEB 数据集上进行测试;第二种配对方式是在 TRB 数据集上进行训练,随后在 TEA 数据集上进行测试。结果显示,第一种配对方式下,ARFG 技术的识别准确率达到了 92.97%。而在第二种配对方式下,准确率达到了 91.80%。这一结果表明,尽管测试环境与训练环境不同,ARFG 技术仍然能够展现出优异的鲁棒性,有效适应跨环境识别带来的挑战。

7.1.3.6 恶劣天气下的评估

为了全面评估 ARFG 在应对恶劣天气条件(如雨雪天)下的识别性能,本研究利用预先收集的 500 条雨水环境下的手指轨迹数据进行测试。测试结果如图 7-9(d)所示,ARFG 在处理恶劣天气条件下的数据时,其识别准确率并未达到预期水平。在 16 种不同手指轨迹样本的测试中,ARFG 的平均识别准确率仅为 62%,其中识别率最高的轨迹"c"达到了 72%,而识别率最低的轨迹"f"仅有 52%,这一性能表现明显无法满足实际应用场景的需求。

为深入探究影响识别性能的因素,本研究进一步分析了恶劣天气条件下手指轨迹的可视化效果。图 7-10 展示了恶劣天气下字母"a"的轨迹。图中显示,ARFG依赖于卡尔曼滤波器对RFID手指轨迹信号进行可视化,并进一步利用DS-GAN进行轨迹识别。然而,当遭遇恶劣天气条件(如下雨、冰雹等)时,RFID阅读器所采集的信号质量显著下降,传统的信号降噪算法难以有效恢复数据,导致最终生成的手指轨迹特征图像质量不佳。这种低质量的特征图像在输入DS-GAN后,进一步影响了模型提取有效手指轨迹特征的能力,从而大幅降低了识别效率和准确度。

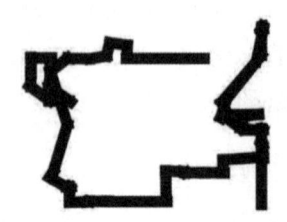

图 7-10　恶劣天气下轨迹"a"的可视化示例

7.1.4　消融实验

7.1.4.1　模型结构的影响

为了深入了解各个模块对整体性能的影响,本节对ARFG及其三个修改过的版本进行了性能比较分析。具体而言,本书设计了一个去除自注意力机制和谱归一化的版本、一个去除软阈值模块的版本,以及一个去除数据可视化模块的版本。通过这一系列对比实验,深入探究各关键模块在ARFG中的核心作用,并精确评估它们对识别准确率的积极贡献。

表7-2展示了不同版本对比下ARFG的性能变化。研究发现,在输出层卷积层之前引入的自注意力层,结合应用于前三个卷积层的谱归一化输出层卷积前的自注意力层与前三个卷积层的谱归一化,能有效提升模型对高级特征和广域特征关联的捕获能力。这种设计改进使得ARFG技术在识别准确率上提高了1.55%,有效克服了传统卷积层处理广泛特征范围时的局限性。

进一步分析表明,ARFG中软阈值模块的缺失会导致轨迹识别准确率下降1.59%。这一发现突显了软阈值模块在去噪过程中的重要性,尤其是在处理生成数据时,其能够通过将与噪声相关的特征置零而保留与轨迹相关的重要特征,显著改善分类器的性能。

表 7-2 ARFG 在缺失不同模型结构时的表现

缺失指标模块	准确率/%	宏 F1 得分/%
无缺失	93.52	93.56
自注意力和谱归一化	91.97	91.72
软阈值化	92.03	92.68
轨迹可视化	79.24	79.15

此外，数据可视化模块对 ARFG 技术的贡献也不容忽视。实验结果显示，当缺少轨迹的可视化图像时，识别准确率显著降低至 79.24%。这一结果强调了轨迹可视化在增强模型识别能力中的关键作用。

综上所述，通过对 ARFG 及其修改版本的性能比较，本节证实了自注意力机制、谱归一化、软阈值模块以及轨迹可视化模块在提升 ARFG 性能中的重要性。这些模块的有效结合，不仅增强了模型对复杂特征的处理能力，还提高了整体的识别准确率，从而证明了 ARFG 技术在复杂轨迹识别任务中的高效性和鲁棒性。

7.1.4.2 训练数据集规模的影响

为了探究 ARFG 达到令人满意性能所需的最小数据量，本节研究在仅有 5%、10%、15% 和 20% 训练样本的数据集进行了实验。结果见表 7-3。即使仅依赖 5% 的训练样本，ARFG 也能实现 82.50% 的识别准确率。这一结果证明了 ARFG 对训练数据量的高效利用能力。随着训练样本量的逐步增加，模型的识别准确率及宏 F1 得分在不同数据规模下均表现出高度一致性，进一步验证了 ARFG 在小样本 RFID 手指轨迹识别应用场景中的稳定性与可靠性。

表 7-3 ARFG 在不同训练集大小下的表现

数据集	训练数据 准确率/%	训练数据 宏 F1 得分/%
5% 训练样本	82.50	80.72
10% 训练样本	87.35	84.49
15% 训练样本	91.76	90.82
20% 训练样本	93.52	93.56

7.2 基于大语言模型的 RFID 手指轨迹识别研究

为了应对 ARFG 在面对恶劣天气条件下识别性能不佳的挑战,本节利用大语言模型的时序建模和推理能力,对低质量的手指轨迹进行识别。为了最大限度地激发大语言模型的潜能,本研究将基于 KNN 算法预测出的手指位置坐标 (x, y) 作为核心输入变量,并为此设计了一系列结构化的提示信息(prompt),以引导大语言模型进行有效的推理。这一过程将涵盖零样本(Zero-Shot)以及少样本(Few-Shot)的推理任务。此外,为了加强大语言模型在 RFID 手指轨迹识别领域的能力,本研究采用已有数据对开源大语言模型进行了有监督微调(supervised fine-tuning)。通过这种方式,模型能够学习到特定于 RFID 手指轨迹的特征表示,从而提高在恶劣天气条件下的识别性能。

7.2.1 基于 GPT-3.5 的 RFID 手指轨迹识别

7.2.1.1 提示(prompt)设计

在前人的研究中,大语言模型(large language models,LLMs)展现了其在没有任何额外示例(零次推理)或基于原始训练集之外的最少数量示例(少次推理)的情况下生成响应的能力,而由美国人工智能团队 OpenAI 推出的 GPT-3.5 则是大语言模型中的佼佼者。因此,本书设计了基于指令的提示(prompt)以充分挖掘 GPT-3.5 在 RFID 领域的 Few-Shot 能力,并证明大语言模型在 RFID 手指轨迹识别任务中的潜力。提示的内容如图 7-11 所示,其中包括常规指令、标签阵列说明、数据格式介绍、需要被识别的手指位置坐标列表{Coordinate_List},以及 16 种带标签手指位置数据的示例。常规指令是为了让 GPT-3.5 快速带入自己的角色,告知其自身应有的能力与需要完成的任务。标签阵列说明、数据格式介绍作为补充特征,能够提升 GPT-3.5 对任务的理解程度,增强建模能力。增加手指位置样例是为了让 GPT-3.5 能够学习到 16 种手指轨迹在不同时刻的坐标变化,最终对手指时序坐标数据进行建模并作出识别。

此外,本书还在 Prompt 模板中加上了若干限制条件,如:不允许输出 16 种所给符号以外的符号,以防止大语言模型生成幻觉内容。

除此之外,本书还尝试使用思维链(Chain-of-Thought)[59],通过在回复处添加"通过逐步分析"的指令,让大语言模型一步步思考每个采样点手指所在位置,以推理得到坐标列表对应的手指轨迹。这种方法可以提高模型对复杂任务的理解和推理能力,从而在 RFID 手指轨迹识别任务中取得更好的性能。通过这些策略,本节旨在探索并验证大语言模型在处理 RFID 手指轨迹数据方面的有效性和应用潜力。

```
作为一位杰出的时序建模专家,你拥有精确记忆每一个采样点坐标位置并对其进行空间建模的能力,以此来完成分类任务的独特技能。

目前,你面前有一个6×6的坐标网格,该网格的左下角坐标为(0, 0),右上角坐标为(6, 6)。我将向你提供一个包含若干个采样点的坐标列表。这些采样点按照特定的顺序绘制出了一个符号。

你的任务是根据所给样例,对这些坐标点进行建模,通过逐步分析来准确识别出这些坐标所代表的符号。

可能的符号仅限于以下16种:
[a, b, c, d, e, f, u, v, w, x, y, z, ←, →, ↑, ↓]

注意:
1. 不允许出现所给16种符号以外的符号

1.【坐标列表】
[(2.00,4.99), (2.29,5.00), (2.57,5.01), (2.86,4.99), (3.14,5.09), (3.43,5.01), (3.71,4.94),
(4.00,4.93),(3.99,4.98), (4.00,4.77), (3.72,4.72), (3.83,4.58), (3.57,4.47), (3.40,4.25), (3.61,3.95),
(3.35,3.89),(3.43,3.73), (3.19,3.56), (3.11,3.35), (3.07,3.04), (2.99,3.04), (2.93,2.76), (2.73,2.77),
(2.69,2.16),(2.71,2.22), (2.43,2.08), (2.49,1.84), (2.06,1.64), (2.28,1.57), (2.36,1.40), (1.94,1.21),
(1.93,1.08),(2.00,1.11), (2.29,1.08), (2.57,0.99), (2.86,0.99), (3.14,0.87), (3.43,0.90), (3.71,1.02),
(4.00,0.88)]
【你的答案】
z

2.【坐标列表】
[(x1,y1)…,(xi,yi)]
【你的答案】
a

…(16个轨迹所对应的坐标列表作为样例)

【坐标列表】
{Coordinate_List}
【你的答案】
```

图 7-11 Prompt 模板

7.2.1.2 GPT-3.5 识别性能

使用上述 Prompt 设计策略,GPT-3.5 在 500 条 16 种恶劣天气下的手指轨迹数据上的识别表现如图 7-12 所示。在 Few-Shot 情况下,凭借 GPT-3.5 强大的逻辑推理和建模能力,已经能够对恶劣天气下的手指轨迹数据达到 80.63% 的识别准确率。总体准确率相比 ARFG 提高了 18 个百分点,其中,针对字母"d",GPT-3.5 相比 ARFG 取得了 24% 的优势。即使是面对较为困难的字母"f",GPT-3.5 同样能达到 76% 的准确率。测试结果展示了大语言模型在时序数据领域的强大能力。

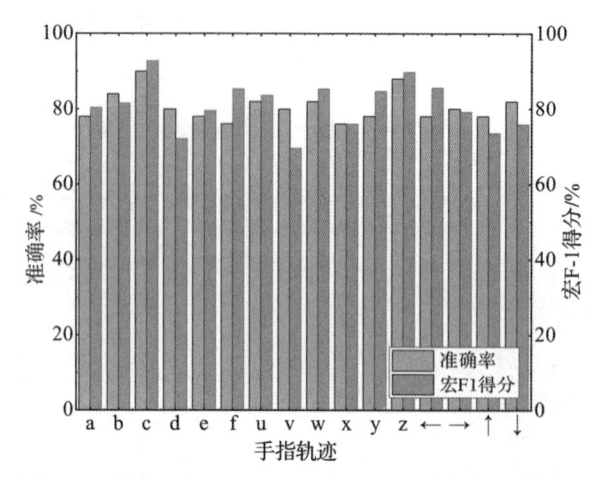

图 7-12　恶劣天气下 GPT-3.5 在 16 种手指轨迹上的表现

然而,GPT-3.5 这样的商业大语言模型在实际应用中存在不可忽视的经济和安全挑战。首先,GPT-3.5 通过 OpenAI 提供的 API 以收费服务的形式进行调用,每处理 100 万个令牌(token)约需支付 2 美元的费用。这一成本在大规模应用场景下将累积成为一笔巨大的开销,尤其是对于需要处理大量手指轨迹数据的应用程序而言。其次,将敏感的 RFID 手指轨迹数据上传至外部服务器进行处理,可能引发数据安全和隐私方面的顾虑,特别是在涉及用户个人信息或企业机密数据的情况下。鉴于以上考虑,本研究探索开源的大语言模型作为 GPT-3.5 的替代方案。

7.2.2　开源 LLMs 选型

考虑大语言模型推理所需计算资源的消耗也是一项不可忽视的开销。特别是在面向大规模实时应用场景时,资源效率成为了制约技术广泛部署的关键因素。因此,在选择合适的大语言模型时,除了考虑模型的开放性和免费使用条件外,模型的参数规模和计算效率也成为重要的评估指标。鉴于此,本节挑选了三种开源且参数规模较小的大语言模型——Baichuan2-7B[60]、Llama2-7B[61] 和 ChatGLM2-6B[62]。这些模型虽然在参数规模上相较于 GPT-3.5 等商业模型有所减小,但依然保持了良好的性能和广泛的适用性,具备完成复杂时序数据处理和手指轨迹识别等任务的潜力。

Baichuan2-7B 是由百川智能开发的一个开源的大规模预训练模型。基于 Transformer 结构,在大约 1.2 万亿 tokens 上训练的 70 亿参数模型,支持中英双语,上下文窗口长度为 4096。在标准的中文和英文权威 Benchmark(C-Eval/MMLU)上均取得同尺寸最好的效果。

Llama2-7B 是 Meta 最新开源的 70 亿参数大语言模型,训练数据集 2 万亿标记(token),上下文长度由 Llama 的 2048 扩展到 4096,可以理解和生成更长的文本,包括 7B、13B 和 70B 三个模型,在各种基准集的测试上表现突出。在很多测试集上达到或有优于 GPT-3.5。

ChatGLM2-6B 是智谱 AI 和清华大学 KEG 实验室联合发布的对话预训练模型,参数达到 60 亿,ChatGLM2-6B 是 ChatGLM2 系列中的开源模型,在保留了前代模型对话流畅、部署门槛低等众多优秀特性的基础上,采用更多样的训练数据、更充分的训练步数和更合理的训练策略,支持多种复杂场景。

为了进一步提高这些模型在处理 RFID 时序数据的实际能力,本研究设计了与 GPT-3.5 相同的实验,使用与 GPT-3.5 相同的 Prompt 技术,测试这些模型在少量样本(Few-Shot)学习环境下对 RFID 时序坐标数据进行有效识别的能力。结果如表 7-4 所示。

表 7-4 各模型在恶劣天气数据下的性能表现

模型	准确率/%	宏 F1 得分/%
ARFG	62.00	62.95
GPT-3.5	80.63	80.97
BaiChuan2-7B	71.38	71.64
Llama2-7B	67.2.88	66.07
ChatGLM2-6B	68.50	69.13

实验结果显示,与 GPT-3.5 相比,三种开源大语言模型的性能稍显不足,其中表现最优的 Baichuan2-7B 的准确率仅为 71.38%。这一差异表明,由于参数数量的限制、训练语料的差异及训练方法的不同,大语言模型在少样本学习能力上存在显著差异。为了充分利用开源大语言模型已有的时间序列建模能力,并加强其在 RFID 领域的轨迹识别能力,本研究使用 LoRA(low-rank adaptation,低秩适应)[63]和 P-Tuning v2[64]两种高效微调方法对以上三种开源模型做微调。

7.2.3 大语言模型的监督式微调

7.2.3.1 监督式微调概述

监督式微调(supervised fine-tuning,SFT)是深度学习领域中一种高效的模型优化方法。该方法在一个广泛的源数据集上预训练一个神经网络模型,即源模型,以捕获通用的数据特征和模式。基于源模型,构建一个新的神经网络模型,称为目标模型,它继承了源模型除输出层之外的全部模型架构和参数。这种继承机制使得目标模型能够直接利用源数据集上学习到的知识,进而加速并优化在特定目标数据集上的学习过程。具体而言,目标模型在被创建时,会保留源模型的所有内部层及其参数,而仅替换输出层以适应目标数据集的特定任务。输出层的参数需要重新初始化,因为它直接与目标任务的类别标签相关联。在进行微调训练时,目标模型的非输出层参数会基于源模型参数进行微调,而新的输出层则从零开始训练,直至整个模型在目标数据集上达到最佳性能。

监督式微调方法在多个领域,如计算机视觉、自然语言处理等,都有成功应用的案例。其主要优势在于能够显著提高模型训练效率,并提升模型在特定任务上的性能。通过复用预训练模型的参数和结构,SFT避免了从头开始训练模型,使得模型能够更快地适应新任务,特别是在可用于训练的标注数据相对有限的情况下。然而,监督式微调也面临一些挑战。其一,该方法对大量高质量的标注数据有较高依赖,若目标任务缺乏充足的标注数据,可能会限制微调后模型的性能。其二,预训练模型的选择对最终微调效果有决定性影响。不同的预训练模型可能捕获不同层次和维度的特征,因此,选取与目标任务相关性高的预训练模型对于实现最佳微调效果至关重要。

监督式微调包括以下三个步骤:①预训练,此阶段的核心任务是在一个广泛且大规模的数据集上构建并训练一个深度学习模型。该过程通常采用自监督学习或无监督学习算法,目的在于让模型能够捕获和理解数据的基本结构和模式,而无须依赖标注数据。②微调,利用目标任务的具体训练集对模型进行微调。在微调过程中,一般只对模型中的部分层进行调整,这可能包括模型的最后几层或特定的中间层。这种选择性的层微调策略基于一个假设:预训练模型在训练过程中学习到的底层特征对于不同任务具有普适性,而更高层的特征则更具任务特定性。通过反向传播算法,微调这些层的参数,以使模型能够更好地适应并优化目标任务的性能。③评估,这一阶段通过比较模型在测试集上的表现来衡量其在目标任务上的性能,常用指标有准确率、召回率和宏 F1 得分等。

随着人工智能技术的迅猛发展,大语言模型(LLMs)已成为研究领域的焦点。这些模型通过在庞大的文本数据集上进行训练,积累了丰富的语言知识及推理能力。其中,如 GPT-3 这样的模型已经拥有高达 1750 亿个参数,展示出了惊人的语言理解和生成能力。然而,这种规模的模型也带来了新的挑战,尤其是在模型微调方面。传统的监督式微调方法在处理如此庞大的参数量时效率低下、成本高昂,难以满足实际应用需求。为了解决这一问题,研究人员和工程师开始探索参数高效的微调方法(parameter efficient fine tuning,PEFT),目的是在保持或甚至提高微调效果的同时,显著减少所需调整的参数数量。这类方法的核心理念是通过智能化的策略,只对模型中的一小部分参数进行优化,从而实现快速且成本效益高的模型定制。

在这一领域,已经有几种主流的方法被提出和广泛研究。其中,低秩适应(low-rank adaptation,LoRA)和 P-Tuning v2 是两种具有代表性的技术。本节也将使用这两种高效微调技术对三种开源大语言模型进行微调。

7.2.3.2 微调数据集构建

大语言模型的微调数据集通常采用 Q&A 格式的 JSON 文件,其中包含两个关键字"question"和"answer"。"question"的值作为提供给大语言模型的提示,而"answer"的值则是期望大语言模型输出的结果,即手指轨迹。本研究所使用的训练数据集中,"question"的模板如图 7-13 所示。图中的{Coordinate_List}代表训练数据集中每个样本根据数据预处理、轨迹起始位置提取和手指位置估计等技术得到的一系列手指可能位置的坐标列表。

这种 Q&A 格式的数据集设计有助于大语言模型更好地理解和处理输入信息,从而在微调过程中学习如何根据给定的提示信息生成正确的输出。通过这种方式,模型能够针对特定的任务进行优化,提高其在实际应用中的性能和准确性。

在微调训练样本中,每种手指轨迹均由 80 条独立的条目组成,共计 1280条数据。这意味着对于 16 种不同的手指轨迹,每种都有相应的 80 个样本条目。单个训练样本的最终格式如图 7-14 所示,其中每个样本都包含了必要的信息,以供大语言模型进行学习和微调。这种格式通常是为了确保模型能够接收到一致和结构化的数据,从而提高训练效率和模型性能。

作为一位杰出的时序建模专家，你拥有精确记忆每一个采样点坐标位置并对其进行空间建模的能力，以此来完成分类任务的独特技能。

目前，你面前有一个6×6的坐标网格，该网格的左下角坐标为(0，0)，右上角坐标为(6，6)。我将向你提供一个包含若干个采样点的坐标列表。这些采样点按照特定的顺序绘制出了一个符号。

你的任务是根据所给坐标位置，对这些坐标点进行建模，通过逐步分析来准确识别出这些坐标所代表的符号。

可能的符号仅限于以下16种：
[a, b, c, d, e, f, u, v, w, x, y, z, ←, →, ↑, ↓]

注意：
1. 不允许出现所给16种符号以外的符号

【坐标列表】
{Coordinate_List}
【你的答案】

图 7-13 "question"示例

{
"question": """
作为一位杰出的时序建模专家，你拥有精确记忆每一个采样点坐标位置并对其进行空间建模的能力，以此来完成分类任务的独特技能。

目前，你面前有一个6×6的坐标网格，该网格的左下角坐标为(0,0)，右上角坐标为(6,6)。我将向你提供一个包含若干个采样点的坐标列表。这些采样点按照特定的顺序绘制出了一个符号。

你的任务是根据所给坐标位置，对这些坐标点进行建模，通过逐步分析来准确识别出这些坐标所代表的符号。

可能的符号仅限于以下16种：
[a, b, c, d, e, f, u, v, w, x, y, z, ←, →, ↑, ↓]

注意：
1、不允许出现所给16种符号以外的符号

【坐标列表】
[(2.00,4.99), (2.29,5.00), (2.57,5.01), (2.86,4.99), (3.14,5.09), (3.43,5.01), (3.71,4.94), (4.00,4.93), (3.99,4.98), (4.00,4.77), (3.72,4.72), (3.83,4.58), (3.57,4.47), (3.40,4.25), (3.61,3.95), (3.35,3.89), (3.43,3.73), (3.19,3.56), (3.11,3.35), (3.07,3.04), (2.99,3.04), (2.93,2.76), (2.73,2.77), (2.69,2.16),(2.71,2.22), (2.43,2.08), (2.49,1.84), (2.06,1.64), (2.28,1.57), (2.36,1.40), (1.94,1.21), (1.93,1.08),(2.00,1.11), (2.29,1.08), (2.57,0.99), (2.86,0.99), (3.14,0.87), (3.43,0.90), (3.71,1.02), (4.00,0.88)]

【你的答案】
"""，
"answer": "z"
}

图 7-14 微调数据集样例

7.2.3.3 LoRA 微调

LoRA 是一种参数高效的微调技术，旨在通过修改小部分模型权重来实现性能提升。核心思想是在原始模型的权重矩阵 W 上应用低秩更新，而不是

直接修改 W。这可以表示为 $W'=W+BA$，其中 W' 是更新后的权重矩阵，B 和 A 是新引入的低秩矩阵，且它们的秩远小于 W 的秩，如图 7-15 所示。这样，只需微调 B 和 A，就能在保持原模型大部分参数不变的同时，有效地调整模型的输出倾向。LoRA 的显著优势在于其低参数需求和出色的小样本学习能力，特别适用于数据稀缺的下游任务场景。另外其灵活性和插拔式的使用方式也是一大特点，针对不同的下游任务，研究者可以快速训练特定的 LoRA 权重，而无需重新训练整个模型，LoRA 权重一旦训练完成，即可与原始模型权重合并，消除了推理过程中的额外延时，保证了模型的高效性与实用性。

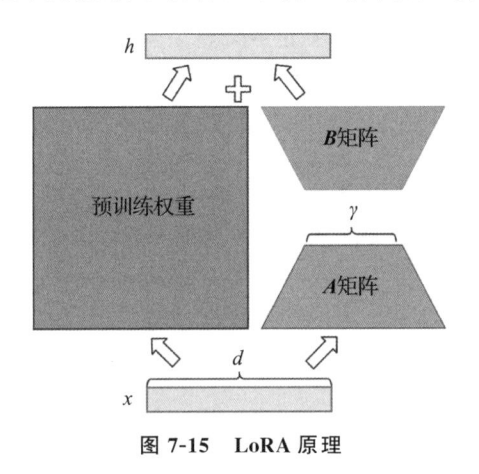

图 7-15 LoRA 原理

本节使用 640 条数据对 ChatGLM2-6B、BaiChuan2-7B 和 Llama2-7B 进行 LoRA 微调时的系统配置和超参数设置见表 7-5。其中微调层为 Transformer 结构每一层中的 Self-Attention 机制涉及的映射层参数，Rank 为两个低秩矩阵的秩，Alpha 参数是一个缩放参数，作用与学习率类似。

表 7-5 LoRA 微调的实验环境参数配置

系统配置和超参数	数值
显卡	NVIDIA TESLA V100(32 GB)
微调层	W_q, W_k, W_v, W_o
Rank	8
Alpha 参数	8
A 矩阵初始化	Uniform 初始化
B 矩阵初始化	Zero 初始化

7.2.3.4 P-Tuning v2 微调

P-Tuning v2 是 Soft Prompt 方法的一项重要改进。原始的软提示方法通过在预训练模型的嵌入层引入可学习的连续型 token(待处理数据的最小单元或基本元素)来尝试从 Prompt 的角度引导大语言模型完成目标领域的任务,待微调的参数主要集中在模型的嵌入层。此方法存在两点局限性:一是仅在嵌入层作用限制了模型的交互能力;二是在冻结所有模型参数的情况下仅学习插入的 token,导致改变量较小,使得效果时而不稳定,有时甚至不如原始的硬提示方法。P-Tuning v2 的核心创新在于它不仅仅作用于嵌入层,而是将连续型 token 插入预训练模型的每一层,如图 7-16 所示。

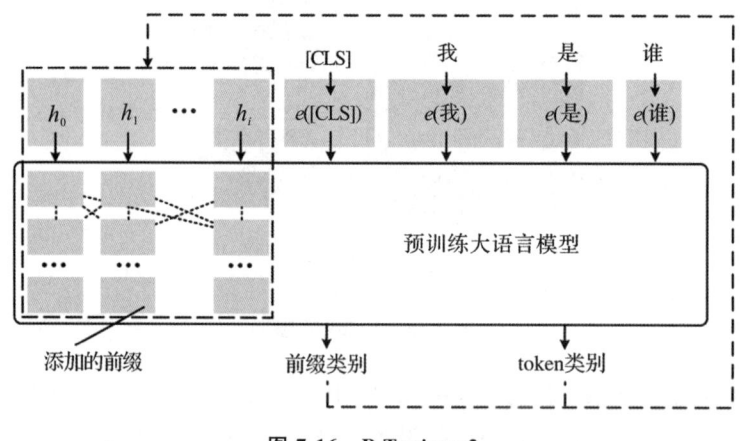

图 7-16 P-Tuning v2

P-Tuning v2 的核心参数更新模块是前缀编码块(Prefix-Encoder),训练好一个单独的前缀编码块就能为目标领域任务生成对应的前缀 token,显著增加了模型训练的改变量和交互性。这种方法特别适合于较小的模型,因为它通过在每一层引入新的可学习参数,扩大了模型的调整范围和灵活性。相较于 Soft Prompt,P-Tuning v2 在参数量不足 10 亿(10 B)的大语言模型上表现出了不错的效果,缩小了与传统微调方法的性能差距。

本节使用 P-Tuning v2 对三种模型进行微调时的系统配置和超参数设置如表 7-6 所示,其中前缀长度代表 P-Tuning v2 需要在预训练模型每层前增加的 token 数量,用于引导大语言模型完成识别任务。累计梯度步数代表进行梯度更新的批次,能够有效改善显存不足的问题。

表 7-6　P-Tuning v2 微调的实验环境参数配置

系统配置和超参数	数值
显卡	NVIDIA TESLA V100(32 GB)
前缀长度	64
学习率	0.02
累积梯度步数	16
训练步数	1000

7.2.3.5　微调结果分析

本节所使用的测试集为 500 条在恶劣天气中采集的手指轨迹数据,三种开源大语言模型分别采用 LoRA 和 P-Tuning v2 微调后的测试结果如表 7-7 所示。结果表明 LoRA 微调策略为各模型带来了显著的性能提升,尤其是 BaiChuan2-7B 模型,其识别准确率达到 79.25%,这不仅超过了微调前的基线性能,而且达到了与 GPT-3.5 相媲美的水平。此外,在微调过程中各模型的显存消耗均未超过 20 GB,证明了 LoRA 策略在提高模型特定任务表现的同时,并未增加对硬件资源的需求,保障了其在广泛应用场景中的实用性。

使用 P-Tuning v2 微调时,三种模型的识别准确率同样获得了大幅提升,其中 ChatGLM2-6B 模型表现最佳,识别准确率达到 77.50%,明显优于采用相同微调策略的其他模型,且超越了其采用 LoRA 微调技术时的性能。P-Tuning v2 微调策略之所以在不超过 10 B 参数的大语言模型上展现出卓越的性能,主要得益于其引入连续型 token 策略,这不仅加强了模型的学习能力,而且促进了模型各层间的信息互动,使得模型在处理如手指轨迹识别等复杂序列任务时能更精确地捕捉关键信息。特别是,P-Tuning v2 技术对 ChatGLM2-6B 模型带来的显著性能提升,一方面归因于 P-Tuning v2 技术与模型的双向编码和单向自适应解码的结构以及参数配置高度匹配,另一方面也可能源于 P-Tuning v2 对小于 10 B 参数模型的特别优化设计。

表 7-7　三种开源模型在 LoRA 和 P-tuning v2 微调方法下的性能

指标模型	准确率/%	宏 F1 得分/%
BaiChuan2-7B-LoRA	79.25	79.49
BaiChuan2-7B-PT	72.13	72.58
Llama2-7B-LoRA	74.25	74.56

续表

指标模型	准确率/%	宏 F1 得分/%
Llama2-7B-PT	70.88	71.17
ChatGLM2-6B-LoRA	75.38	75.77
ChatGLM2-6B-PT	77.50	77.79

注：PT 表示 P-Tuning v2。

综上所述，LoRA 和 P-Tuning v2 两种微调方法均有效提升了模型在特定任务上的性能，其中 LoRA 策略适用于各类型模型，而 P-Tuning v2 在处理 ChatGLM2-6B 时表现更为出色。

7.2.4 实验结果

经过微调实验分析，本书决定采用经过 LoRA 微调的 BaiChuan2-7B 作为轨迹识别模型，因其兼顾了计算资源、数据安全和识别性能，有利于更多元化场景的应用。接下来展示微调后的 BaiChuan2-7B 在恶劣天气条件下所采集的 RFID 手指轨迹数据上与 GPT-3.5、ARFG 的性能表现对比。实验结果如表 7-8 所示，BaiChuan2-7B 在恶劣天气下的平均手指轨迹识别准确率达到 79.25%，所有手指轨迹的识别准确率均高于 74.00%，特别是在一些简单的手指轨迹如"c"上的准确率高达 88.00%，即使面对比较复杂的手指轨迹"f"，也能达到 74.00% 的准确率，比 ARFG 高出 22 个百分点，说明高效微调方法有效提升了模型在恶劣天气条件下的识别性能。

表 7-8 恶劣天气下三种模型总体结果准确率(%)/宏 F1 得分(%)对比

轨迹	ARFG	GPT-3.5	BaiChuan2-7B -LoRA
a	54.00/56.25	78.00/80.41	76.00/80.85
b	58.00/58.59	84.00/81.55	86.00/80.37
c	72.00/80.00	90.00/92.78	88.00/90.72
d	56.00/50.00	80.00/72.07	80.00/72.73
e	56.00/56.57	78.00/79.59	76.00/80.00
f	52.00/67.53	76.00/87.2.39	74.00/84.09
u	62.00/64.58	82.00/83.67	80.00/79.21
v	64.00/47.06	80.00/69.57	78.00/69.03

续表

轨迹	ARFG	GPT-3.5	BaiChuan2-7B-LoRA
w	66.00/71.74	82.00/85.42	84.00/84.00
x	60.00/56.60	76.00/76.00	74.00/74.75
y	68.00/74.73	78.00/84.78	78.00/82.98
z	72.00/77.2.00	88.00/89.80	86.00/87.2.15
←	62.00/73.81	78.00/85.71	74.00/82.22
→	58.00/56.31	80.00/79.21	76.00/75.25
↑	70.00/63.06	78.00/73.58	78.00/74.29
↓	62.00/57.2.36	82.00/77.2.93	80.00/76.19

7.3 本章小结

本章深入探讨了基于生成对抗网络和大语言模型的 RFID 手指轨迹识别研究。通过利用 KNN 方法估计手指坐标并结合卡尔曼滤波器进行轨迹平滑处理，本章提出了一种有效的手指轨迹可视化方法。在此基础上，设计了 DS-GAN 模型，该模型采用深度软阈值生成对抗网络结构，通过内嵌软阈值化技术，显著提升了在低质量图像处理上的训练效果。

进一步地，本章介绍了 ARFG 模型，这是一个结合了自注意力机制和批频谱惩罚的生成对抗网络，用于减少负迁移的影响，并增强模型的可迁移性和可辨别性。通过一系列消融实验，验证了模型中各个组件对整体性能的积极贡献，特别是在域鉴别器和自注意力机制方面。

在大语言模型的应用方面，本章探索了 GPT-3.5 在恶劣天气条件下的手指轨迹识别能力，并通过设计结构化的提示信息，充分发挥其在少样本学习场景下的性能。此外，本章还考虑了开源大语言模型作为 GPT-3.5 的替代方案，以应对商业模型在成本和数据隐私方面的挑战。

通过 LoRA 和 P-Tuning v2 两种参数高效的微调技术，本章对三种开源大语言模型进行了微调，以适应特定的 RFID 手指轨迹识别任务。实验结果表明，这些微调策略有效提升了模型在小样本学习任务中的性能，尤其是在 Baichuan2-7B 模型上取得了显著的识别准确率提升。

总体而言，本章通过结合生成对抗网络和大语言模型的技术优势，提出了针对 RFID 手指轨迹识别的有效方法。这些方法不仅提高了识别准确率，而且增强了模型在多样化环境条件下的鲁棒性和泛化能力，为未来在更广泛场景下的应用奠定了基础。

第8章

基于对抗网络和孪生网络的 RFID 人体行为识别算法研究

8.1 基于对抗网络的人体行为识别研究

由于多径效应，RFID 信号易受使用者和环境变化的影响，这使得在单一数据场景下训练的识别模型难以直接应用于新的环境，因此面临识别性能下降的问题。当前许多研究方法通过领域对抗适应技术解决了领域间特征差异的问题，但通常仅通过匹配全局特征，而未充分考虑负迁移和特征的不可转移性。为了解决这些问题，本章提出了一个基于对抗网络的人体行为识别模型（a transferable attention-based adversarial network for human activity recognition with RFID，TAHAR）。TAHAR 模型利用自注意力机制减少负迁移对特征提取器和域鉴别器的影响，确保关键特征能够被有效提取并用于后续处理。同时还采用了批频谱惩罚 BSP 来对齐经过自注意力机制加权后的源域特征和目标域特征，进一步增强了模型的可迁移性和可辨别性。

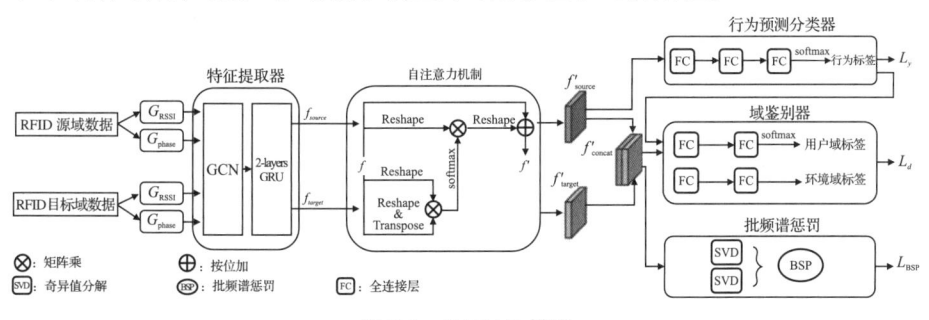

图 8-1　TAHAR 模型

8.1.1 基于对抗网络的人体行为识别模型设计

TAHAR 模型是一个综合性的架构，设计用于处理 RFID 人体行为序列的时空图，并减少源域和目标域间的领域偏移[65]。模型由以下关键模块组成：

①特征提取器：负责从 RFID 数据中提取时空特征。

②自注意力机制：加权提取与特定动作相关的特性，同时抑制对行为识别不重要的域相关信息。

③批频谱处罚模块：通过谱分解减少跨用户和环境迁移时的负迁移效应。

④行为预测分类器：用于预测和分类人体行为。

⑤域鉴别器：无监督学习不同域的特征，优化模型对未知领域的适应性。

TAHAR 模型的训练目标是提高跨域识别的鲁棒性和准确率。自注意力机制和域鉴别器的联合优化以及批频谱惩罚的引入，确保模型专注于学习对行为识别重要的时空特征，同时过滤掉无关的域特性。这使得 TAHAR 在不同环境和用户背景下保持良好的识别性能，并解决了可转移特征与领域特定特征的负面影响。

8.1.1.1 特征提取模块

特征提取模块是 TAHAR 模型的核心组成部分，作用是从 RFID 人体行为序列的时空图中高效地提取关键的空间信息和时序信息（图 8-2）。该模块由图卷积神经网络（graph convolutional network，GCN）和门控循环单元（GRU）两大部分构成。

GCN 部分负责捕捉 RFID 时空图中人体骨骼节点间的复杂依赖关系，通过其强大的图结构处理能力，提取与人体行为紧密相关的空间特征。这些空间特征不仅包括节点间的相对位置信息，还涵盖了节点间的连接模式，为理解人体行为提供了重要的空间维度信息。

GRU 部分专注于捕捉 RFID 信号随时间的动态变化，通过其门控机制有效地提取行为模式的时间特征。这些时间特征反映了人体行为在时间轴上的演变过程，为行为识别提供了关键的时序维度信息。

通过将 GCN 和 GRU 的输出进行融合，特征提取模块能够为后续的行为预测分类器和域鉴别器提供丰富而全面的特征输入。这种融合不仅增强了模型对时空信息的综合理解能力，而且显著提高了模型在复杂环境下的识别准确性和鲁棒性。最终，TAHAR 模型通过这种创新的特征提取方法，实现了对人体行为的高精度识别，为相关领域的研究和应用提供了强有力的技术支持。

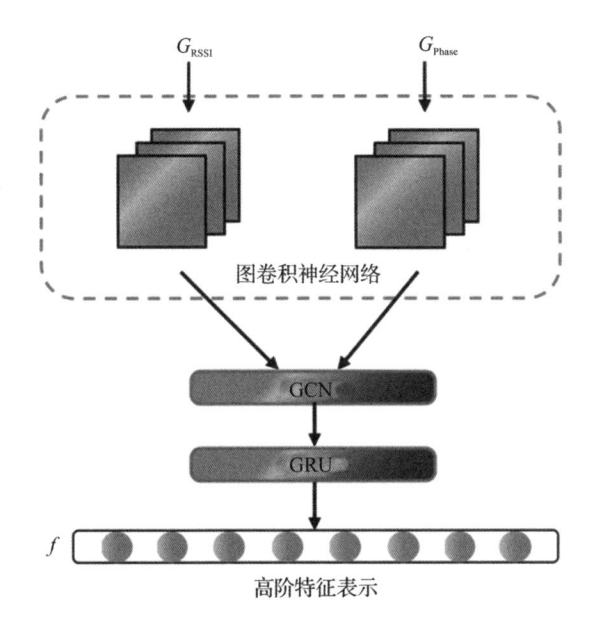

图 8-2 TAHAR 特征提取器模块

8.1.1.2 自注意力机制和批频谱惩罚模块

自注意力机制的核心在于为输入数据集中的每个元素计算其与集中所有其他元素之间的关联权重，并据此生成加权表示。该机制首先为序列中的每个元素确定查询(Q)、键(K)和值(V)向量。然后，对于序列中的任一元素，其查询向量会与所有键向量进行相似度比较，计算出相似度得分。这些得分会通过一个缩放因子 $\frac{1}{\sqrt{d_k}}$ 进行调整，以避免计算过程中的数值过大或过小的问题。调整后的相似度得分会通过 softmax 函数处理，得到标准化的注意力权重。利用这些权重，对相应的值向量(V)进行加权求和，从而为每个位置生成一个输出向量。这一过程可以用以下公式概括：

$$\text{Attention}(\boldsymbol{Q},\boldsymbol{K},\boldsymbol{V}) = \text{softmax}\left(\frac{\boldsymbol{Q}\boldsymbol{K}^T}{\sqrt{d_k}}\right)\boldsymbol{V} \tag{8-1}$$

该公式确保了输入数据中每个元素都能得到一个综合考虑了序列内其他元素的新向量表示。这种新的向量表示能够反映 RFID 人体行为数据中的复杂相互关系。

自注意力网络是提升模型在特征迁移和识别能力方面的关键技术。它通过为序列的不同部分分配不同的权重,使得模型能够专注于那些对于行为识别最为关键的特征。即使在噪声较多的环境中,模型也能通过突出关键特征来提高识别的准确性和鲁棒性。

特征提取器输出的 f_{source} 和 f_{target} 被送入自注意力模块进行处理,经过自注意力网络的处理后,得到 f'_{source} 和 f'_{target}。

此外,研究中还引入了批频谱惩罚(batch spectral penalty,BSP)机制。BSP 机制基于奇异值分解(SVD),通过提取并调整源域和目标域特征矩阵中的主要奇异值,来增强模型的泛化和迁移能力。在本书中,将 f'_{source} 和 f'_{target} 合并后输入 BSP 模块。BSP 的损失函数定义如下:

$$L_{\text{BSP}}(f'_{\text{concat}}) = \sum_{t=1}^{k}(\beta_{s,t}^2 + \beta_{t,t}^2) \tag{8-2}$$

通过这种方式,BSP 机制有助于优化模型在不同用户和环境间迁移时的性能。

8.1.1.3 行为预测分类器

自注意力机制网络的输出作为被作为输入传递给行为预测分类器。在分类器中,通过三个全连接层和一个激活层来提取与活动识别相关的特征。最后,通过添加一个 softmax 函数,这些特征被映射到与活动标签维度相匹配的潜在空间。预测活动标签分布概率表示为:

$$\begin{aligned} y' &= F_y(f'_{\text{source}};\theta_y) \\ &= F_y[F_f(f'_{\text{source}}), G_{\text{rssi}}, G_{\text{phase}};\theta'_{f\text{source}},\theta_y] \end{aligned} \tag{8-3}$$

使用交叉熵损失(cross-entropy loss)来计算预测标签与实际标签之间的损失。

$$L_y = CE_{y',y}[-\log F_y(f'_{\text{source}};\theta_y)] = -\frac{1}{|S|}\sum_{f'_i \in S}^{N} y_{ij}\log[F_y(f'_i;\theta_y)] \tag{8-4}$$

8.1.1.4 域鉴别器模块

本节引入了用户域鉴别器和环境域鉴别器,其主要作用是消除 RFID 信号中与行为识别无关的用户和环境的域信息。为了使特征提取器产生的特征尽可能独立于用户和环境,本书设置了两个域标识符,包括环境标识符 F_{env}^d 和用户标识符 F_{user}^d,将源域和目标域标签转换成一个二元分类问题。鉴别器包括两个完全连接层和一个激活函数来获得域标签。

每个鉴别器都以自注意机制模块得到的 f' 和标签分布 y' 作为输入。通过消除无关的域信息，模型更有可能从输入数据中捕捉到与人体行为相关的通用特征，从而增加对不同环境的适应性。最后使用二元交叉熵损失（binary cross-entropy）来计算这两个鉴别器的损失，得到总损失 L_d 为：

$$L_d = \sum_{t \in \{\text{user}, \text{env}\}} \text{BCE}_{x,y} [-\log F_d^{(x,y';\theta_d^i)}] \tag{8-5}$$

域鉴别器的引入有效地提升了模型在面对不同场景和环境下的鲁棒性和泛化能力，使模型更具通用性和实用性。

8.1.1.5 模型优化目标和训练流程

结合上述关于行为预测、域鉴别器对抗训练、自注意加权机制和批谱惩罚的讨论，本模型的训练目标是使行为预测损失和批频谱惩罚损失最小化，使领域预测损失最大化。因此，根据前述，我们可以得到以下模型最终损失 L_{TAHAR}：

$$L_{\text{TAHAR}} = L_y - \alpha L_d + \hat{\beta} L_{\text{BSP}} \tag{8-6}$$

其中，$\alpha > 0$ 和 $\beta > 0$ 是用于平衡分辨损失和注意力转移损失的超参数。在 TAHAR 的实验中，它们分别被设为 0.3 和 0.0001。

TAHAR 模型对每个训练批次执行以下操作：

步骤 1：使用特征提取器从源域和目标域的 RFID 人体行为序列的时空图中提取 RFID 数据中的空间和时间特征。

步骤 2：使用自注意力机制对提取的特征进行加权，增强与特定行为相关的关键特征，同时抑制与域相关且对行为识别不关键的信息。

步骤 3：对加权后的特征应用批量频谱处罚，通过特征的谱分解进一步减少不同用户和环境间迁移时的负迁移效应，得到 L_{BSP}；使用行为预测分类器对源域加权特征进行行为预测，得到 L_y；使用域鉴别器对源域和目标域的加权特征进行分类，以区分不同域的特征，进一步优化模型对未知领域的适应能力，得到 L_d。

步骤 4：根据上述步骤计算的损失 L_{BSP}、L_y 和 L_d，模型整合这些损失以形成总损失 LTAHAR。然后，利用这一总损失更新模型的所有组件参数，包括特征提取器、自注意力机制、行为预测分类器和域鉴别器。

8.1.2 实验设计和结果分析

8.1.2.1 模型效果分析

图 8-3 显示了 TAHAR 在 12 个从源域迁移到目标域的行为识别任务中的准确率。可以看出，TAHAR 在从源域到目标域的识别中取得了良好的效果，在 12 个跨域识别任务中的平均准确率达到 94.89%，同时具有极低的准确率波动，准确率标准差仅为 1.49%。这证明了 TAHAR 在不同任务间保持了高度的识别准确性，也反映了其在处理各种跨域场景时的出色稳定性和可靠性。

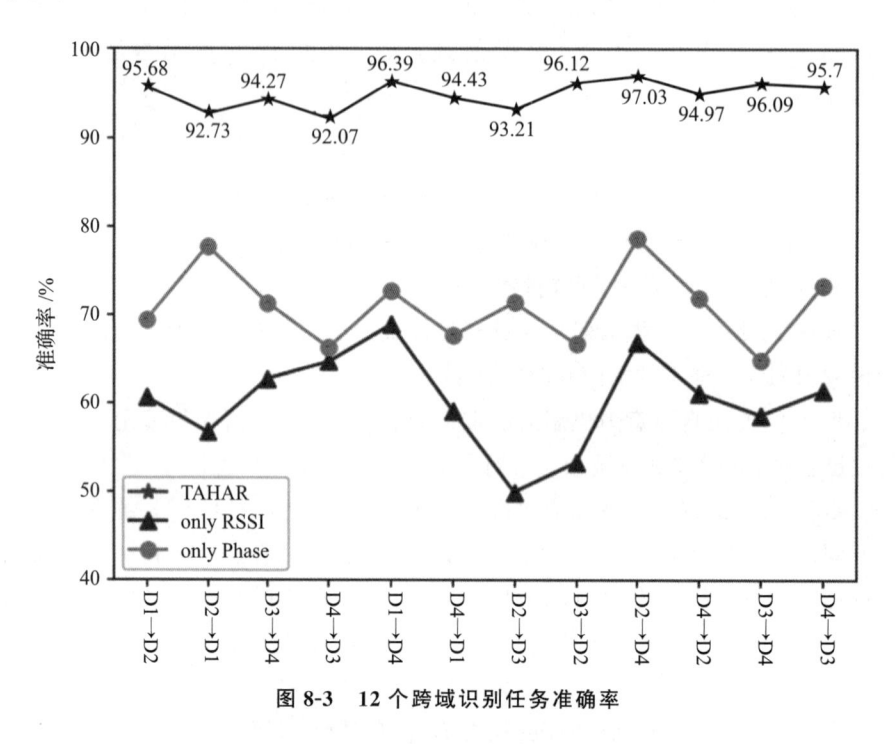

图 8-3 12 个跨域识别任务准确率

8.1.2.2 参数设置分析

①为了验证使用相位和 RSSI 的融合数据的合理性，本实验使用仅含 RSSI 数据和仅含相位数据分别对模型进行了评估。如图 8-3 所示，在单独使用 RSSI 或 Phase 进行实验时，模型的平均识别准确率分别为 60.31% 和 71.59%，单独使用相位输入的平均准确率高于仅用 RSSI 输入的准确率，表明了相位信息比 RSSI 包含更丰富的环境和行为特征。然而，当结合 RSSI 和

Phase 作为输入特征时,准确率显著提升至 94.89%,表明了在复杂环境下将 RSSI 与相位信息融合用于 RFID 行为识别任务的重要性。这种融合不仅增强了特征的表达能力,还改善了模型对于复杂行为模式的识别效果。通过这种多信号整合,TAHAR 模型在分类准确率上达到了最优。由于 RSSI 和相位信息的不同方面,TAHAR 模型能够从数据中捕捉到更丰富的环境和行为特征,结合 RSSI 和相位信息可得到更高的人体行为识别准确率。

② 同时还讨论了式(8-12)中 α 和 β 的不同超参数设置对识别性能的影响。在 $\beta = 0.0001$ 和 $\alpha = 0.1$ 时分别讨论 α、β 模型的平均准确率,结果如图 8-4 所示。实验结果显示,TAHAR 在 α、β 分别为 0.01 和 0.0001 时识别准确率最高。

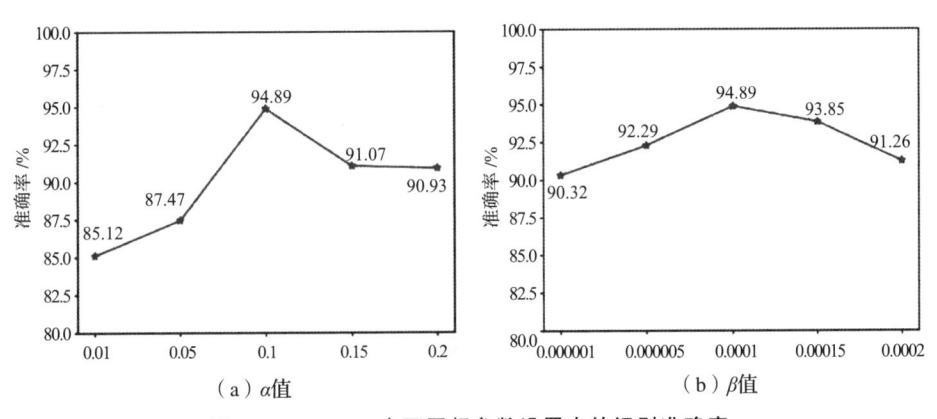

图 8-4 TAHAR 在不同超参数设置中的识别准确率

8.1.2.3 对比实验设计及结果分析

为了凸显 TAHAR 模型的性能,本节在对比实验中将 TAHAR 与六种方法进行了比较,下面进行逐一说明。

(1)随机森林(random forest,RF)

前文已介绍过,随机森林是一种经典的基于集成学习的机器学习分类器,被广泛应用于各种分类问题。它通过构建多棵决策树来提高预测的准确性和稳定性。本实验中直接使用 Scikit-learn 包中的 Random Forest Classifier 进行实验。

(2)支持向量机(SVM)

SVM 是一种被广泛使用的监督学习方法,其核心是在特征空间中寻找最优分隔超平面,来达到分类目的。

(3)高斯朴素贝叶斯(Gaussian NB)

高斯朴素贝叶斯是一种基于概率理论的分类方法,假设所有特征在条件下是独立的。将其设置为对比实验可以验证 TAHAR 模型相对于基于概率的简单模型在复杂数据上的有效性。

(4)TAHAR-CNN

此模型是 TAHAR 的变体,其主要差别是在该模型的特征提取器中的 GCN 被替换成 CNN,以此来评估图卷积神经网络对于 RFID 数据空间特征的学习能力。

(5)RFCar[66]

RFCar 模型是目前 RFID 车内人体行为识别中效果最佳的模型。该模型将 RFID 信号通过短时傅里叶变换(short-time Fourier transform,STFT)转换为频谱图,用频谱图像来训练识别网络,并且设置了多个对抗域,以消除特定域信息。

(6)EUIGR[67]

EUIGR 模型将 RFID 信号构建成信号矩阵,使用 CNN 和 LSTM 来融合 RFID 底层物理特征并提取动作时序信息。此外还使用鉴别器来减少用户不稳定性和环境因素的影响,以生成受到用户和环境的影响较小的手势表示。

由于上述(1)~(4)不能直接处理图结构数据,因此分别将 RSSI 和相位信号构建为 $n \times m$ 的矩阵 $\boldsymbol{M}$ 作为输入,其含义为:有 n 个 RFID 标签,RFID 阅读器在每个动作时间段 t 发射 m 个数据(在本实验中,$n=9, m=25$)。矩阵 M 表示如下:

$$\boldsymbol{M} = \begin{pmatrix} x_{1,1} & \cdots & x_{1,p} & \cdots & x_{1,m} \\ \vdots & \vdots & \vdots & \vdots & \vdots \\ x_{k,1} & \cdots & x_{k,p} & \cdots & x_{k,m} \\ \vdots & \vdots & \vdots & \vdots & \vdots \\ x_{n,1} & \cdots & x_{n,p} & \cdots & x_{n,m} \end{pmatrix} \tag{8-7}$$

对于模型(5)和(6),为了确保实验比较结果的公正性和可靠性,所有对比实验都在本章收集的数据集上按照原论文模型设置重新编写代码。

实验结果如表 8-1 所示。

表 8-1 对比实验结果

模型	准确率/%	精确率/%	召回率/%	F1 分数/%
Random Forest	69.12	69.05	69.22	65.54
SVM	67.51	59.52	68.31	65.49
Gaussian NB	63.85	64.85	61.99	57.23
TAHAR-CNN	90.17	88.18	85.46	88.02
RFCar	82.51	78.54	78.90	77.23
EUIGR	84.77	79.27	80.97	78.93
TAHAR	94.89	94.46	94.24	93.54

经典的机器学习方法中 Random Forest、SVM 和 Gaussian NB 的识别准确率分别为 69.12%、67.51% 和 63.85%。相比之下，TAHAR 的准确率为 94.89%，提高了 37.28%～48.60%，并且 TAHAR 的精确率、召回率、F1 分数都提高了约 30%，说明 TAHAR 在 RFID 行为识别任务中都优于其他模型。

RFCar 在相位数据转换为频谱图的转换过程中可能会使遭受信息损失；而 EUIGR 仅考虑了用 LSTM 获取信号数据中的时序信息，网络模型简单但 LSTM 存在梯度消失或爆炸的问题。这两个模型虽然都采用对抗学习的思想，使用了多个域鉴别器来加强模型的跨域识别性能，但它们都将从特征提取器得到的特征向量直接全部输入域鉴别器中，未充分考虑特征负迁移的问题，因此它们的识别效果都不如 TAHAR-CNN 和 TAHAR。

对于 TAHAR-CNN，识别准确率达到 90.17%，明显优于除 TAHAR 的其他方法，但比 TAHAR 准确率要低。一方面说明了本节中使用自注意力机制来消除环境和用户的影响的作用是非常有效的；另一方面也论证了说明 CNN 在处理空间相关联信号的能力有限，而 GCN 在空间维度上深层特征提取的能力使模型能够捕捉到更复杂的空间关系。因此，本节中将 RFID 数据构造成 RFID 时空图并用 GCN 来提取标签信号之间的时空特征对 RFID 人体行为识别任务是非常有效的，能有效地提升模型的识别精度。

TAHAR 通过构建时空图直接利用了 RFID 的时空数据，并且通过自注意力模块和 BSP 不仅克服了信息损失，还有效规避了负迁移，学习到了更加鲁棒的特征表示，这为其在复杂的跨域任务中取得更高准确率提供了支持，在跨域识别任务中表现得更加出色。

8.1.2.4 消融实验设计及结果分析

本节中进行了三组消融实验来评估 TAHAR 模型中各个组件的作用,通过从整体模型中逐一移除特定组件来研究这一组件对模型性能的影响。

(1)无鉴别器(w/o discriminator)

在这个实验中,从模型中移除了用户域鉴别器和环境域鉴别器,将注意力模块的输出直接输入行为预测分类器中。此实验的目的是探究域鉴别器在识别不同域特征和域鉴别器促进模型跨域识别方面的作用。

(2)无注意力(w/o attention)

这一变体中仅移除了自注意力模块。通过对比有无自注意力机制的模型表现,可以评估自注意力机制在关注关键特征和提升模型整体性能中的作用。

(3)无 BSP(w/o BSP)

为了检验批频谱惩罚 BSP 在增强模型特征表征区分度方面的作用,构建了一个没有批频谱惩罚的 TAHAR 变体。通过这个实验对比,可以分析 BSP 对于 TAHAR 模型在 RFID 跨域人体行为识别任务中性能提升的影响。

从实验结果(图 8-5)可知,无注意力机制的实验结果为 83.32%,明显优于无域鉴别器的识别准确率 78.30%,这说明了域鉴别器能够去除特定于领域的特征,对于消除领域特定特征,减少负迁移作用具有重要作用。具有自注意力

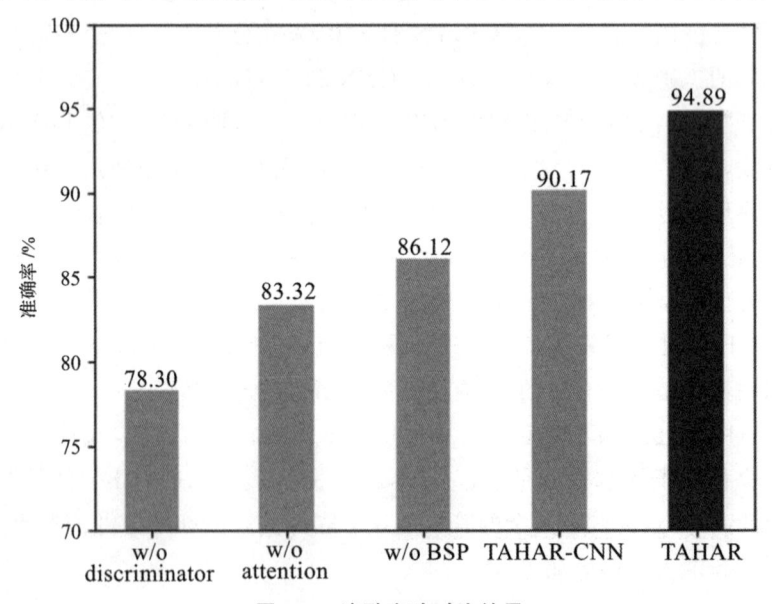

图 8-5 消融实验对比结果

机制但去除了BSP的实验结果为86.12%,准确率有显著提升。TAHAR识别准确率达到94.89%,这个结果表明了TAHAR模型通过有效地学习可迁移的特征,以及在识别不同领域的活动中展现出了显著的效能。

消融实验的结果说明了TAHAR在RFID跨域行为识别任务中的优越性,也揭示了各个组件对于TAHAR整体性能的作用。其中,域鉴别器可以有效地去除领域特有的干扰特征,而自注意力机制则进一步提升了模型对关键特征的捕捉能力,消除负迁移特征的影响。BSP则加强了模型在特征边界分离方面的能力,使模型能够更加精确地区分不同领域内的活动模式。这些模块的共同作用使TAHAR能有效地进行跨域识别。

8.2 基于孪生网络的RFID小样本行为识别研究

上一节探讨了基于对抗网络的RFID跨域人体行为识别研究,并展示了如何通过引入域鉴别器来提升模型在多样化的使用环境和用户间的识别能力。然而,考虑到数据隐私保护和数据采集成本,RFID人体行为数据往往较为有限。此外,RFID人体行为识别模型通常需要大量的训练样本来学习环境与个体间的差异。在样本量较少的新场景或新用户面前,模型可能难以准确捕捉足够的行为特征,导致识别性能下降。

为了应对这一挑战,本节将结合上一节研究得到的域鉴别器和孪生网络架构(siamese networks)来实现多场景小样本下的跨域RFID人体行为识别。孪生网络作为一种有效的相似度度量方法,能够在小样本情况下学习RFID行为数据间的内在关联,从而提升人体行为识别模型的性能。通过将孪生网络与域鉴别器相结合,以实现在RFID小样本人体行为识别的同时,增强模型对于不同场景样本数据的鲁棒性。

接下来将依次深入介绍孪生网络的网络设计、数据对生成方法和对比损失函数。最终,将通过实验对比验证本书所提出的RFID小样本行为识别模型的有效性。这不仅能够展示模型在处理小样本问题上的优势,也将为未来在资源受限环境下的人体行为识别研究提供新的思路和方法。

8.2.1 基于RFID小样本行为识别的孪生网络设计

孪生网络因其在少样本学习场景下的有效性而备受关注。孪生网络架构的核心在于训练一对权值共享的子网络来处理成对输入的样本。与传统的分类网络相比,孪生网络不是简单地最大化不同类别样本之间的距离,而是采用一个特定的损失函数来让子网络学习样本特征。经过小样本训练以后,孪生网络会学习到一个特征空间,在这个空间中同一类别样本的特征表示之间的欧几里得距离被缩小,而不同类别样本的特征表示之间的欧几里得距离则被拉大。欧几里得距离的计算公式为:

$$D(\boldsymbol{a},\boldsymbol{b}) = \sqrt{\sum_{i=1}^{n}(\boldsymbol{a}_i - \boldsymbol{b}_i)^2} \qquad (8-8)$$

其中,$\boldsymbol{a}$ 和 $\boldsymbol{b}$ 分别代表两个特征向量,$\boldsymbol{a}_i$ 和 $\boldsymbol{b}_i$ 是这两个向量在第 i 维的分量。通过这种距离度量方式,孪生网络能够在有限的训练样本条件下有效区分不同类别的样本。

在 RFID 人体行为识别任务中,孪生网络通过学习样本特征的深层次表示,即使在标注样本极为有限的情况下也可以区分出不同类别的动作。其中,同类别行为的特征表示在特征空间中的距离比不同类别行为的距离要小。图 8-6 绘制了三种不同类别动作信号的 6 个相位数据样本。从图 8-6 中可以看出,同一类别的动作信号在相位曲线上的距离较短,且具有较高的相似度,而不同类别的动作信号之间则表现出较低的相似度。

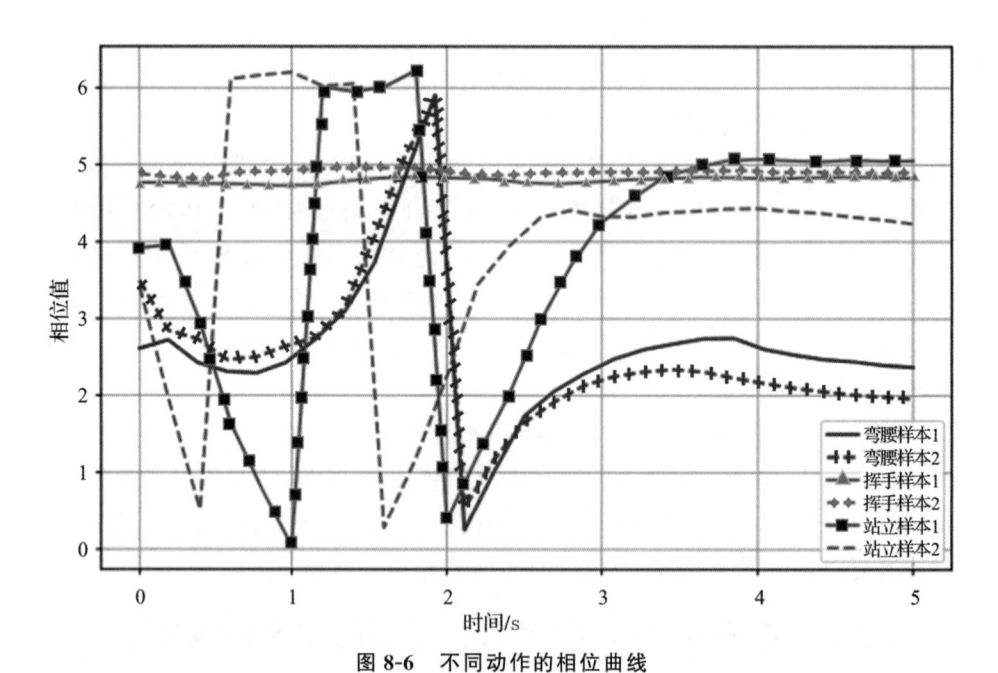

图 8-6 不同动作的相位曲线

基于上述孪生网络原理和 RFID 信号的特性,本节基于孪生网络结构,同时融合了 8.1 节中训练的域鉴别器,提出了一种基于孪生网络的 RFID 小样本行为识别模型(cross-domain siamese network for human activity recognition with RFID,CDSNet)。这个模型的目的是提升模型在少量 RFID 行为数据训练条件下的学习效率,并在不同应用环境间实现稳定的识别性能。通过深入分析 RFID 的 RSSI 和 Phase 相位信号,CDSNet 不仅强化了对小样本数据集的处理和学习能力,还提高了其在面对域变换时的鲁棒性,从而在复杂环境中实现了更高准确度的人体行为识别。

在小样本学习中,数据的分布偏移往往会对模型的识别性能产生影响。本节研究将 8.1 节中训练得到的域鉴别器作为 CDSNet 的一部分。通过使用已训练完成的域鉴别器,将之前域鉴别器模型学到的关于跨域的知识迁移到新的学习任务中,增强了模型对辨别不同场景、环境或条件下产生的信号特征的能力,使其能够在不同环境中更好地提取对任务有用的、域不变的特征,解决了域偏移问题,提高了 CDSNet 模型的鲁棒性。而且在小样本学习场景下,模型很容易过拟合到有限的训练样本上,导致泛化能力差,本研究通过使用域鉴别器,模型能够学习到更加泛化的特征表示,从而减少过拟合的风险。通过这种设计,CDSNet 在不同 RFID 环境下也能实现高准确率的行为识别,在后续的章节中将通过对比实验和消融实验来证明其有效性。

8.2.1.1 CDSNet 模型概述

在 CDSNet 模型中,孪生网络的两个分支共享权重,并且每个分支具有相同的网络结构。如图 8-7 所示,每个分支采用的网络结构设计与 8.1 节中用于

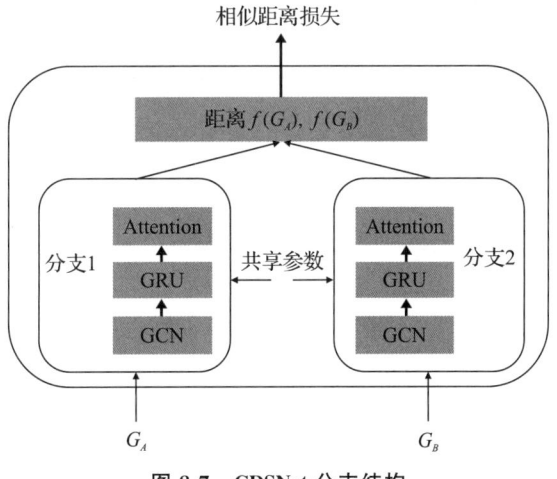

图 8-7 **CDSNet 分支结构**

特征提取模块的结构相似,具体包含图卷积网络(GCN)、门控循环单元(GRU)和自注意力机制(Self-Attention)三个部分。通过与 GCN 对 RFID 时空图的空间特征提取能力,GRU 对信号时序数据处理能力,以及自注意力机制对关键特征的捕捉能力的结合,使模型具有对 RFID 人体行为信号数据空间和时间维度上更全面的特征提取能力。

如图 8-8 所示,CDSNet 的网络结构由两个分支的孪生网络主体和域鉴别器组成。其中,两个分支的孪生网络结构相同,域鉴别器的网络结构设计与上节的描述一致,其参数是基于上节实验中经过大量数据训练并进行调整后重新加载到本模型中。CDSNet 使用的数据的结构为 RFID 信号时空图。其构建过程为:首先运用特定设备采集人体关键部位的 RFID 信号,随后对采集到的数据进行重采样、相位展开等预处理操作。接着,将标签以及虚拟点视作顶点,以人体骨骼连接关系作为边,构建拓扑图。最后,以 5 Hz 发射频率下每 5 s 的数据为一个单元,分别依据动作的 RSSI 和相位信号数据构建相应的图,由此便得到了可作为 CDSNet 模型输入的 RFID 信号时空图。在预训练过程中,将 RFID 信号时空图构造成人体行为数据序列输入对(G_A, G_B),具体方法将在下一节中展开讨论。CDSNet 首先需要使用这些数据对对孪生网络模块进行预训练,然后再进行行为识别分类任务。

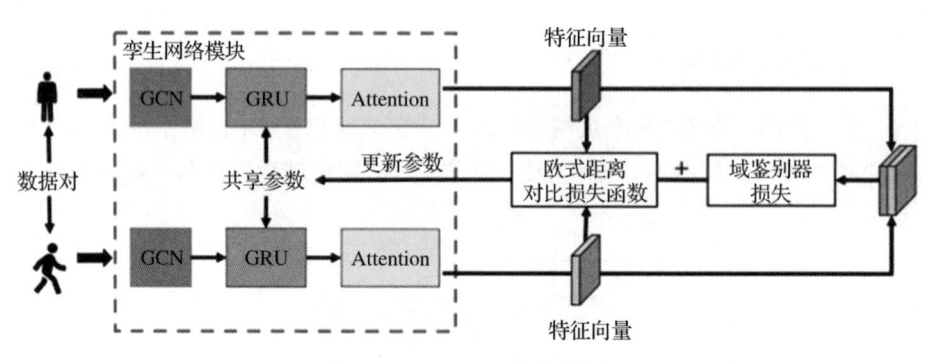

图 8-8 CDSNet 预训练模型

在 CDSNet 模型的训练过程中,首先将人体行为动作数据对(x_A, x_B)分别输入 GCN 模块,并对 RFID 标签之间的空间关系进行空间卷积以提取空间特征。随后,利用 GRU 对时间序列特征进行提取。最后使用了自注意力机制来对特征信息加权提取行为识别对关键特征,从而在特征空间中生成了区分度高的特征表示。两个分支输出的特征向量一方面被合并起来输入域鉴别器,优化模型在不同数据域间的泛化和适应能力;另一方面,模型通过计算这两个特征表示的欧几里得距离,应用对比损失函数来进行训练,从而使模型学习到的参数能够最小化同一类别间的距离,同时最大化不同类别间的距离,实现小样本学习的目的。域鉴别器损失和对比函数损失共同作用,CDSNet 对孪生网络模块的神经网络参数进行更新,从而训练孪生网络模块。

传统的孪生网络架构其实是一种二元分类模型,它可以通过计算两个输入特征之间的距离来区分这两个输入数据是否属于同一类别。因此,传统的孪生网络架构不能直接用于本节所研究的多类别 RFID 行为识别分类任务。在 CDSNet 的分类过程中,分类网络被设计为基于模板匹配的多分类模型,其中每一类训练数据在模型训练后会被选为模板,由于训练样本较少,所以测试样本与各模板之间的匹配过程相对迅速。对于分类过程中的测试样本,它与所有模板类别的数据组成数据对,这些数据对输入如图 8-9 所示训练好的孪生网络,孪生网络将输出每个数据对相应的距离度量。最后,CDSNet 选择平均距离最小的类别作为测试样本的目标类别。

图 8-9 展示了 CDSNet 在执行分类任务时的模板匹配和分类过程。假设输入的测试数据为一个站立动作样本,而可选的类别模板包括站立、行走和鞠躬三种动作信号模板。测试样本首先依次与这些模板分别组合成对,形成三组输入对,作为孪生网络的输入。这些数据对随后分别被输入已经训练好的孪生网络,网络对每一对输入计算一个距离值。最后,由于测试样本与站立动作模板之间的距离最短,模型据此识别站立为测试样本的目标行为。这种模板匹配的时间复杂度为 $O(N)$,其中 N 代表模板数量。模板与测试样本之间的距离计算不再依赖于原始数据,而是基于孪生网络提取的特征,并且通过特定的损失函数来优化和重塑这些特征间的距离度量。

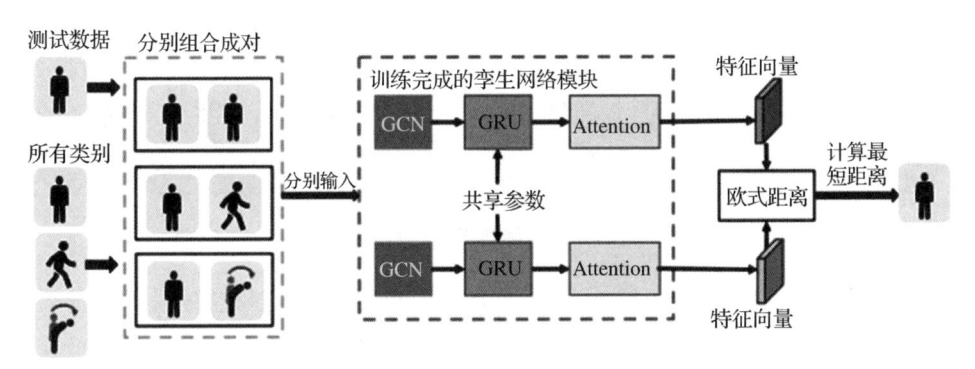

图 8-9 CDSNet 分类示意

8.2.1.2 数据对生成方法

孪生网络通常需要成对的数据进行训练,其中每对数据包含两个输入和一个标签,标签表示这对数据是否属于同一类或相似。常用的孪生网络的数据对生成策略是随机成对选择法,这种方法是从所有样本中随机选择两个样本组成样本对。它通过从训练样本中随机选择两个样本构成样本对(s_i, s_j),并基于它们是否属于同一标签类别 label 来分配标签 y,并将它们组合成一对来创建数据集,为孪生网络的训练提供数据。如图 8-10 中将样本随机配对生成了四个数据对。这种方法生成的样本对可以分为正样本对和负样本对。

(1) 正样本对生成

从同一类的数据中随机选择两个样本,标记为正样本对,将标签 y 设置为 1。

(2) 负样本对生成

从不同类别中随机选择两个样本,标记为负样本对,将标签 y 设置为 0。

具体可以表示为:

$$y = \begin{cases} 1, \text{if } \text{label}(s_i) = \text{label}(s_j) \\ 0, \text{if } \text{label}(s_i) \neq \text{label}(s_j) \end{cases} \quad (8\text{-}9)$$

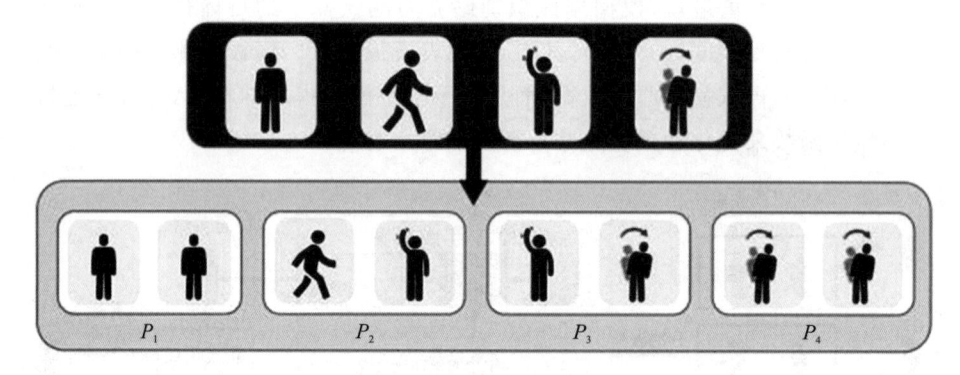

图 8-10 随机成对选择法

这种方法的优点在于简单、高效并且数据利用率高,能够快速生成大量数据对,但它存在 2 个缺点:①在某类样本数据量较少的情况下可能导致正负样本对的不平衡,从而导致模型性能下降。②由于在生成样本对时,样本是随机选取的,并且每个样本只被选择一次,因此当一些训练样本没有被选择时会导致模型未能充分学习到这些类别的特征,从而导致模型性能下降。因此,当数据样本较少时,应该调整样本选择策略,来确保模型性能的最优化。

基于上述数据对生成方法和一些现有研究和相关文献的启发,本书采用了一种二元组全排列数据对生成策略,数据对生成过程如下:

步骤1:确定类别集合。定义数据集的类别集合为 $C=\{c_1,c_2,\cdots,c_M\}$,其中 M 表示类别总数。

步骤2:生成类别内部的全排列。对于每个类别 c_i,生成该类别内所有样本的全排列。每个样本集合表示为 $S_{c_i}=\{s_1^{c_i},s_2^{c_i},\cdots,s_{N_i}^{c_i}\}$。生成的正样本对集合表示为 $P_{c_i}^+=\{(s_a^{c_i},s_b^{c_i},1)|s_a^{c_i},s_b^{c_i}\in S_{c_i},a\neq b\}$,其中,1 表示正样本对的标签。

步骤3:生成类别间的全排列。对于类别 c_i 和 c_j(其中 $i<j$),生成类别间的样本对。具体来说,从类别 c_i 中选取一个样本 $s_a^{c_i}$,从类别 c_j 中选择一个样本 $s_b^{c_j}$,形成负样本对 $(s_a^{c_i},s_b^{c_j},0)$,其中 0 表示负样本对的标签。为了避免重复生成样本对,我们只在 $i<j$ 时生成这些对,生成的负样本对集合表示为:

$$P_{c_i,c_j}^-=\{(s_a^{c_i},s_b^{c_j},0)|s_a^{c_i}\in S_{c_i},s_b^{c_j}\in S_{c_j}\}$$

步骤4:创建二元组。根据上述步骤生成的正样本对 $P_{c_i}^+$ 和负样本对 P_{c_i,c_j}^-,创建数据对二元组。

步骤5:组合类别内和类别间的二元组。将所有的正样本对和负样本对合并为总集合 $P_{\text{total}}=\bigcup_{i=1}^M P_{c_i}^+ \cup \bigcup_{i\neq j} P_{c_i,c_j}^-$。

通过遍历训练集中所有可能的样本对组合,实现了全排列的数据对生成,能够在训练过程中为模型提供更丰富的数据,使模型能够捕捉和学习到更加丰富的特征表示,增强了模型对行为信号差异的识别能力;此外,通过训练模型以识别和适应多样化的数据分布,进一步增强了模型的鲁棒性和泛化性。在下文的实验部分,将对两种数据对生成策略进行讨论分析。

8.2.1.3 对比损失函数

对比损失函数(contrastive loss function)是一种在度量学习和孪生网络中常用的损失函数,用于学习输入样本之间的相似度或距离,其目标是让相似的样本之间的距离尽可能小,而不相似的样本之间的距离尽可能大。

如前文所述,CDSNet 的训练目标是使得来自同一动作类别的样本之间的距离小于来自不同动作类别的样本之间的距离。本研究采用对比损失函数处理 RFID 人体行为信号数据,对比损失函数能有效地捕捉和放大 RFID 行为信号中的微小变化。孪生网络即使是在只有少量标注数据可用的情况下,也能识别和区分不同类型的人体行为的信号差异,从而达到小样本学习的目的。

对比损失函数的表达式如下：

$$L = \frac{1}{2N} \sum_{n=1}^{N} [y \cdot D^2 + (1-y) \cdot \max(0, m-D)^2] \qquad (8\text{-}10)$$

其中，N 表示样本对的数量；y 表示样本对的标签，如果是正样本对，则为 1，否则为 0；D 是样本对在特征空间中的距离；m 表示边距（margin），是一个可变的超参数，用于控制正负样本之间距离的最小间隔，后续将进行试验论证。

从此式子中可以得到，当 $y=1$ 时，代表输入的是正样本对，即两个样本属于相同类别。此时，当 D 越小，则 $y \cdot D^2$ 越小，损失函数越小；当 $y=0$，代表的是负样本对，即两个样本属于不同类别。此时，如果样本间的距离 D 小于边界值 m，表示不同类别的样本距离较近，损失增加。只有当 D 大于等于 m 时，这一项才为零，此时损失不会因为负样本对而增加。

利用对比损失函数进行训练后，不同类别的样本在特征空间中的分布被区分开来，相似样本的特征表示之间的距离被缩小，而不相似样本的特征表示之间的距离被拉大，增强了类别间的区分度。在基于 RFID 数据的人体行为识别中，CDSNet 通过学习将不同行为模式的信号分配至特征空间的特定区域，实现了相同行为信号之间的紧密聚集与不同行为信号之间的明显分离，从而优化了 RFID 人体行为的识别和分类效果。

8.2.1.4　CDSNet 模型的小样本 RFID 人体行为识别流程

综合上述内容，CDSNet 的工作流程可以概括为以下 4 个步骤。

步骤 1：首先对 RFID 人体行为识别小样本数据进行数据预处理，然后根据预处理后的数据构建 RFID 信号的时空图。同时，在这一步骤中将数据划分为训练数据和测试数据。

步骤 2：利用全排列数据对生成策略，将训练数据组合成训练数据对。

步骤 3：根据对比损失函数和域鉴别器损失，对孪生网络模块进行参数更新，训练 CDSNet 中的孪生网络模块。通过这一步骤，模型学习如何从 RFID 信号的时空图中提取有用的特征，并根据这些特征区分不同的人体行为。

步骤 4：将测试数据与各类的模板数据组成数据对，并在已完成训练的孪生网络模块中输入这些数据对。孪生网络模块将输出每对数据的度量距离，选出距离最短的类别，基于这一结果作为最终的动作分类。

8.2.2　实验设计与结果分析

本节的实验部分涵盖三个主要方面。首先探讨了不同数据对生成策略对模型性能的影响；随后评估不同损失函数及其参数边距(margin)大小的变化对模型性能的影响；最后与目前的 SOTA 模型进行对比实验和 CDSNet 自身关键模块消融实验来评估模型性能。所有的实验重复训练五次，取实验结果其平均值。

8.2.2.1 数据对生成策略实验及结果分析

为了验证基于全排列的数据对生成策略对于模型训练的有效性，本实验比较了 CDSNet 在生成数据对时分别使用随机成对选择法和本书使用的全排列成对选择法的性能。

实验结果如图 8-11 所示，CDSNet 在 RFID 小样本跨域人体识别中 5-shot 准确率达到 89.29%，10-shot 准确率达到 93.75%，证明了 CDSNet 模型的有效性。而且在 1-shot、3-shot、5-shot 和 10-shot 的实验中，CDSNet 采用全排列数据对生成策略时比采用随机成对选择法分时别提高了 14.07%、8.7%、8.93% 和 8.04% 的性能。

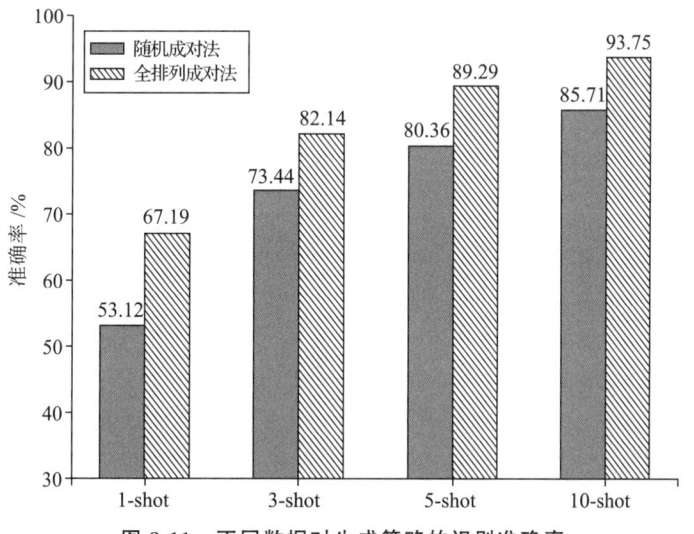

图 8-11 不同数据对生成策略的识别准确率

实验结果一方面表明了全排列成对选择法的数据生成策略考虑了所有可能的样本对组合，有效地利用有限的标记样本提高了模型对细微特征的捕捉能力，从而在实验对比中获得更好的识别精度。另一方面，也反映出与随机选择法相比，全排列方法在减少样本选择偏差上有着较好的效果，能够有效提升模型性能。这些发现强调了在小样本学习场景中，精心设计的数据对生成策略对提高模型性能的重要性。

8.2.2.2 不同损失函数对比实验及结果分析

为了进一步验证CDSNet所采用的对比损失函数的有效性,本节将其训练结果与其他两种损失函数分别在1-shot、5-shot、3-shot和10-shot四种设置下进行对比分析:

①L1 Loss:L1 Loss计算预测值与真实值之间的绝对差来衡量模型的误差,通过计算预测值与真实值之间的绝对差来优化模型。

②均方误差(mean square error,MSE)损失:通过计算预测值与真实值之差的平方的平均值来优化模型。

实验结果见表8-2。从表中可以看出,对比损失函数在所有小样本实验条件下均超越了L1 Loss和MSE损失函数,揭示了其在小样本学习任务中的显著优势。这表明了即使在少量数据的条件下,对比损失函数仍能帮助模型有效地学习到区分不同的类别的能力。这可能是由于MSE损失没有像对比损失那样内置的机制来区分正负样本对,说明其不适用于小样本的行为识别分类,并且L1 Loss未必能有效地捕获小样本训练中有限分布的细节特征。

表8-2 不同损失函数对比实验准确率

损失函数	1-shot	3-shot	5-shot	10-shot
L1 Loss	0.6214	0.6406	0.6607	0.7143
MSE	0.5469	0.7188	0.7500	0.8667
对比损失函数	0.6719	0.8214	0.8929	0.9375

在3-shot和5-shot设置中,对比损失函数的准确率分别为82.14%和89.29%,明显高于L1 Loss和MSE。相对于L1 Loss和MSE损失函数,对比损失函数优化了特征空间内的样本分布,更有效地利用了额外的样本信息来提升模型性能。在10-shot实验设置中,对比损失函数的识别准确率达到了93.75%,而L1 Loss和MSE的准确率分别为71.43%和86.67%。这个结果一方面说明了对比损失函数在利用更多样本数据进行有效学习的能力;另一方面,在可用数据增多时,对比损失函数仍能够显著提升CDSNet的识别精度。

综上所述,在CDSNet模型中,对比损失函数相比于L1 Loss和MSE,在CDSNet的各种情况下都能够提供更优的性能。这一发现证明了对比损失函数在小样本学习和特征区分任务中的有效性和适用性,因此,使用对比损失函数来训练CDSNet是最佳选择。

8.2.2.3 不同边距对模型性能的影响

对比损失函数通过最小化相似样本间的距离并最大化不相似样本间的距离，来学习数据的有效表示形式。边距参数 m 决定了不相似样本对在特征空间中的分隔距离。边距值的选择直接影响模型对相似和不相似样本的区分能力，进而影响整体性能。若设置过小的 m 值，可能会导致不同类别的样本在特征空间中重叠；而 m 值过大，可能导致模型训练不稳定，使得模型难以收敛。

本实验将边距 m 值分别设置为 $0.025, 0.05, 0.1, 0.25, 0.5, 0.75, 1$，在 5-shot 的条件下分别进行训练，其他超参数如学习率、批大小等保持不变，使用 Adam 优化器进行优化，训练共进行 100 个 epoch。

根据实验结果（图 8-12），当边距 $m=0.1$ 时，CDSNet 在 5-shot 任务上达到了最高的 F1 分数为 89.99%。说明在当前实验设置和数据集上，边距设为 0.1 时，模型能够很好地平衡精确率和召回率，更好地划分类别间的样本，使模型学习到更具区分力的特征表示。当边距小于 0.1 时，模型性能下降，如边距为 0.025 时的 F1 分数为 81%，而边距为 0.05 时的 F1 分数为 85.99%。这可能是因为较小的边距没有提供足够的类别分离，导致模型无法有效区分接近的类别。而当边距增加到 0.1 以上时，模型的 F1 分数也开始递减。边距为 0.25 时的 F1 分数略有下降至 87.5%，而边距继续增大到 0.5、0.75 以及 1 时，F1 分数分别下降到 88%、84.1%、和 82.5%。这表明较大的边距值可能导致模型在特征空间中过度强调类别间的区分，而忽略了同类别内样本的紧密关联，从而影响模型最终性能。因此，当 $m = 0.1$ 时，CDSNet 能达到最佳的小样本识别效果。

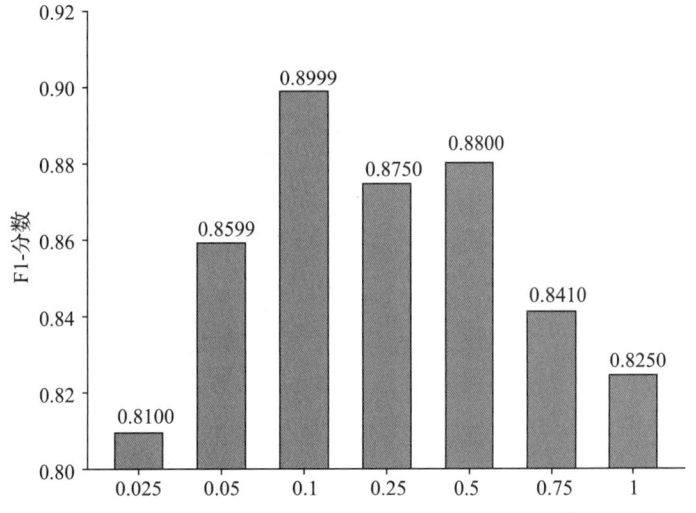

图 8-12 5-shot 实验中不同边距（margin）时 CDSNet 的 F1 分数

8.2.2.4 消融实验设计及结果分析

为了更好地体现 CDSNet 中使用图数据和域鉴别器的作用,本章设计了两个消融实验,以评估这两个部分对于模型整体性能的贡献。在进行消融实验时,只移除了本节所提出模型的部分关键组件,训练数据和其他参数保持不变。以下是关于消融实验的具体描述:

①无 GCN(w/o GCN):在本消融实验中,CDSNet 中孪生网络分支中的 GCN 网络被替换成 CNN,以此来评估 CDSNet 中的 GCN 对模型性能提升的效果。此时模型输入数据的数据结构变为式(8-6)。

②无域鉴别器(w/o discriminator):在这个实验中,移除了 CDSNet 中的预训练好的用户域鉴别器和环境域鉴别器。此实验的目的是探究域鉴别器在 CDSNet 中对提升模型识别效果的作用。

实验结果如图 8-13 所示,当移除 GCN 后,模型在 1-shot、5-shot 和 10-shot 学习场景下的准确率分别下降到了 62.79%、81.38%、和 84.14%,说明了 GCN 在捕捉 RFID 数据的空间特征方面的重要性。GCN 能够有效地从 RFID 数据的图结构提取空间特征,从而提升模型的识别能力。

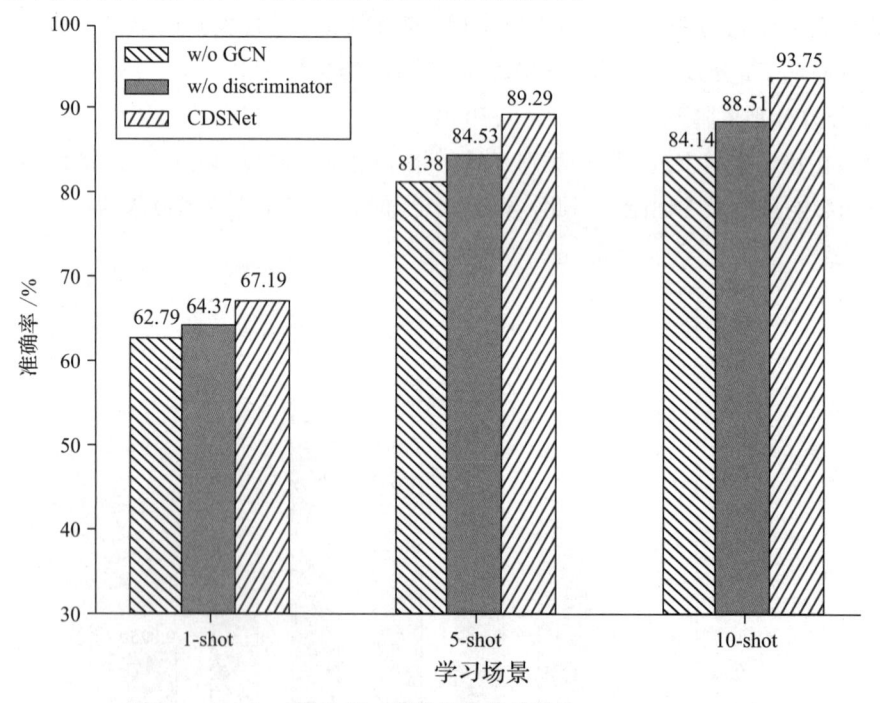

图 8-13 消融实验结果对比

在无域鉴别器的实验中,模型的准确率在 1-shot、5-shot、和 10-shot 下分别为 64.37%、84.53%、和 88.51%。这一实验结果证明了域鉴别器能够提高模型对新环境和用户的跨域识别性能。同时,由于其准确率的下降幅度与无 GCN 的实验结果相比降低更多,说明了域鉴别器对模型性能的提升可能不如 GCN 显著。

综上所述,消融实验的结果表明,GCN 和域鉴别器都是 CDSNet 模型中不可或缺的组成部分,它们分别在空间特征提取和跨域识别性能提升方面发挥着重要作用。通过这些消融实验,我们可以更清楚地理解各个组件对模型性能的具体贡献,并为未来的模型优化提供有价值的参考。

8.3 本章小结

本章深入探讨了基于对抗网络和孪生网络的 RFID 人体行为识别算法研究,提出了 TAHAR 模型,该模型利用自注意力机制和批频谱惩罚 BSP 来减少负迁移的影响,并增强模型的可迁移性和可辨别性。通过精心设计的特征提取模块,TAHAR 能够有效提取 RFID 数据中的时空特征,并通过域鉴别器进一步优化模型对未知领域的适应性。

在实验部分,TAHAR 模型在跨域识别任务中表现出色,平均准确率达到 94.89%,展现了高度的稳定性和可靠性。此外,通过消融实验验证了模型中各个组件的作用,特别是自注意力机制和域鉴别器在提升模型性能方面的贡献。

针对 RFID 人体行为识别中的小样本问题,本章还提出了基于孪生网络的 CDSNet 模型。该模型采用全排列数据对生成策略,并通过对比损失函数进行训练,以最小化相似样本间的距离并最大化不相似样本间的距离。CDSNet 在小样本条件下的人体行为识别任务中取得了显著的性能提升,证明了其在处理小样本问题上的有效性。

在不同损失函数的对比实验中,对比损失函数相较于 L1 Loss 和 MSE 损失函数,在小样本学习任务中展现出显著优势。此外,本章还探讨了边距参数对模型性能的影响,确定了最优的边距值,进一步优化了模型性能。

总体而言,本章的研究不仅提出了有效的 RFID 人体行为识别模型,还通过一系列实验验证了模型的性能和鲁棒性,为未来在资源受限环境下的人体行为识别研究提供了新的思路和方法。

第9章

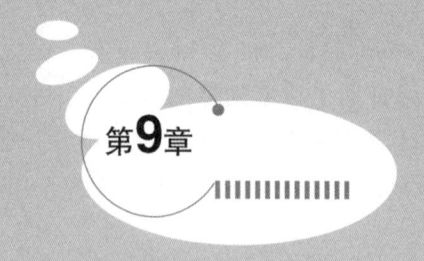

总结与展望

9.1 总　　结

本书深入挖掘了 RFID 技术在室内定位与人体行为识别领域的应用潜力。第1章"绪论"为本书研究奠定了基石,通过梳理现有文献,明确了研究的方向与目标。第2章则为读者提供了 RFID 和人工智能技术的全景视角,为理解后续章节的技术细节打下了坚实的基础。

在第3章中,通过融合 RFID 和 Wi-Fi 数据,提出了多模态室内定位方法,不仅提升了定位的精确度,也增强了系统的鲁棒性。进一步地,引入了注意力机制和自适应正则化技术,使得模型在复杂多变的室内环境中表现出色。此外,多目标优化算法的改进,为室内定位算法的参数调整提供了新的视角。

第4章和第5章则聚焦于人体行为识别,设计了基于时域注意力卷积网络和对比学习框架的模型,这些模型在处理 RFID 数据时展现出了卓越的性能。特别是在小样本学习场景下,通过知识蒸馏技术,我们成功地将复杂的教师模型知识迁移到轻量级的学生模型中,实现了模型的高效与准确。

第6章和第7章进一步拓宽了研究的边界,探索了在标签无附着和小样本场景下的人体行为识别问题,以及基于生成对抗网络和大语言模型的 RFID 手指轨迹识别。这些研究不仅提升了识别的精度,也为未来相关领域的研究提供了新的思路和方法。

第8章则聚焦于对抗网络和孪生网络在人体行为识别中的应用,通过对抗训练和孪生网络设计,进一步提升了模型的性能和对小样本数据的识别能力。

9.2 展　望

展望未来,本书研究将为室内定位和人体行为识别领域带来深远的影响。以下是几个潜在的研究方向。

多模态数据融合的深化研究:随着物联网技术的发展,更多的传感器数据将被集成到室内定位系统中。如何有效地融合这些数据,提高系统的准确性和鲁棒性,是一个值得深入研究的问题。

算法优化与计算效率提升:尽管本书已经对算法进行了优化,但在实时性和计算资源受限的环境下,如何进一步提升算法的效率,减少能耗,仍然是一个挑战。

实际应用场景的适应性研究:将研究成果应用于更广泛的实际场景,如智能零售、健康监护、安全监控等,需要对模型进行进一步的调整和优化,以适应不同场景的特殊需求。

模型泛化能力的增强:在面对未知行为和新环境时,如何提升模型的泛化能力,减少对大量标注数据的依赖,是未来研究的关键。

隐私保护与数据安全:随着RFID技术的广泛应用,如何确保用户数据的安全和隐私,防止数据泄露和滥用,是一个亟待解决的问题。

跨学科研究的拓展:结合心理学、认知科学等领域的知识,深化对人体行为的理解,提高行为识别的准确性和深度,将为室内定位和行为识别技术带来新的突破。

通过不断的研究和创新,期待基于RFID的室内定位和人体行为识别技术能够在未来发挥更大的作用,为人们的生活和工作带来更多便利。

参考文献

[1] Ma Y,Wang B,Pei S,et al. An indoor localization method based on AOA and PDOA using virtual stations in multipath and NLOS environments for passive UHF RFID [J]. IEEE Access,2018,6：31772-31782.

[2] Ahmad I,Asif R,Abd-Alhameed R A,et al. Current technologies and location based services[C]//2017 Internet Technologies and Applications(ITA). IEEE, 2017：299-304.

[3] Qi V,Luo P,Xu C,et al. Target localization in industrial environment based on TOA ranging[C]//2019 28th Wireless and Optical Communications Conference, WOCC 2019-Proceedings. Beijing,China：IEEE,2019.

[4] Liu X,Wen M,Qin G,et al. LANDMARC with improved k-nearest algorithm for RFID location system[C]//2016 2nd IEEE International Conference on Computer and Communications(ICCC). IEEE,2016：2569-2572.

[5] Hightower J,Vakili C,Borriello G,et al. Design and calibration of the SpotOn ad-hoc location sensing system[J]. UW CSE00-02-02,University of Washington,Department of Computer Science and Engineering,Seattle,WA,2001.

[6] Gualda D,Pérez-Rubio M C,Ureña J,et al. LOCATE-US：Indoor positioning for mobile devices using encoded ultrasonic signals,inertial sensors and graph-matching[J]. Sensors,2021,21(6)：1950.

[7] Mo L,Zhu Y,Zhang D. UHF RFID indoor localization algorithm based on BP-SVR [J]. IEEE Journal of Radio Frequency Identification,2022,6：385-393.

[8] Belmonte-Hernández A, Hernández-Peñaloza G, Gutiérrez D M,et al. SWiBluX：Multi-sensor deep learning fingerprint for precise real-time indoor tracking [J]. IEEE Sensors Journal,2019,19(9)：3473-3486.

[9] Kim K S,Wang R,Zhong Z,et al. Large-scale location-aware services in access：Hierarchical building/floor classification and location estimation using Wi-Fi

fingerprinting based on deep neural networks[J]. Fiber and Integrated Optics, 2018,37(5):277-289.

[10] Lu H,Gan X L,Li S,et al. Indoor positioning technology based on deep neural networks[C]//2018 Ubiquitous Positioning, Indoor Navigation and Location-based Services(UPINLBS). IEEE,2018:1-6.

[11] Yu J,Wang P,Koike-Akino T,et al. Multi-modal recurrent fusion for indoor localization[C]//ICASSP 2022-2022 IEEE International Conference on Acoustics,Speech and Signal Processing(ICASSP). IEEE,2022:5083-5087.

[12] Xu H,Yang Z,Zhou Z,et al. Indoor localization via multi-modal sensing on smartphones[C]//Proceedings of the 2016 ACM International Joint Conference on Pervasive and Ubiquitous Computing. 2016:208-219.

[13] Dümbgen F,Oeschger C,Kolundžija M,et al. Multi-modal probabilistic indoor localization on a smartphone[C]//2019 International Conference on Indoor Positioning and Indoor Navigation(IPIN). IEEE,2019:1-8.

[14] Wang X,Wu Z,Jiang B,et al. Hardvs: Revisiting human activity recognition with dynamic vision sensors[C]//Proceedings of the AAAI Conference on Artificial Intelligence. 2024,38(6):5615-5623.

[15] Kaya Y,Topuz E K. Human activity recognition from multiple sensors data using deep CNNs[J]. Multimedia Tools and Applications, 2024, 83(4):10815-10838.

[16] Goodfellow I,Pouget-Abadie J,Mirza M,et al. Generative adversarial nets [J]. Advances in Neural Information Processing Systems,2014,27.

[17] Hochreiter S,Schmidhuber J. Long Short-Term Memory[J]. Neural Computation,1997,9(8):1735-1780.

[18] Chung J,Gulcehre C,Cho K H,et al. Empirical evaluation of gated recurrent neural networks on sequence modeling[J]. arXiv preprint arXiv:1412.3555,2014.

[19] Mikolov T,Chen K,Corrado G,et al. Efficient estimation of word representations in vector space[J]. arXiv preprint arXiv:1301.3781,2013,3781.

[20] Barkan O,Koenigstein N. Item2Vec: Neural item embedding for collaborative filtering[C]//2016 IEEE 27th International Workshop on Machine Learning for Signal Processing (MLSP). IEEE, 2016. DOI: 10.1109/MLSP.2016.7738886.

[21] He K,Zhang X,Ren S,et al. Delving deep into rectifiers: Surpassing human-

level performance on imagenet classification[C]//Proceedings of the IEEE international conference on computer vision. 2015: 1026-1034.

[22] Vapnik V,Golowich S,Smola A. Support vector method for function approximation,regression estimation and signal processing[J]. Advances in neural information processing systems,1996: 281-287.

[23] Elman J L. Finding structure in time[J]. Cognitive Science,1990,14(2): 179-211.

[24] LeCun Y,Bengio Y. Convolutional networks for images,speech,and time series[J]. The handbook of brain theory and neural networks,1995,3361(10): 1995.

[25] Tang J,Yang L,Zhao J,et al. Research on indoor positioning algorithm of single reader based on gated recurrent unit[J]. Artificial Intelligence Evolution,2021: 1-10.

[26] Guo B,Zhang C,Liu J,et al. Improving text classification with weighted word embeddings via a multi-channel TextCNN model[J]. Neurocomputing,2019,363: 366-374.

[27] Mnih V,Heess N,Graves A. Recurrent models of visual attention[C]// Advances in Neural Information Processing Systems. 2014: 2204-2212.

[28] Vaswani A,Shazeer N,Parmar N,et al. Attention is all you need[J]. Advances in Neural Information Processing Systems,2017,30.

[29] Chen G,Choi W,Yu X,et al. Learning efficient object detection models with knowledge distillation[J]. Advances in Neural Information Processing Systems,2017,30.

[30] Bian S,Liu M,Zhou B,et al. The state-of-the-art sensing techniques in human activity recognition: A survey[J]. Sensors,2022,22(12): 4596.

[31] Alsinglawi B,Nguyen Q V,Gunawardana U,et al. RFID systems in healthcare settings and activity of daily living in smart homes: a review[J]. E-Health Telecommunication Systems and Networks,2017,6(1): 1-17.

[32] Robinson J,Kuzdeba S,Stankowicz J,et al. Dilated causal convolutional model for RF fingerprinting[C]//2020 10th Annual Computing and Communication Workshop and Conference(CCWC). IEEE,2020: 157-162.

[33] Wang S,Xiao S,Wang Y,et al. A deep dilated convolutional Self-Attention model for multimodal human activity recognition[C]//2022 26th International Conference on Pattern Recognition(ICPR). IEEE,2022: 791-797.

[34] Bai S, Kolter J Z, Koltun V. Trellis networks for sequence modeling[J]. arXiv preprint arXiv:1810.06682, 2018.

[35] Wang Y, Yao Q, Kwok J T, et al. Generalizing from a few examples: A survey on few-shot learning[J]. ACM Computing Surveys(CSUR), 2020, 53(3): 1-34.

[36] Nie L, Li X, Gong T, et al. Few Shot learning-based fast adaptation for human activity recognition[J]. Pattern Recognition Letters, 2022, 159: 100-107.

[37] Jaiswal A, Babu A R, Zadeh M Z, et al. A survey on contrastive self-supervised learning[J]. Technologies, 2020, 9(1): 2.

[38] Liu D, Abdelzaher T. Semi-supervised contrastive learning for human activity recognition[C]//2021 17th International Conference on Distributed Computing in Sensor Systems(DCOSS). IEEE, 2021: 45-53.

[39] Buettner M, Prasad R, Philipose M, et al. Recognizing daily activities with RFID-based sensors[C]//Proceedings of the 11th International Conference on Ubiquitous Computing. ACM, 2009: 51-60.

[40] Yao S, Hu S, Zhao Y, et al. Deepsense: A unified deep learning framework for time-series mobile sensing data processing[C]//Proceedings of the 26th International Conference on World Wide Web. ACM, 2017: 351-360.

[41] Shen L, Wang Y. Tcct: Tightly-coupled convolutional transformer on time series forecasting[J]. Neurocomputing, 2022, 480: 131-145.

[42] Yu F, Koltun V. Multi-scale context aggregation by dilated convolutions[J]. arXiv preprint arXiv:1511.07122, 2015.

[43] Redmon J, Farhadi A. YOLO9000: Better, faster, stronger[C]//Proceedings of the IEEE Conference on Computer Vision and Pattern Recognition. IEEE, 2017: 7263-7271.

[44] Zhou H, Zhang S, Peng J, et al. Informer: Beyond efficient transformer for long sequence time-series forecasting[C]//Proceedings of the AAAI Conference on Artificial Intelligence: volume 35. AAAI, 2021: 11106-11115.

[45] Ordóñez F J, Roggen D. Deep convolutional and LSTM recurrent neural networks for multimodal wearable activity recognition[J]. Sensors, 2016, 16(1): 115.

[46] Fan X, Gong W, Liu J. Tagfree activity identification with RFIDs[J]. Proceedings of the ACM on Interactive, Mobile, Wearable and Ubiquitous Technologies, 2018, 2(1): 1-23.

[47] Challa S K, Kumar A, Semwal V B. A multibranch CNN-BiLSTM model for human activity recognition using wearable sensor data[J]. The Visual Computer,2022,38(12):4095-4109.

[48] Ma H, Li W, Zhang X, et al. Attnsense: Multi-level attention mechanism for multimodal human activity recognition[C]//IJCAI. 2019:3109-3115.

[49] Buffelli D, Vandin F. Attention-based deep learning framework for human activity recognition with user adaptation[J]. IEEE Sensors Journal,2021,21(12):13474-13483.

[50] Zhu J Y, Park T, Isola P, et al. Unpaired image-to-image translation using cycle-consistent adversarial networks[C]//Proceedings of the IEEE International Conference on Computer Vision. IEEE,2017:2223-2232.

[51] Nichol A, Schulman J. Reptile: A scalable metalearning algorithm[J]. arXiv preprint arXiv:1803.02999,2018,2(3):4.

[52] Li Z, Zhou F, Chen F, et al. Meta-sgd: Learning to learn quickly for few-shot learning[J]. arXiv preprint arXiv:1707.09835,2017.

[53] Finn C, Abbeel P, Levine S. Model-agnostic meta-learning for fast adaptation of deep networks[C]//International Conference on Machine Learning. PMLR,2017:1126-1135.

[54] 朱利,邱媛媛,于帅,等. 一种基于快速 k-近邻的最小生成树离群检测方法[J]. 计算机学报,2017,40:2856-2870.

[55] Radford A. Unsupervised representation learning with deep convolutional generative adversarial networks[J]. arXiv preprint arXiv:1511.06434,2015.

[56] Lee D H. Pseudo-label: The simple and efficient semi-supervised learning method for deep neural networks[C]//Workshop on challenges in representation learning, ICML. 2013,3(2):896.

[57] He K, Zhang X, Ren S, et al. Deep residual learning for image recognition[C]//Proceedings of the IEEE Conference on Computer Vision and Pattern Recognition. IEEE,2016:770-778.

[58] Liu M Y, Tuzel O. Coupled generative adversarial networks[J]. Advances in Neural Information Processing Systems,2016,29.

[59] Wei J, Wang X, Schuurmans D, et al. Chain-of-Thought prompting elicits reasoning in large language models[J]. Advances in Neural Information Processing Systems,2022,35:24824-24837.

[60] Yang A, Xiao B, Wang B, et al. Baichuan 2: Open large-scale language models

[J]. arXiv preprint arXiv:2309.10305,2023.

[61] Touvron H,Martin L,Stone K,et al. Llama 2: Open foundation and fine-tuned chat models[J]. arXiv preprint arXiv:2307.09288,2023.

[62] Zeng A,Liu X,Du Z,et al. GLM-130b: An open bilingual pre-trained model [J]. arXiv preprint arXiv:2210.02414,2022.

[63] Hu E J,Shen Y,Wallis P,et al. Lora: Low-rank adaptation of large language models[J]. arXiv preprint arXiv:2106.09685,2021.

[64] Liu X,Ji K,Fu Y,et al. P-Tuning v2: Prompt tuning can be comparable to fine-tuning universally across scales and tasks[J]. arXiv preprint arXiv: 2110.07602,2021.

[65] Pan S J,Yang Q. A survey on transfer learning[J]. IEEE Transactions on Knowledge and Data Engineering,2009,22(10): 1345-1359.

[66] Wang F,Liu J,Gong W. Multi-adversarial in-car activity recognition using RFIDs[J]. IEEE Transactions on Mobile Computing,2020,20(6): 2224-2237.

[67] Yu Y,Wang D,Zhao R,et al. RFID based real-time recognition of ongoing gesture with adversarial learning[C]//Proceedings of the 17th Conference on Embedded Networked Sensor Systems. 2019: 298-310.